JN095242

正誤表

ページ	箇所	誤	訂正
目次	5注目種の保全クサレダマ	滋賀県絶滅危惧増大種	滋賀県絶滅危機増大種
17	後ろから6行目	…必要ではないのではないか…	…必要ないのではないか…
73	2行目	…サンプルの採取し…	…サンプルを採取し…
79	表3－3タイトル	山門湿原研究グループによる	山門湿原研究グループによる昆虫調査結果（山門湿原の自然1992）
143	8行目	…うまくいかなない…	…うまくいかない…
192	10行目()内	長浜市マッチングセンター	ながはま森林マッチングセンター
197	ウ、西浅井中学校　1～2行目	…の一学年が、…	…の一年生が、…
217	日の出の写真	(2013/12/21)	(2012/12/21)
226	8行目	…その結果は…	…その結果を…
243	左下自然保護	日本自然保護協会刊（209/1/1）	（2009/1/1）
249	10行目	あいおいニッセイ同和損保	あいおいニッセイ同和損保株式会社
表紙写真	裏上		クロスジギンヤンマの羽化(2007/4/28)
	裏中		ヤマドリ♂(2020/2/10)
	裏下		トクワカソウ群落(2021/4/10)
	背表紙		ササユリ観察会(2019/6/9)

奥びわ湖・山門水源の森

生物多様性の保全の20年

山門水源の森を次の世代に引き継ぐ会：編

ぺりかん社

奥びわ湖・山門（やまかど）水源の森

——生物多様性の保全の20年

新緑の奥びわ湖・山門水源の森

山門水源の森

国道８号線

JR近江塩津駅→

カガシの森

尾根道コース

JR永原駅→

沢道コース

北部湿原

中央湿原

南部湿原

駐車場

やまかど・森の楽舎

奥びわ湖・山門水源の森とその周辺

山門水源の森公開開始当時からの変化

北部湿原（2020/11/24）

北部湿原（1999/11/23）

中央湿原（2020/11/12）

中央湿原（1999/11/14）

南部湿原（2020/5/3）

南部湿原（1999/5/3）

四季の森（2020/11/18）

四季の森（1999/11/23）

南部湿原の移り変わり

1987/9/15

1987/11/15

1992/5/4

1996/10/13

1999/4/20

2001/4/30

2006/7/5

2010/1/16

2015/11/21

2020/5/5

四季折々の花・実 1

トリガタハンショウヅル（2021/5/4）

ミヤコアザミ（2013/9/5）

ヒツジグサ（2012/9/11）

クルマバハグマ（2010/10/13）

キタヤマオウレン（2006/4/1）

トクワカソウ（2019/4/9）

シュンラン（2006/4/27）

ミツガシワ（2017/4/22）

四季折々の花・実 2

イワナシ（2012/4/15）

カマツカ（2019/10/31）

リュウキュウマメガキ（2009/11/16）

ミヤマウメモドキ（2009/12/19）

カスミザクラ（2006/5/5）

ユキグニミツバツツジ（2010/5/5）

フジ（2006/5/26）

タンナサワフタギ（2021/5/29）

シャクジョウソウ（2013/6/23）

ムヨウラン（2015/6/21）

ツチアケビの実（2004/8/1）

四季折々の花・実 3

ギンリョウソウモドキ（2014/9/12）

ギンリョウソウ（2007/6/13）

ホンゴウソウ（2021/9/23）

菌従属栄養植物

この森には、葉緑体をもたない菌従属栄養植物が6種類確認されている。
ギンリョウソウモドキ（アキノギンリョウソウ）は、9月中旬から発生するが、ギンリョウソウに比べると発生は希である。
ギンリョウソウは、5月下旬から6月中旬にかけて森のあちこちで観察できる。
ホンゴウソウは、微小なため見つかることが少ない。
シャクジョウソウは、ギンリョウソウとほぼ同じ時期に発生するが、発生数は少ない。
ムヨウランは、6月中旬から下旬にかけて発生するが、発生数は少ない。アカガシ林で見られることが多い。
ツチアケビは、森のあちこちで発生し、複数年同じ場所で発生が続くことがある。

両生類・は虫類

トノサマガエル（2007/9/14）

タゴガエル（2010/7/22）

ニホンアマガエル（2011/10/10）

ニホンイシガメ（2006/5/14）

ヒダサンショウウオ（2009/2/2）

産卵中のモリアオガエル（2006/6/10）

シュレーゲルアオガエル（2010/5/7）

ニホンヒキガエル（2009/5/31）

アカハライモリ（2007/7/17）

ニホントカゲ（2012/5/20）

危険な動植物

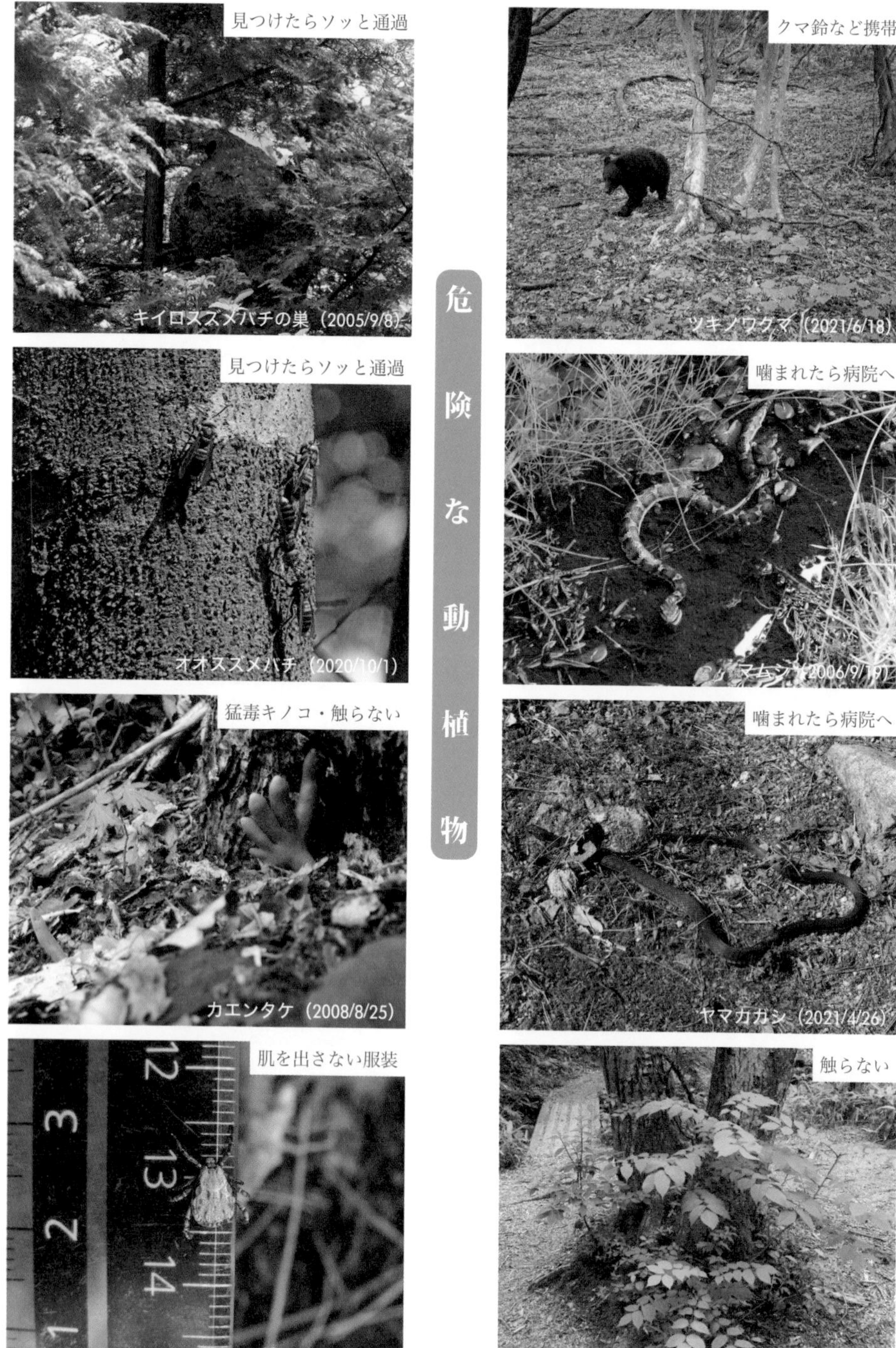

見つけたらソッと通過
キイロスズメバチの巣（2005/9/8）

クマ鈴など携帯
ツキノワグマ（2021/6/18）

見つけたらソッと通過
オオスズメバチ（2020/10/1）

噛まれたら病院へ
マムシ（2006/9/19）

猛毒キノコ・触らない
カエンタケ（2008/8/25）

噛まれたら病院へ
ヤマカガシ（2021/4/26）

肌を出さない服装
マダニ（2015/6/13）

触らない
ヤマウルシ（2021/6/7）

サシバ（2020/10/9）
滋賀県希少種

ヤマドリ（2020/2/5）
滋賀県絶滅危惧種

ウグイス（2021/10/26）

ベニマシコ（2019/10/26）
滋賀県希少種

キビタキ（2014/5/9）

オオアカゲラ（2016/1/27）
滋賀県希少種

ミソサザイ（2020/3/3）
滋賀県希少種

エナガ（2020/2/11）

オオルリ（2015/5/2）
滋賀県希少種

サンショウクイ（2015/4/23）
滋賀県希少種

アカウソ（2016/3/2）

コゲラ（2020/2/11）

森への来訪者

一般公開が始まった2001年から20年間に、北は北海道から南は九州まで文字通り日本全国は言うにおよばず、アメリカ・中国など諸外国からも来訪者があった。

目次

グループの調査開始（1987/4/29）

1988年の湿原周辺

はじめに――山門水源の森を次の世代に引き継ぐ会前史

二〇〇一年四月「山門水源の森を次の世代に引き継ぐ会」（以下、本会）は発足をした。本会が組織されたのは、一九八七年から一九九一年まで「山門湿原研究グループ」が行った毎月一回の山門湿原の各種調査、およびその成果である「山門湿原の自然――次代に引き継ぎたいこの自然――」（一九九二）が刊行されたことが契機となった。報告書の「まえがき」には次のように書かれている。

「自然環境が豊かであるといわれる滋賀県にあっても、近年の各種開発によって、琵琶湖岸・沖積平野・丘陵地は、大規模な開発が実施され自然環境は大きく様変わりしつつある。これまでの開発対象地域は、主として琵琶湖南部に近接した平野や丘陵地が対象であったが、最近ではこの対象が全県に及び山地も例外ではなくなってきた。この状況は、最も開発対象から離れていると考えられていた琵琶湖北部地域にも及んできた。その一例は、おびただしい数の林道開発や宅地開発にみることができる。これらの中には、必ずしも必要ではないのではないかと考えられるものや、開発後数年をまたずして放置されたものまであるといった状態である。これらの開発によって周辺の自然環境が荒廃したことに留まらず、将来災害をも引き起こしかねない場所も散見される。（中略）

五年間の調査研究の過程で、山門湿原を取り巻く種々の環境も変化した。調査開始時には、湿原の周囲は完全な自然林（二次林）で囲まれており、湿

山門湿原 開発から守れた
ゴルフ場計画変更
西浅井町「財産として活用を」

ゴルフ場開発から湿原域は除外の記事
読売新聞（1991/5/31）

解説板の設置（1999/12/27）

原の保全には危機感はなかった。しかし、一九八七年一〇月に湿原の南東斜面が皆伐され、ヒノキの植林がなされた。さらに一九九〇年八月一〇日付けの京都新聞で当湿原を含む地域がゴルフ場に開発されるとの報道がなされるにいたっている。ゴルフ場開発ということになれば、当湿原が有する貴重な生物群が絶滅してしまうことになり、最大の危機を迎えることとなった。そこで研究グループとしては、五年間の調査から山門湿原が、今となっては滋賀県下に残された最後の湿原であるとの立場から、完全に保全されることを要望すべく議論を重ね、一九九一年四月西浅井町において山門湿原の実態を報告し、町当局に保全を要望した」。

続いて滋賀県に対しても知事宛に保全の要望書を提出した。これらの動きを受けて、西浅井町では湿原部分を開発対象から外すことに変更した。一方、滋賀県では全国的に過剰なゴルフ場開発問題を受けて、新規のゴルフ場開発は認めないとの方針が出された。そうした中で開発業者が撤退することになり結果的に山門湿原への影響はなくなった。

一九九六年、滋賀県は現在の山門水源の森一帯の六三・五ヘクタールを上（かみ）の荘（しょう）生産森林組合から買収し、一九九七年から一般公開をするための整備を行うこととなった。整備について山門湿原研究グループに協力要請がありコース設定、展望場の設置位置の助言や解説板作製に加わった。

観察コースの施行は、滋賀県から委託を受けた業者が行ったが、必ずしもこの森・湿原の重要性を理解しておらず、工事に伴う資材の端材を湿原に放り込むなどの行為があり、その度に滋賀県から指導してもらう必要があり巡

本会の設立総会（2001/4/1）

南部湿原の木柵（2000/4/4）

視が欠かせなかった。同時に隣接する放牧場から牛が侵入することが繰り返され、巡視の度に侵入防止の有刺鉄線の設置や補修に多くの労力を要した。牛の侵入は湿原にも及び、湿原が荒らされると同時に糞が散在し、貧栄養の湿原には致命的となりかねず除去作業にも神経を使わされた。また糞に含まれている外来種の種子の侵入で大量の外来種が侵入し、その除去に追われることもあった。

一九九九年にはコース整備が完了し、二〇〇〇年四月から一般公開することとなったが、地元との調整がつかず公開は二〇〇一年四月となった。

こうした動きとは別に一般公開にともなって発生する諸問題に対処するため、常駐の職員を置く必要があることを県に要請したが実現は難しいとのことであった。かといってそのまま放置することはできず、一九九九年、「(仮称) 山門水源の森を次の世代に引き継ぐ会」を任意団体として組織し、県下でも稀有な生物多様性に富むこの森を保全する活動を行うことにした。

そんな中、二〇〇〇年末には山門水源の森の一般公開を二〇〇一年四月一日とすることが決定され、正式に「山門水源の森を次の世代に引き継ぐ会」を発足することになり、二〇〇一年四月一日に西浅井町役場視聴覚室にて設立総会を開催した。総会では、会長以下の役員を選出後、次のような会則を審議議決した。

第1条（名称）

この会は、「山門水源の森を次の世代に引き継ぐ会」と称する。

第2条（目的）

一般公開記念観察会（2001/5/12）

この会は、里山で貴重な生物が生息する山門水源の森の自然と文化を保全し、次の世代に引き継ぐことを目的とする。あわせて、この森の望ましい利活用に関しても検討する。

第３条（業務内容）

本会は前記の目的を達成するために次の事業を行う。

1．この森の自然及び文化的な調査。

2．この森を次の世代に引き継ぐための具体的な提言とその実践。

3．この森の保全の必要性を広く知らしめるための啓発活動。

4．この森の保全に志を同じくする人のネットワークづくり。

5．会報の発刊と活動の記録。

6．その他必要な事項。

当初全く財政基盤はなく、活動が危ぶまれたが、地元西浅井町の全面的なバックアップで公開シンポジウムや観察会・保全活動を実施することができた。

正式発足した直後の五月、一般公開記念として本会と西浅井町の共催で観察会を実施した。この観察会は、われわれの予想を遥かに超える一五〇余名の参加があり、この森に対する期待の大きさに驚くと同時に、この森の生物多様性を本会の名称通り「次の世代に引き継ぐ」ことの重大さを改めて感じさせられた。

調査開始時期の山門湿原付近（1988/11/20）

コラム

山門湿原付近におけるゴルフ場計画に関連して思うこと

琵琶湖研究所主任研究員　浜端　悦治（故人）

山門湿原研究グループの方々が、一九八七年から毎月欠かすことなく山門湿原に足を運ばれ調査されてきたことは驚異的というほかありません。さらに毎回の調査結果をニュースレターとしてすぐに配布され、その情報の共有化を進められたことなど、共同研究の実践例としても非常に興味深いものがあります。また、当初予想もしなかった湿原付近の開発問題が、昨年暮れになって公になり、開発計画と自然保護という点でも、良い前例になってくれることを期待しています。このグループの研究は、開発計画とは全く無関係に進められました。それゆえ自然保護運動を前提とした調査研究とは異なり、対象が失われるという危機感というものはなかったに違いありません。それにも関わらず、こうした精力的な研究が続けられてきたということは、山門湿原が、それだけ魅力的な存在であるということの証ともなっています。

自然地域を対象として開発計画が出る度に感じるのは、計画を審査したり、あるいは積極的に進める役をする自治体などが、対象とする地域がもっている自然の価値というものを十分に認識していないのではないかということです。認識するための十分な情報をもっていないと言った方が良いかも知れません。これは地域の研究者や自然愛好家の努力不足、あるいはそうした人材不足であるのかもしれません。後者の場合はどう

積雪の南部湿原（1990/1/28）

することもできませんが、少なくとも研究者の立場からしますと、できるだけ地域について研究し、それが公になるように形あるものにまとめ上げなければならないということでしょうか。印刷物などにしておけば、行政側としても積極的に保護対策がとれるということになるに違いありません。もちろん行政側もそうした情報に対してアンテナを向けておく必要がありますし、開発計画などに際して、発信されている情報を十分に利用できるように普段から収集整理しておくことが望まれます。しかし、なんといっても現在は自然を保護した場合、それは保護のための保護としか認識されていないところに、保護運動が広がらない理由があるように思えます。自然を保護してそれを積極的に紹介し、その持ち味を十分に生かした活用ができるようにならない限り、残念ながら、スキー場やゴルフ場の開発を減らすことができないに違いありません。湿原の保護を訴えるとともに、保護した後の利用計画などにも積極的に提言をする必要があるのかも知れません。

＊山門湿原 NEWS No. 53, 1991.7.30　五〇号記念文より
山門湿原を調査し始めた頃の自然保護に対する情勢が分かるため、ここに再録した。

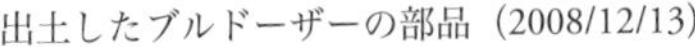

出土したブルドーザーの部品（2008/12/13）

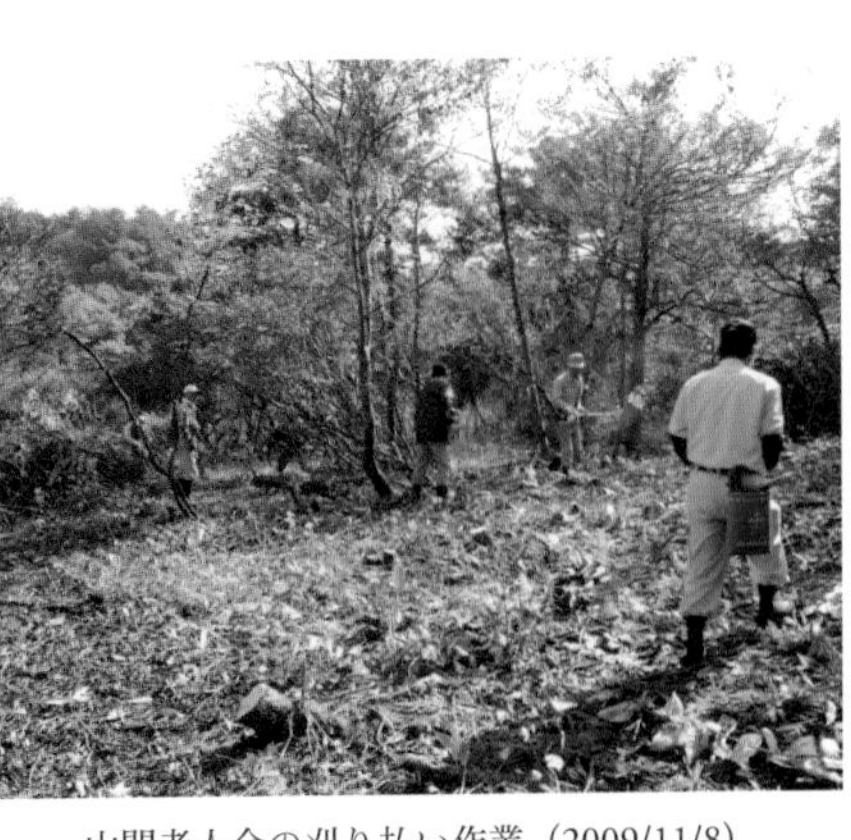

山門老人会の刈り払い作業（2009/11/8）

コラム

山門水源の森に関わって二〇年

竹端　康二

この山門水源の森には、本会が組織された直後から今日まで関わって、二〇年、早いものです。西浅井町山門の地元でもあり、二代目の会長をと言われ、引き受けることになりました。

地元でもあることから、山門老人会、上の荘生産森林組合の方々にも、ご協力頂きながら、保全作業に取り組んで来ました。本会の最初の大きな保全活動となった、あの北部湿原の再生は、地元山門老人会の方々にご協力頂き、七年を要しましたが、見事な湿原に再生できました。湿原の灌木やササなどの刈り払いした後の大木の枝や草木を、われわれ引き継ぐ会会員のバケツリレーで両脇の山裾に運び出す作業は大変なものでした。

一九六〇年代に、湿原を埋め立ててゴルフ場用の芝栽培をするためブルドーザーを入れ作業を始めたものの、ブルドーザーが埋まり故障するなどして断念とのことでした。その後、北部湿原へ水を送り込む水路を作る保全作業の時に、キャタピラーの破片が出てきて話が本当だったことも分かりました。この湿原について、当時の年寄りの話では、唐傘ぐらいの大蛇を見たとか、湿原はもっと水があってボートが浮かんだとか、大きなサンショウウオを見たなどといった話を聞きましたが、今はヒダサンショウウオが四季の森の沢で見つかっているくらいです。

環境大臣表彰の授賞式にて（2007/4/25）

永原小学校の地層学習（2010/11/25）

湿原の北方に、本会が「椿坂」と名付けている所には椿（ユキバタツバキ）が咲き誇っていますが、昔はその場所を「鳥越」と呼んでいたとのことです。湿原から鳥たちが飛び越えていたので名付けられたと思います。

中央湿原向こうの小山も、「カヤド」と名付けられています。そこは屋根の補修材料用にカヤを栽培していて、村人が刈り取って乾燥させ、家の屋根裏で補修用に保存して使っていました。もちろん割木、炭などは生活の大切な必需品であり、その生産地でもありました。

私が退職後小学校の理科支援の仕事をさせてもらっていた時から、「地層の学習」には山門水源の森入り口の県道の横、切り割で観察が続けられています。県の理科支援者報告集会でこのことを報告すると、湖南の学校関係者から、地層の学習は、パソコンや本で教えているが実際に目の前で地層を触りながら、しかも専門の先生までついて学習ができる永原小学校はスゴイなあと、うらやましがられたことを思い出します。

私にとって、あの新宿御苑へ、事務局長の藤本先生と「みどりの日」自然環境功労者環境大臣表彰を頂きに上京した事も、会員の皆さんの保全活動への努力のお陰で特筆する一つです。

また湿原に三万年前のアイラ火山灰が実際に確認できたのも、私にとっては大事件でした。ボーリング調査費用に国際ソロプチミスト長浜のご推薦を得て、日本中央リジョン二五周年記念事業で、日本で四団体のうちの一つとして高額の助成を頂いてのことで忘れられません。

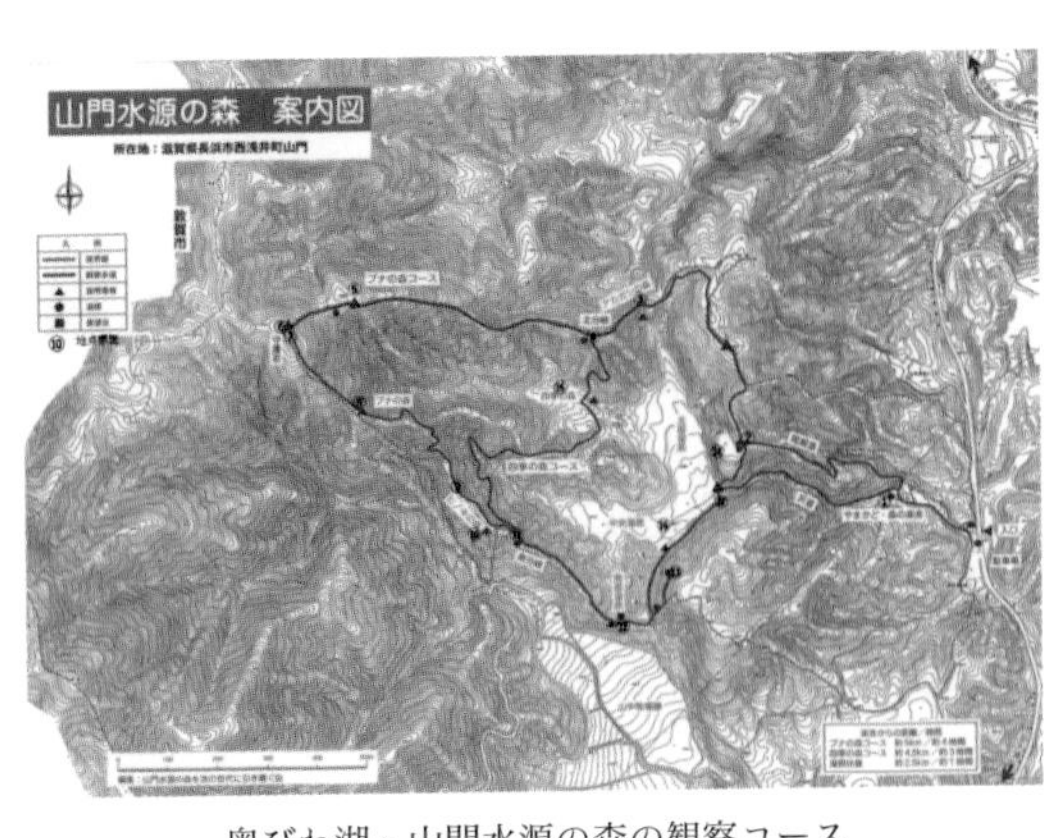

奥びわ湖・山門水源の森の観察コース

1　山門水源の森　観察コースの維持管理

山門水源の森の観察コースの大部分は、一九六〇年代まで薪炭林として利用していた時代の山道に沿って整備された。全長は四・五キロ㍍、階段数およそ一〇〇〇段である。薪炭林時代は、森で働く人々が、随時道普請や草刈りを行っていた。今も当時の石の階段や長年の通行で窪んだ山道、炭や薪を背負っての帰路に休場の目印にしていた大杉が残っており、往時を偲ぶことができる。この山道を維持するために途方もない労力が使われたことが、本会で行っている観察コースの維持管理に要している月日から想像できる。ここでも自然と人の長い関わりを見ることができて感慨深い。

本会発足後取り組んできた保全活動の中で、早くから取り組んできた保全作業は、観察コースのパトロールと整備である。一般公開が始まるまでの、この森への来訪者は年間多くても数十人程度であったが、一般公開すると数千人が訪れることが予想された。結果的には、年にもよるが三〇〇〇～四〇〇〇余人訪れている。これだけの森への人出は森にとっては有史以来のことである。これらの来訪者が安全に快く森の中を歩けるようにすることが、会の中でも滋賀県からも要望されている。

観察コースのパトロール

観察コースのパトロールは、コースの状況把握は言うまでもないが、森の様々な現況（季節に応じた動植物の状態・景観など）を巡視することである。そ

イノシシの採餌跡（2008/2/4）

守護岩詣（2007/1/1）

の結果を毎月発行している会報の山門水源の森「NEWSLETTER」や「森だより」、ホームページ（随時更新）を通じて会員が共有し、次の保全活動やガイドの参考にしている。

コースの現況把握

年間のコースパトロールは、毎年元旦の守護岩詣から始まる。森の最高点にある守護岩に、一年の保全活動の安全を祈願するための行事として実施している。会員有志がコースパトロールを兼ねて行っているイベントである。積雪の多い年は、二㍍を超すこともあるが、この積雪の中で何が起こっているのかも確認しながら詣でる。

雪上に点々と続く動物の足跡で、夏場には見られない動物の行動が見られることもある。イノシシが積雪を掘り起こしてドングリを食った後に、シカやアカネズミが食った痕跡が観察できることもある。雪上に続くシカの足跡をたどると、わずかに雪上に顔を出しているササを食んだ痕跡も度々見られる。雪上に有毒物質を含んだヒサカキの葉がかたまって落ちている理由が長年つかめなかったが、それはノウサギが葉柄のみを食った跡だと確認できたのも足跡を確認できたことからであった。ノウサギの足跡と並行してキツネの足跡が見られるのも冬のパトロールの楽しみでもある。

雪解けが始まると、本会に来訪予定者から問い合わせが続く。「バイカオウレン（この森ではキタヤマオウレン）は咲いていますか」「トクワカソウ（イワウチワ）は、もう咲きますか」「トキワイカリソウは……」と。こうした問

コアジサイの開花（2005/6/5）

ヒサカキの葉柄のみを食ったノウサギの足跡（2013/1/12）

い合わせに対応するためにパトロールは欠かせない。しかもこれらの問い合わせに的確に対応しようとすると、その頻度はどうしても多くなる。それぞれの年の気象条件によって開花時期は変わるからである。

四月の中旬になると、ブナの新緑やカスミザクラの開花時期についての問い合わせが多くなる。続いて五月初旬には生きている化石と言われるミツガシワの開花、六月に入ると今度はササユリやコアジサイの開花とモリアオガエルの産卵状況の情報提供といった具合である。

ササユリに至っては、分布する場所によって開花時期に一カ月近い違いがあるため、ほぼ毎日のパトロールが必要となる。このような情報を得る傍ら、コースそのもののチェックを行っている。

雪解け時には、積雪による雪害で倒れた木々や枝の処理をどのような体制（必要な道具や人数など）で行えば良いか、雪圧で倒れた木柵は修理が可能かどうかなど診るべきことは多い。

本会発足当時は、保全活動に参加できる人員も少ないため、パトロールと他の作業とを同時に実施することは困難であった。しかし最近は、会員数の増加と保全活動の日数が増加したためパトロール単独で実施するのではなく、保全作業やガイド業務と並行して行えるようになった。

コースの整備

パトロールや保全作業中に見つかった整備が必要な箇所は、作業内容・作業人数・作業日を本会理事会で検討を行い、基本的に会員の保全活動日（毎

観察コースの補修（2007/9/15）

観察コースの草刈り（2007/6/27）

観察コースの路面補修（2012/11/20）

間伐（2013/11/16）

月第一・第三土曜日）に対処している。この保全活動日のみでは、到底対処できないため、保全活動日以外に、参加できる会員が作業を行っている。コース整備の種類は多岐にわたるが、次のようなものがある。

ア．コースの幅員確保の草刈り

二〇〇〇～二〇一〇年までは、観察コース脇の草刈り（主にササ）が欠かせなかったが、それ以降二〇一九年までは、シカの食害が進み、草刈りを行う必要がなくなった。しかし二〇二〇年からは、食害が減少したため部分的に草刈りを再開している。

イ．路面補修

毎年数千人が使う観察コースの路面は、年々削りとられ降雨の度に土砂が

間伐材をチップにする作業（2013/12/13）

間伐材の集積（2016/3/27）

チップをコースに散布（2016/9/26）

来訪者の運搬協力（2016/3/27）

流下し溝ができる。これを防ぐために麓から採石を持ち上げ補修を行う。路面に傾斜があり、粘土質の部分は降雨時に滑りやすい。そのような場所では、持ち上げた採石を手作りのタコ槌で地固めを行った。この作業では、永原小学校の児童が先人の知恵を体験した。

　麓の楽舎（まなびや）から湿原の南東側には一九八七、一九八八年に植栽されたヒノキ林がある。この植林地の枝打ちや間伐作業が長年行われておらず、森の気品を損なっており、少しずつではあるが、会員で枝打ちや間伐を実施している。この間伐材は、観察コース沿いに積んで置き、来訪者に適宜麓の楽舎（まなびや）まで持ち下りてもらう試みを行った。多くの来訪者が協力してくれた。その材をチップにして、今度は観察コースの土壌流出で露出した樹根を保護するために敷設している。この作業にも、地元の小学生はじめ多くの来訪者が協力し

防腐剤を注入した階段の設置（2020/6/27）

階段の補修も（2006/4/24）

資材運搬路の施工（2020/10/3）

階段資材の運び上げ（2020/10/3）

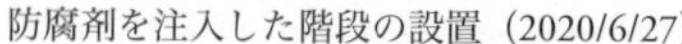

てくれている。このチップ敷設は、樹根を保護するということだけではなく、来訪者も歩きやすいと好評である。

ウ．階段補修

全観察コースには、一〇〇〇段もの階段がある。これらの階段は、一部は防腐剤で処理した資材が、残りは現地調達の材が使われている。防腐剤で処理した材もおよそ一〇年で朽ちる。現地調達の材は、よくもって五年である。したがって階段補修作業は、毎年行わなければならず、大きな負担になっている。現地調達の材を階段仕様に加工するのも一工夫が要る。訪問者が引っかからないように、打ち込んだ杭の角を丸く加工するなど気を遣う必要がある。こうした作業を簡素化できないかと考え続け、二〇一八年からは階段の立て杭は、森の中では不似合いなのだが、腐食しないプラ杭に変えることにした。さらに二〇一九年からは、横木

木橋の滑り止め設置（2020/7/12）

木橋の架け替え（2019/10/26）

雪解け後の倒木処理（2006/3/26）

ササユリ観察用木道の設置（2019/6/9）

も防腐剤を染みこませた角材に順次交換している。とは言え、これらの資材を施工地点まで運び上げるのは会員の人力しかなく、未だ全階段入れ替えには至っていない。

これまで保全活動に必要な多くの資材は、全て楽舎（まなびや）から人力で運び上げてきた。しかし、この作業は今後も長く続く作業であり、省力化の方法をいろいろ検討した。資材運び上げ用の索道やモノレールが候補に挙がったが、素人集団が設置するには多くの問題がある。この問題を解消するべく二〇一七年、滋賀県との協働事業として資材運搬用の作業道を施工することとなった。この作業道は二〇二〇年段階では、未だ完成していないものの途中までは使用可能となり、資材集積所までは運び上げができるようになった。随分と楽になったものの、それから先の作業地点までは、やはり人力以外なく、運搬

倒れた枯死アカマツ（2007/11/20）

台風21号による倒木（2018/9/13）

観察コースを塞ぐ倒木（2008/8/5）

コナラの枯れ木（2007/3/10）

は這々の体である。

エ．木柵補修・木橋架け替えと滑り止め作業

観察コース沿いには、訪問者を誘導するための木柵が設置してある。この木柵も老朽化や積雪による倒壊があり、随時補修を行っている。

森の中には、あちこちに木橋が架かっている。この木橋も五〜一〇年で危険な状態になる。このためパトロール時に安全を確かめ、随時架け替えや滑り止め作業を行っている。

湿原脇には、ササユリが群生する。開花時に観察コースからでは花の背中方向から観ることになるため、間伐材を使って湿原側に木道を造り、訪問者から好評を得ている。

オ．倒木・枯死木・落枝の処理

雪解け後や暴風雨の後には、観察コースに倒木や落枝があり通行の障害と

カエンタケ（2008/8/25）

四季の森の林床整備（2010/10/16）

台風10号による倒木（2019/8/22）

整備された林床（2004/11/25）

なる。また、コース脇の枯死木は倒れれば、来訪者に危害を及ぼすことも考えられ、これらを除去することも重要な保全作業である。

融雪後の倒木・落枝の処理は比較的軽微な作業であるが、手を抜けない。これらの障害物は、コースを上る時と下る時とでは危険度が異なる。小さな落枝であっても、下りに丸い枝片に足が乗ると転倒の可能性が高い。したがって実際に歩いてみて、その危険度を確かめることで対処の仕方にも違いが生じるので、パトロールは重要な保全作業である。

この森の枯死木は、アカマツ・ミズナラ・コナラが多い。二〇〇〇年初頭にはナラ枯れが発生、続いてアカマツが大量に枯死した。コナラの枯死後二〇〇七、二〇〇八年には、観察コース沿いにカエンタケが多数発生した。当時、今ほどカエンタケは知られていな

岐阜市立青山中学校生徒による林床整備（2012/6/18）

西浅井中学校生徒による林床整備（2014/6/18）

かった。触れるだけで炎症を起こすとも言われていた。猛毒ということもあり、コース沿いの目に付きやすい場所に発生したものには、来訪者が気付かないように刈り取ったササなどで隠し、危険を避けることにも気を配った。

枯死した樹木はすぐさま倒れることは希であるが、倒れると観察コースを塞いでしまうため、処理を急ぐ必要がある。年によって台風や豪雨によって生木も倒れることがあり、近年その頻度が増えてきたようである。

二〇一八年の台風二一号は、「非常に強い勢力」で徳島県南部に上陸し、一九六一年の第二室戸台風と同じような経路をたどって日本海に抜けた。この台風は、滋賀県内でも特に森林倒壊被害が各地で発生した。この森でも麓の沢沿いから四季の森を経てブナの森方向に風が吹き抜け、多くの樹がなぎ倒された。翌二〇一九年の台風一〇号でも倒木があり、その整備に多くの人手を費やした。

林床整備

観察コースの両側に広がる林内の整備も重要な保全作業である。新緑・紅葉それぞれの美しさを愛でつつも、その林床が雑然としていると心穏やかでない。しかし、広大な森全ての林床を整備することは困難なため、観察コースから目が届く範囲を整備の対象区域としている。それでも会員のみでは到底整備できないため、多くの団体の協力を得ている。

こうしていろいろな団体の協力を得て林床整備を行うが、この作業には当然事前準備が必要である。参加してもらう団体や年齢に合わせて、林床に散

ユキバタツバキ林の林床整備（2019/3/25）

コアジサイ分布域の林床整備（2020/1/18）

在する落枝・倒木などを、運搬整備しやすいサイズに伐っておく作業である。特に児童や生徒が作業する場合は、五～七名に対して指導する会員が一名付き、整備の仕方を指導するとともに、参加者が事故に遭わないように細心の注意を払って実施している。

観察コース沿い以外に林床整備を行っている場所が二カ所ある。その一つが、「アカガシの森」と称している一帯である。ここには、およそ七〇〇株のユキバタツバキが群生している。これらは中高木層のアカガシやコナラに被われた急斜面に分布している。枯死した木はしばしば倒れ、ユキバタツバキの生育を阻害している。このためユキバタツバキを被った倒木を整備する作業を適宜実施している。分布場所の多くが四〇度を超える斜面であり、作業には難儀している。もう一カ所は、南部湿原南端の北斜面である。そこにはコアジサイの群落があり、その保全

コナラの枯れ木でアカゲラが採餌（2013/2/25）

コナラに発生したナメコ
（2008/1/10）

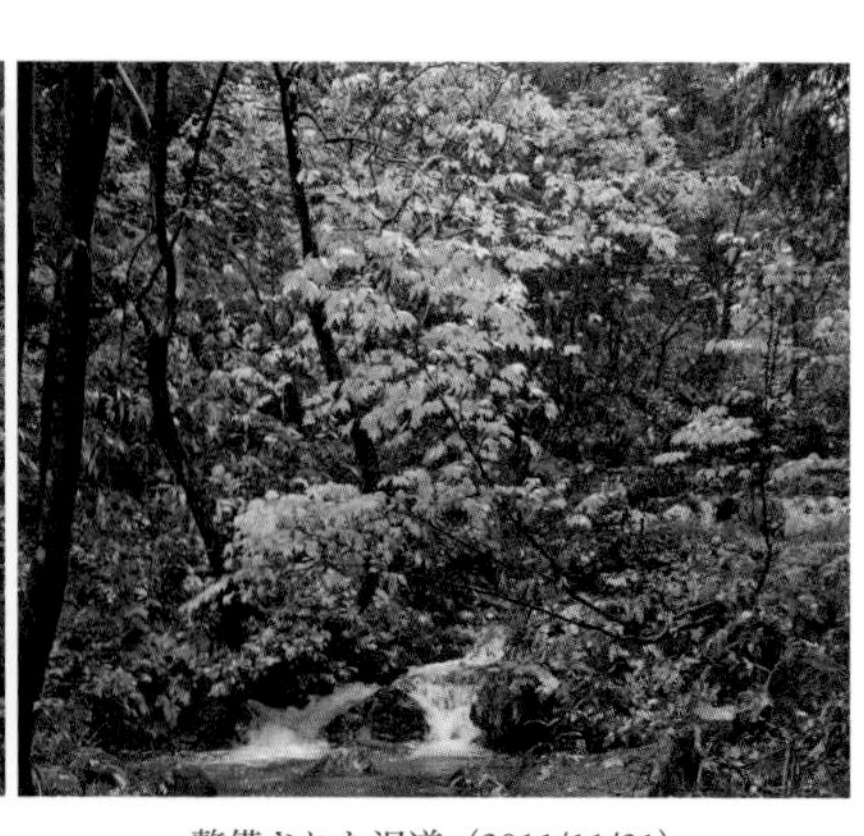

整備された沢道（2011/11/21）

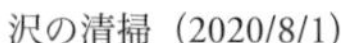

沢の清掃（2020/8/1）

のための林床整備を行っている。コアジサイ群落の上部に、コナラやホオノキが繁っており、日照確保のため随時除伐をしている。

野鳥のために

コース整備や林床整備の際、枯死した樹木の除去は、基本的に来訪者に危険が及ぶかどうかということを考えて実施している。

一方、意識的に枯れ木を残している所もある。それは枯れ木が、野鳥の採餌や営巣木になることと、菌類の発生場所であることも考えてのことである。特にこの森では、コナラが広範囲に分布しており、野鳥、菌類にとって重要な材になっており、極力残すようにしている。

沢道の整備と沢筋の清掃

現在「沢道」として利用している沢沿いのコースは、一般公開時には整備されていなかった。それでも一九八〇年代後半には、未だ薪炭林時代の痕跡があり通行が可能であった。二〇〇九年には、旧道でもあり、沢沿いの環境も素晴らしいことから、整備を行った。この作業は、コースを被う灌木などを刈り払いするとともに、沢には木橋を六カ所設置した。このコース整備には、約五〇〇〇㍍を一五日間、総勢五四名を要した。完成した沢道コースは、尾根道コースに比べ湿原までの距離が短いことと、沢音が心地よいことが来訪者から好評を得ている。整備は完了したものの、当然のことながら豪雨後には、上流から様々なものが流されて美観を損ねる。このための沢清掃も欠かせない。

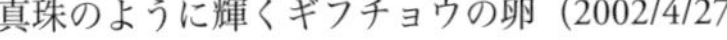
真珠のように輝くギフチョウの卵（2002/4/27）

冬眠中のモリアオガエルを発見（2007/3/2）

コラム

保全保護活動の成功の裏には残念なことも　そして

浅井　正彦

「山門水源の森を次の世代に引き継ぐ会」が発足して、二〇年の月日が流れた。

私も本会が発足して間もなく入会したので、二〇年間この森と共に歩んできたことになる。地元西浅井町の者が参加するのは珍しいことだった。それは住んでいる裏山とこの森の環境が変わらないので興味がないからであろうと思う。そんな私が何故この森に携わることとなったのか、一つは勧誘して頂いた事務局長の藤本先生の魅力と人望と求心力、もう一つは若い頃に都会に住んでいて（神奈川県藤沢市）休みには信州の山々や尾瀬などに出向き、成人式の誓いで「自然を愛する心」と読みあげたことによるところが大きい。

この森では自然と共存しながら保全作業を行ってきた。莫大な作業の中でも、人海戦術による北部湿原の復元や「サワラン」「ササユリ」「ミツガシワ」といった希少植物を科学力や獣害対策により絶滅から保護できたことが印象に残る。しかし残念なこともある。それは「ギフチョウ」だ。当初は年間数回目撃できたが、ここ数年目撃したことはなく、絶滅してしまったのだろうか？　何もしてこなかったわけではない。幼虫の草食である「カンアオイ」を保護成長させるため、周囲の木立の伐採や下草刈りを行って日当たりを良くしたものだ。藤本先生とカンアオ

2017年度総会（2017/3/12）

四季の森の林床整備（2007/3/1）

山門水源の森連絡協議会による現地視察（2015/6/11）

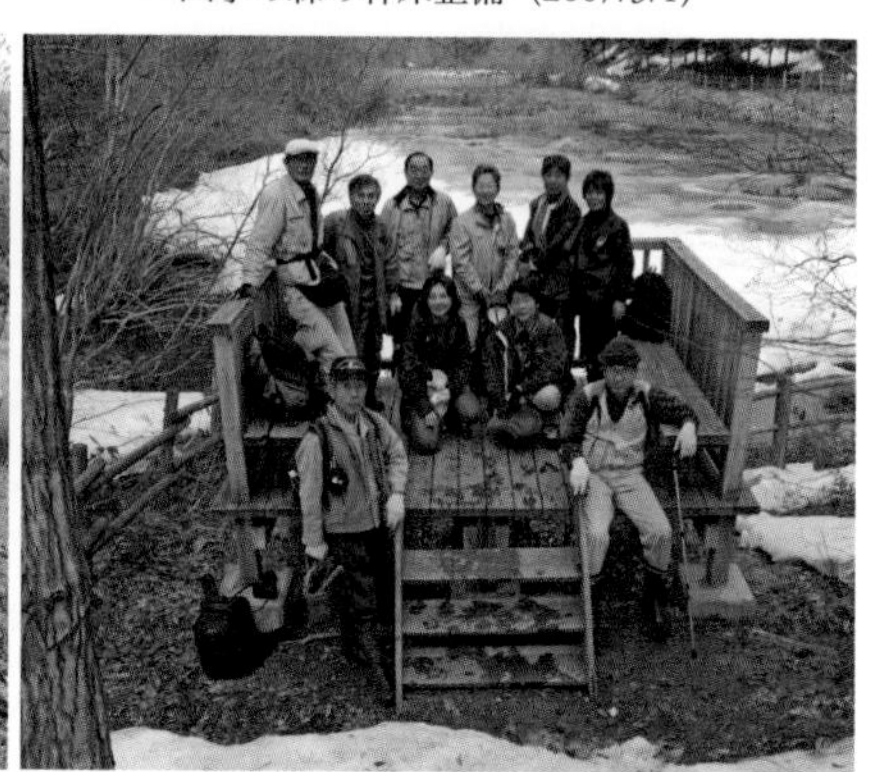
早春の保全作業を終えて（2006/3/25）

イの葉をめくり、葉裏の黄緑色の真珠のように輝く卵を確認してニンマリしたものだった。でも今となっては悔しい限りである。人目の付かないところで命をつないでいてくれることを祈るばかりである。

成功と失敗の繰り返しで前に進んできたように思う。

そんな二〇年の歳月といえども四万年の歴史をもつこの森にとっては、「点」にすぎないのかもしれない。また、過去から人が携わってきた期間もまだ「線」の表現まではいかないかもしれない。将来もし人が携わらなくなったら、この森は何が支配するのだろうか？　人間以外の動物だろうか？　いや自然は自然が自然に支配するのが自然の成り行きかもしれない。

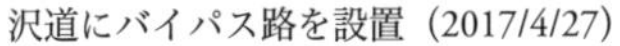

沢道にバイパス路を設置（2017/4/27）

流れ続ける沢水（2017/11/27）

コラム

沢水の如し

佐治　源一郎

春は新緑、夏はキノコ、雨の後は更なり、秋は紅葉、冬は雪の降りたるはいふべきにもあらず……。清少納言がこの地を訪れていたら、こう詠んだに違いない。

私が初めて山門水源の森を訪れたのは二〇一五年六月。森林キーパーとして入ってまだ日が浅い私に、入山者から「いい森ですね～」と声を掛けていただく。まだ右も左も分からないのに「ありがとうございます。気をつけて」と見送る。誰でも褒められて嫌な気はしない。その後も保全作業をしていると「ご苦労さま、良く手入れされていますね」、訪問者記帳簿に楽しいコメントを見付けると、スコップを持つ手にも力が入る。世の中には、励まされて伸びる子と褒められて伸びる子がいるが、私は後者の方らしい。

森での保全作業は、観察コースの整備、枯木や支障木の伐倒、防獣ネットの点検など多岐にわたる。泥濘に足を取られ、急斜面を滑り落ち、マダニに噛まれても楽しいことは多い。四季折々の森の変化を肌で感じ、作業の合間に発見する動植物に思わず手が止まる。寒い北陸型の気候と温かい太平洋型の気候が交わり、この森の生物多様性が育まれている。そのことが分かる（見える）場所がある。

ブナの森コースの最高点（守護岩）からコースを外れ、北へ一〇分も

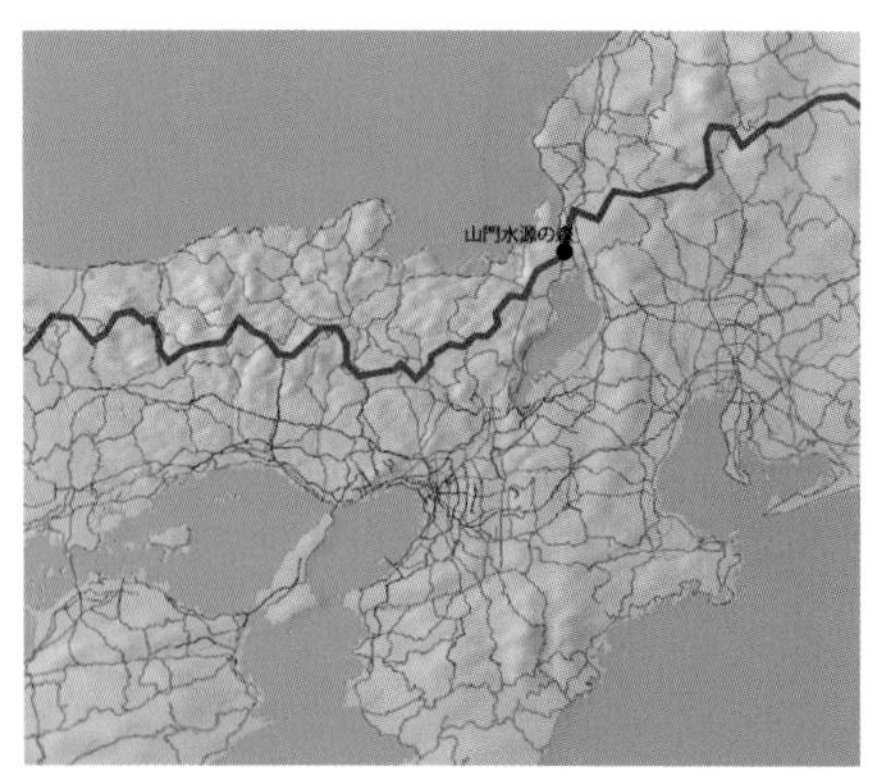

近畿地方の分水嶺（井上貴裕原画）

タマゴタケ

ヒトヨタケ

歩くと福井との県境で、眼下には北に敦賀湾、南に琵琶湖が望める。ここが丁度「中央分水嶺」に当たる。分水嶺とは、雨水が異なる水系に流れる境界のことで、特に日本海と太平洋に分かれる線を中央分水嶺と呼び、北は宗谷岬から南は佐多岬までの五〇〇〇キロ㍍が一本の線でつながっている。日本海までわずか一〇キロ㍍余りのこの森に降った雨は、沢を下り大浦川から琵琶湖に入り、瀬田川↓宇治川↓淀川を経て、大阪湾（太平洋）へと注ぐ。

琵琶湖の水が全て入れ替わるのに一九年を要することから、山門水源の森に降った雨は、太平洋に到達するのに二〇年ほどかかると聞いたことがある。「山門水源の森を次の世代に引き継ぐ会」も二〇年が経過し、発足当時に流れていた沢水は、今まさに大阪湾に到達したことになる。

涸れることなく流れる沢水の如く、引き継ぐ会もまた途切れることなく保全活動が続けられてきた。諸先輩方に敬意を表するとともに、会の一員として関われたことが嬉しい。また新しい発見を求めて森へと向かうことにしよう。

山門水源の森周辺の林地（2010/6/2）

コラム

地域の財産から社会の財産へ

滋賀県立大学　高橋　卓也

二〇年前の「山門の森シンポジウム」で地元の方がおっしゃっていたことを思い出します。「こんな厄介な土地（＝湿地）をほめてくれる人がいようとは思わなかった。」地元の方にとっては、農業や林業に使い勝手の悪い土地だったに違いありません。

いっぽうで山門湿地周辺の森は、一九六〇年代の高度成長の前まで地元集落にとって重要な財産でした。山門、中、庄の三ケ字の共有林について、上の荘生産森林組合（共有の森林を管理する組織。組合員個別の森林管理を支援する「森林組合」とは異なる。）からお話をうかがい、資料を拝見することができました。三ケ字の共有林の面積は一九五五年の記録によると約六九〇㌶でした。一九六〇年代前半まで盛んに木材生産をしていましたが、諸般の事情で一九九六年に山門水源の森の部分を滋賀県に売却しました。

戦前の記録によれば、山林から相当額の収入の配分があったようです。各戸への配分額は、記録から抜き出すと、大正五年三円、大正九年五円、大正一〇年一二円といった具合です。大正一〇年の一二円とはどのくらいの価値でしょうか。「コインの散歩道」というウェブサイト（http://coin-walk.site）によると大卒初任給が五〇円、日雇い賃金が大正一四年で二・一円です。現在に置き換えると、数万円～一〇万円くらいの価値は

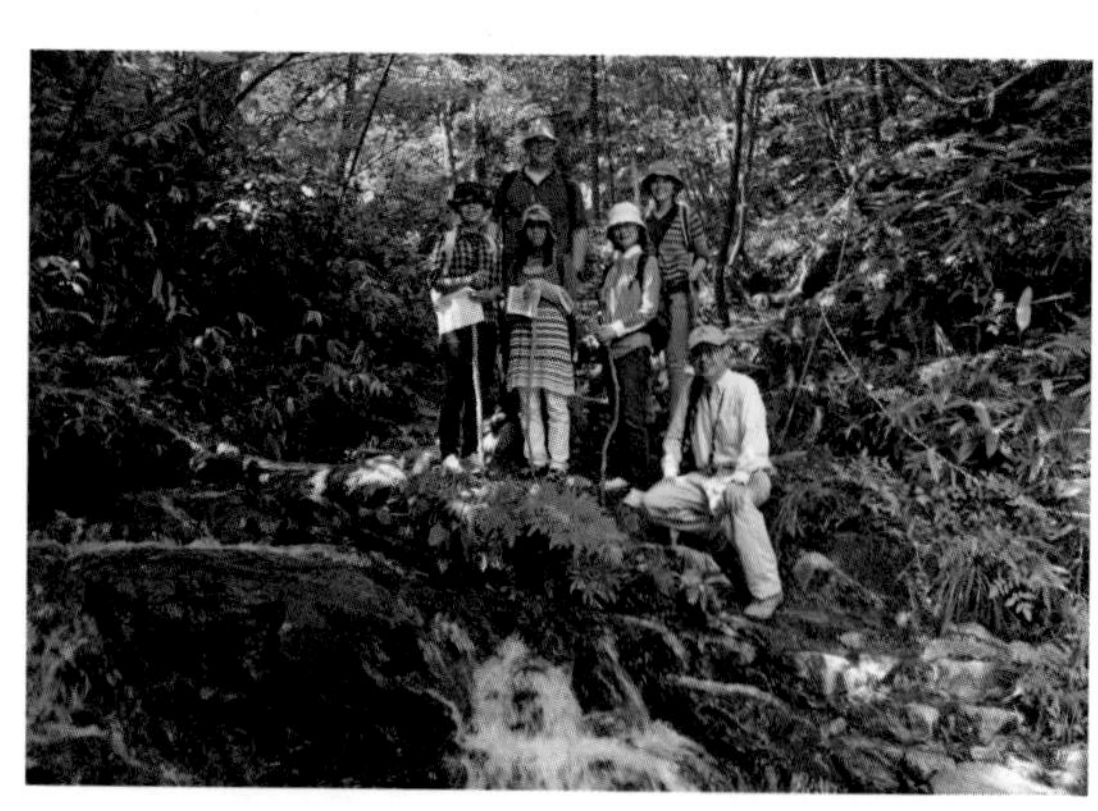

ミシガン州立大学連合の皆さん（2012/7/10）

あったのではないでしょうか。戦後、昭和二八年から昭和三〇年の三ケ字の純収入額（前年度からの繰り越しを除く）は六〇〜八〇万円、支出は六〇〜一〇〇万円でした。主要な支出は配当金と道路費です。特に注目したいのは、収入の約九割以上が山林収入ということです。地域の財政を森が支えていたということになります。

それが現在はどうでしょうか。私自身は二〇年前のシンポジウム以来、本会の会員ですが、山門に来るのはもっぱら大学生の引率です。彦根市松原にあるミシガン州立大学連合日本センター（JCMU）の学生や滋賀県立大学の学生をつれて、何度もおじゃましました。大阪大学の学生、教員も定期的に来訪しています。多くの観光客も来られて、山門の森のファンになっています。

以前は地元地域の財産だったのが、滋賀県、近畿圏の人びと、さらには外国からの訪問者まで、いわば広い社会の財産になっています。湿地も貴重な生態系として評価されています。しかし、以前ほどにはお金は手に入らない、という見立てができるかな、と思っております。

ササユリ保護の金網張り、シカ柵の設置と撤去、ビオトープの丁寧な管理、土砂流出の中身の分析、ガイド・ニュースレターなどでの魅力の発信——こうした会員諸氏の膨大な労力の投入（楽しんでもおられるでしょうが）を見るにつけて、これを次世代に引き継ぐ仕掛けが今更ながら必要だと感じます。さらに言うと、山門以外の場所でも実践可能な自然保護の仕掛けが欲しいと思います。

西浅井中学校1年生の自然学習（2013/6/14）

コラム

ふるさと愛を育てて

元西浅井中学校校長　酒井　藤典

まずは、「山門水源の森を次の世代に引き継ぐ会」（以下、引き継ぐ会）の活動が二〇周年をお迎えになることに衷心より敬意を表します。

さて、三カ年を通して山門水源の森を体験的・系統的に学ぶ『ふるさと学習』のプログラムは、今も西浅井中学校で続いています。この教育活動が始動したのは一〇年前です。目標は山門水源の森を幅広く学ぶことでした。願いは「ふるさと学習を通して、一人でも多くの生徒の中にわが町西浅井の『自慢の種』を育んでほしい」ということでした。ふるさと西浅井が豊かで貴重な自然に囲まれていることや、それらを後々まで引き継いでいくことの意味を感得してくれれば、二一世紀の真ん中で生きる人たちのバックボーンになり得ると考えたからです。

大人になって、西浅井の地にあってもふるさとを離れても、自慢の種が心にあることは生きる力の一つになるはずです。ふるさと学習をそのように着想はしたのですが、私たちの学校にそのノウハウはあまりにも少なく、心もとない限りでした。その時、手を差し伸べてくださったのは、引き継ぐ会の藤本秀弘さんでした。一〇年前の秋の日、思い立って急に藤本さんを森の楽舎（まなびや）に訪ね着想のあらましをお伝えしたところ、藤本さんは「分かりました。プログラムは肉づけし、どの学年の生徒にも主体的に活動してもらい、達成感を得られる内容がいいでしょうね。引

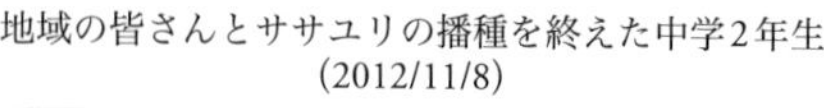

地域の皆さんとササユリの播種を終えた中学2年生（2012/11/8）

林床整備を終えた中学3年生（2012/7/5）

き継ぐ会で応援しましょう」と返してくれました。その場で学年ごとのプログラム案をもとに、藤本さんと話し込んだことを鮮明に覚えています。その時、ふるさと学習の骨格は見えてきました。後は先生たちや保護者の皆さん、地域の方々の知恵を拝借し賛同を得て案を具体化させていきました。こうして山門水源の森を系統的・体験的に学ぶプログラムは平成二四年度（二〇一二年度）からスタートすることができました。

一年生は山門水源の森のフィールドワーク（従来の活動を少し広げる）。二年生はササユリの播種。三年生では林床整備。二・三年生の活動は保全活動の一環と位置づけました。三学年とも山門水源の森で約半日の体験学習を中心とするものでした。

引き継ぐ会のサポートは、きめ細やかで手厚く、助かりました。この他に二年生は、道徳の時間に自作教材「山門湿原を守り抜いた生徒たち」を用いて心を耕すよう試みました。これは、先輩生徒たちが地域の方々と共に山門水源の森の保全活動の第一歩を記した事実から学ぶという授業でした。ここでも引き継ぐ会のご支援を得ました。ゲストティーチャーとして教室にお迎えし、生徒たちに様々な形で示唆を頂戴しました。記録をたどると、一回目のゲストティーチャーである藤本さんは次のように語っておられます。（プログラム始動前の平成二四年二月二二日の道徳の授業）

「山門では本当に貴重な命がみんなつながっているのです。水源の環境が変わってしまうと、その命のつながりが断ち切れてしまうことが心

中学2年生の道徳の授業（2016/11/5）

配です。これからは皆さんの時代です。頼みますよ。」

山門水源の森での活動後、生徒はその感想を残しています。次の一文はササユリの種を播いた中学二年生女子の感想です。先読みの鋭い生徒であり、多少割り引きましたが、ちょっと嬉しくもありました。

「山を登っていくのはたいへんで途中で面倒くさくなったけど、活動を終え達成感があった。これからも続ければササユリをずっと見ていられる。素晴らしいことの第一歩になれてとても嬉しく思う。七年後にまた、みんなで山門水源の森へ行きたい。」

引き継ぐ会の活動がさらに発展することを祈念し、筆を擱（お）きます。

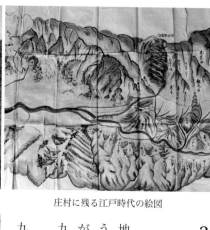

北部湿原（1988/8/31）

庄村に残る江戸時代の絵図

1947年の湿原（米軍撮影）

改変された湿原（国土地理院、1968）

2　湿原の再生

湿原に再生すべきか

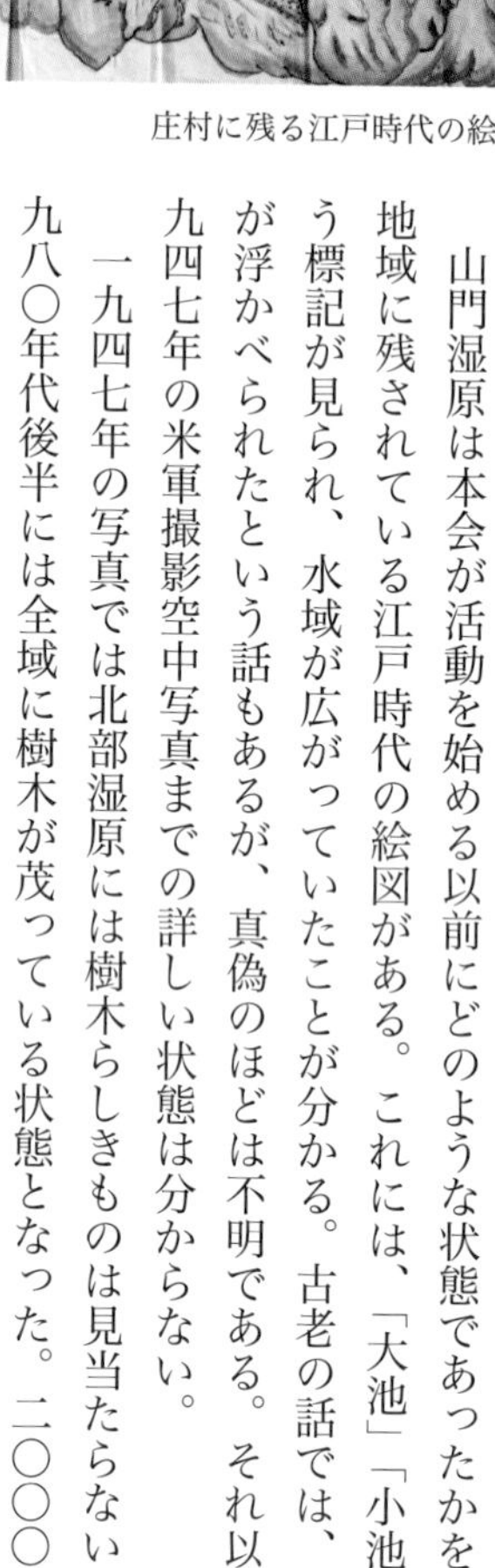
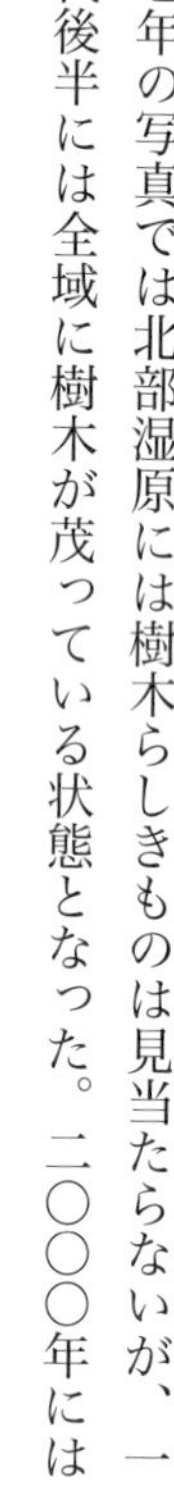

山門湿原は本会が活動を始める以前にどのような状態であったかを遡ると、地域に残されている江戸時代の絵図がある。これには、「大池」「小池」という標記が見られ、水域が広がっていたことが分かる。古老の話では、池に舟が浮かべられたという話もあるが、真偽のほどは不明である。それ以降、一九四七年の米軍撮影空中写真までの詳しい状態は分からない。

一九四七年の写真では北部湿原には樹木らしきものは見当たらないが、一九八〇年代後半には全域に樹木が茂っている状態となった。二〇〇〇年には

試行後再生した湿原（2004/6/29）

再生前の北部湿原（2000/5/28）

本格的再生作業の開始（2005/6/5）

湿原再生試行時刈り払い（2002/3/21）

北部湿原に一〇㍍に迫る樹木も散見されるようなった。このような急激な遷移の要因が何かを調べると、一九六〇年代中頃の地域住民による人工的改変が明らかになった。その目的は、湿原を埋め立て、ゴルフ場用の芝栽培を行うことであった。しかし、保安林であるため許可されず放置されることとなり、一気に遷移が進んだのだった。

もともと湿原であったが灌木帯となった事実を前に、元の湿原に再生すべきかどうかを議論した。二〇〇〇年代初頭には、まだ自然保護とは自然に手を加えないこととの考え方があった。しかし、二〇〇二年に滋賀県とも協議を行い、試験的に一〇〇平方㍍の樹木を伐採し、湿原に再生する作業を実施した。

二〇〇四年、刈り払いを行った部分には以前には見られなかったトキソウやノハナショウブなどが見られるよう

伐採木などの運び出し（2008/12/13）

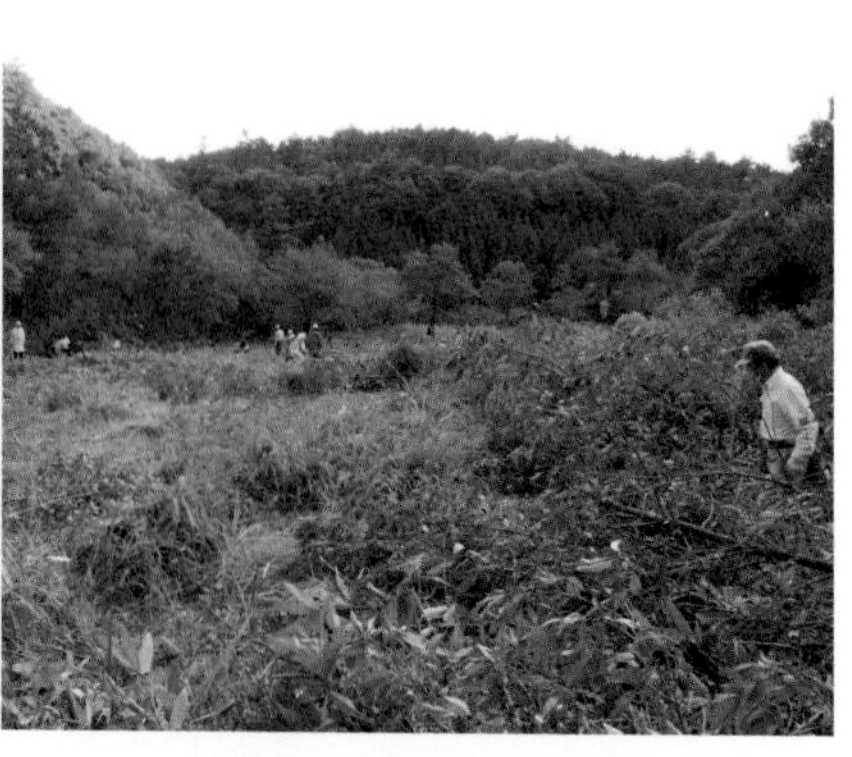
刈り払い作業（2008/11/1）

中央湿原での伐採木の搬出（2010/7/10）

になった。人工的につくった池塘ではトンボの産卵も見られるようになり、二〇〇五年から本格的な再生作業を行った。この作業では、コナラやハンノキなど中高木に成長したものは伐採時の状況を伝えるため数本ずつ残し、ミヤマウメモドキは希少種でもあるため全て残した。伐採した樹木や下層植生は全て湿原外に運び出すという途方もない作業を二〇一〇年まで続けた。同年七月に中央湿原奥も含めて再生作業が完了した。この間には会員以外に多くのボランティア団体（山門老人会・淡海森林クラブ・湖北ロータリークラブなど）の協力を得た。

再生した湿原のその後

再生した湿原の植物

再生した北部湿原にミヤコアザミが見つかった。一九九〇年代初めに湿原にあったことは確認されていたが、それ以降見ることがなかった。しかし、刈り払いが終わった一年後の二〇〇九年に三株が見つかった。ミヤコアザミは二〇一〇年版滋賀県レッドデータブック（以下、ＲＤＢ）で絶滅危惧種とされている。このため、採種し現地で播種して増殖を図る保護区を設定した。

北部湿原に見つかったミヤコアザミ（2009/9/26）

再生作業が完了した湿原（2010/6/2）

ミヤコアザミの定植（2017/9/8）

増えたミヤコアザミ（2017/9/8）

二〇一〇年には現地に定植を行い、以降二〇一七年まで周りの除草を行った。その結果増殖は成功し、安定した開花が続いている。この保護区（六㍍×六㍍）では、初期の段階からシカやノウサギの食害が見られたため防獣ネットと波板による保護を続け、晩秋に刈り払いを行っている。

将来食害を受ける可能性と、さらに分布の拡大を考えて、二〇一三年にもう一つの保護区を設け、毎年二回の除草を繰り返している。その結果、ミヤコアザミの株間にトキソウ、エゾリンドウ、カキラン、サワシロギク、ヌマトラノオなどが再生し、特にトキソウの分布が広がった。この活動を通じて森林化した湿原の刈り払い後、毎年の刈り払いや除草によって埋蔵種子の再

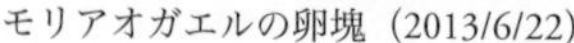
モリアオガエルの卵塊（2013/6/22）

再生湿原に水を導入（2009/5/5）

沈砂池の造成（2009/8/22）

羽化したシオヤトンボ（2010/5/17）

生が可能であることと、同時に人の関わりと植物遷移の関係が明らかになった。

再生した湿原の動物

再生した湿原に水を導入した結果、広範囲に小規模な水溜まりが出現した。この水溜まりには、トンボをはじめとする水生昆虫が生息するだろうと期待をしていた。ほどなくシオヤトンボがあちこちで産卵し、秋には五種ものヤゴが見られるようになった。翌年春には再生した北部湿原の水溜まりのあちこちでシオヤトンボの一斉羽化が観察され、初期の目的は達せられたと思われた。時間の経過とともにモリアオガエルなども産卵が各所で見られるようになった。

一方で灌木帯を除去したことで草原化が進行し、増え出したシカの夜間の行動圏ともなり、食害を誘発する一因ともなった。

台風8号で流入した土砂（2017/8/8）

沈砂池を埋めた土砂（2009/10/9）

ミニ湿地の造成（2017/6/19）

沈砂池の補強と浚渫（2014/8/23）

沈砂池の造成

再生した北部湿原に水を導入するため水路を開設した。その際、豪雨時に土砂が湿原に進入するのを防ぐため沈砂池を造成した。しかし、上流部山地は風化の進んだ花崗岩で、降雨の度に大量の土砂が流出し、沈砂池もすぐさま満杯状態になる。これを防ぐために沢の上流部に何カ所もの砂防堰堤をつくり、定期的に堆積した土砂を浚渫するという作業を繰り返した。

二〇一三年九月の台風一八号では、四季の森の上流部で土砂崩壊が発生した。大量の土砂が沈砂池を埋め尽くし、さらに湿原に流入した。湿原へ流入した土砂は大量でその排出は諦め、沢からの水が直接湿原に流入しないように流路の変更と沈砂池の復元を行った。

この土砂流入によって水生昆虫が生息していた水溜まりのほとんどが埋まってしまった。そのため流出土砂の

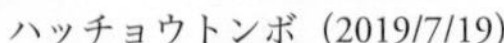

ハッチョウトンボ（2019/7/19）

ショウジョウトンボ（2019/7/30）

トンボを狙うトノサマガエル（2019/7/30）

キイトトンボ（2019/7/30）

及ばなかった部分にミニ湿地を造成し、水生昆虫の誘導を図ることにした。このミニ湿地が完成した直後の二〇一七年八月の台風八号で再び大量の土砂が湿原に流入したが、ミニ湿地にまでは到達せず、ハッチョウトンボをはじめ多くのトンボや水生生物が利用している。

再生北部湿原にはヌマガヤが分布を広げていたが、台風による二度の土砂流入を契機にススキの分布が広がった。その中に南部湿原と中央湿原では早くから生息が確認されていたカヤネズミが再生北部湿原にも生息するようになった。また、大量の土砂流入がイシガメの産卵場所になるという予想外の展開もあり、環境変化と生物の関係を再認識することにもなった。

この森では希少種も多く在来種を維持するために、一般公開が始まった当初から外来種の侵入には注意を払って

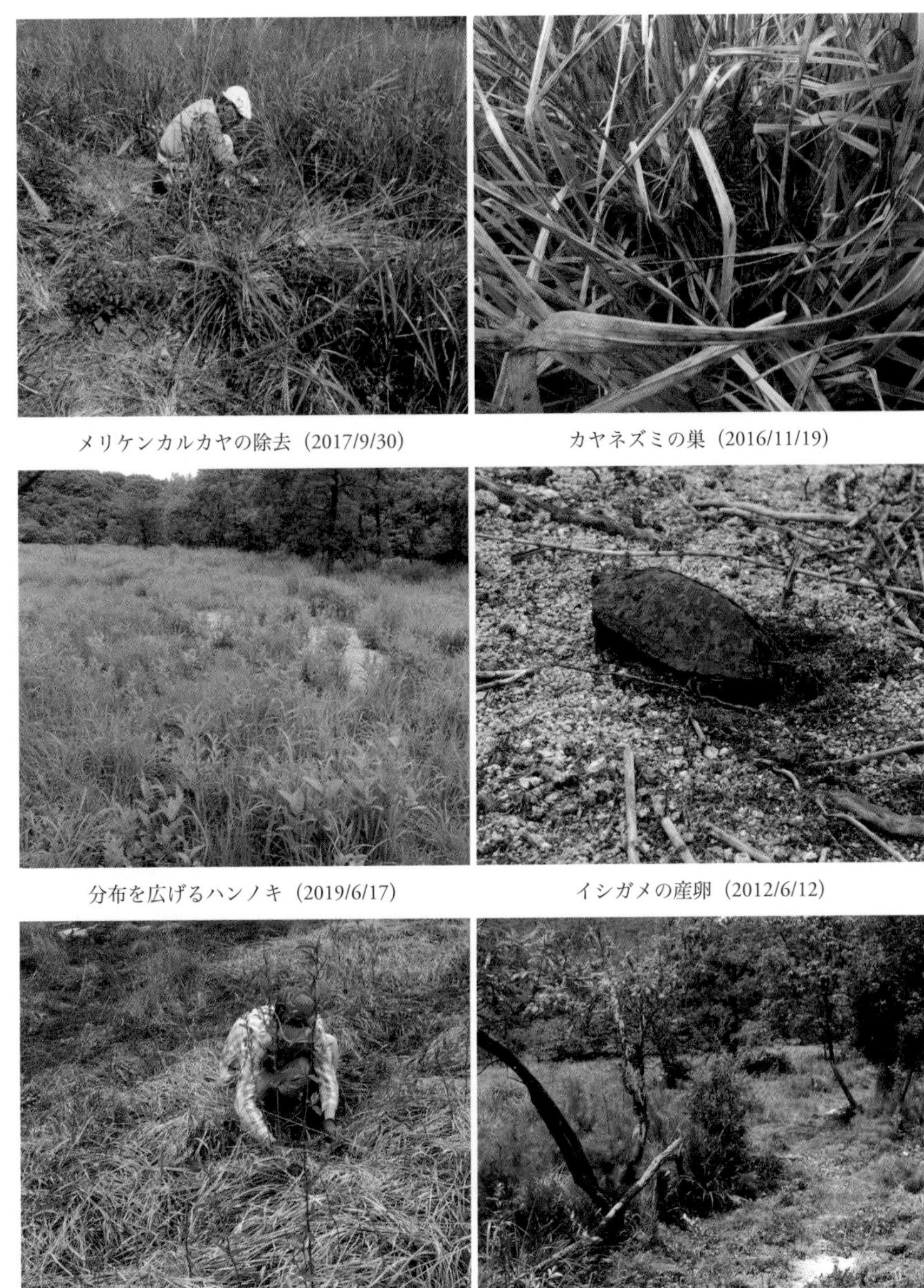

メリケンカルカヤの除去（2017/9/30）

カヤネズミの巣（2016/11/19）

分布を広げるハンノキ（2019/6/17）

イシガメの産卵（2012/6/12）

ハンノキの刈り取り（2020/5/5）

侵入著しいアカマツ（2018/7/27）

セイタカアワダチソウの除草（2005/6/5）

きた。森の入口では、来訪者に靴底を洗ってもらうなどの対策をしてきた。

しかし、治山事業のための道路工事などもあって、オオキンケイギクやセイタカアワダチソウが繁茂する事態も招いた。これらは数年をかけて根から除去することを繰り返し駆逐できている。また、二〇一〇年頃からシカの食害で下層植生が貧弱になるにつれて、新たな外来種が入り込み始めた。ダンドボロギクに始まり、メリケンカルカヤと続いた。ダンドボロギクについては、見つけ次第除去することに努め、根絶には至っていないものの一定の成果は出ている。一方、メリケンカルカヤは二〇一二年に初めて確認されたが、以降、再生北部湿原に分布を広げ、在来種を駆逐する勢いである。二〇一七年から毎年除去作業を続けているが、根絶には至っていない。

灌木帯となっていた湿原を再生したが、周辺から先駆樹種の種子が飛来し、アカマツやアカシデ、ハンノキが広がり始めるなど、遷移が進行している。湿原の生物多様性を保全するために植生のゾーニングを考え、維持管理を行っている。

案内してくれた藤本さん（2007/9/12）

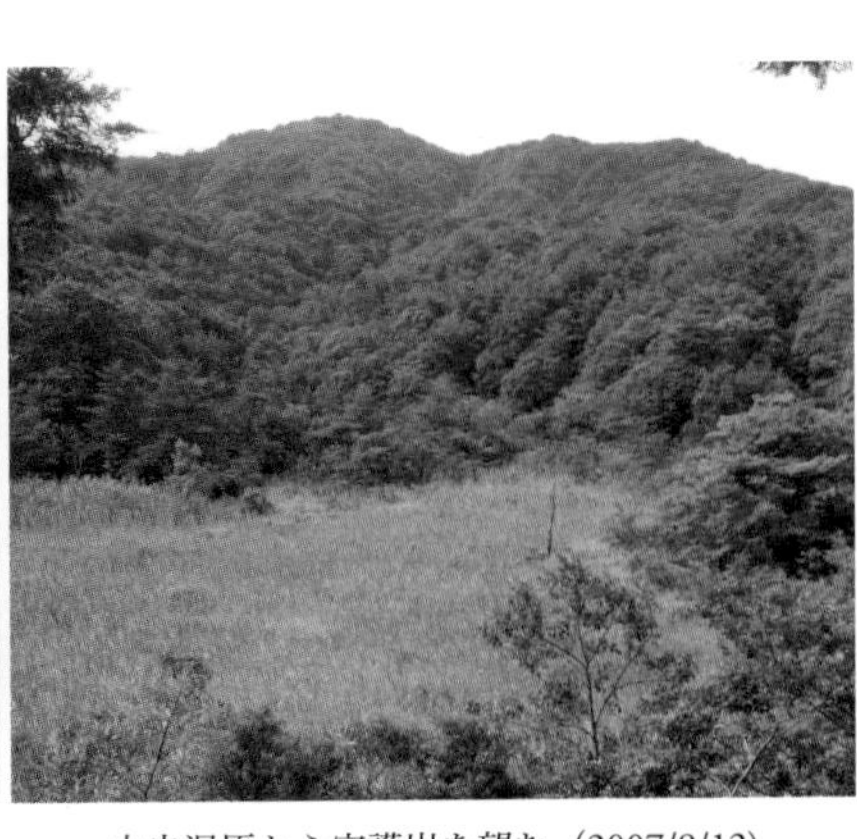
中央湿原から守護岩を望む（2007/9/12）

コラム

「共生条例」と山門湿原

滋賀県自然環境保全課／滋賀県立琵琶湖博物館　中井　克樹

この度藤本秀弘さんから、滋賀県自然環境保全課の立場で寄稿のご依頼をいただきました。振り返ると、藤本さんに案内されて山門湿原を最初に訪問したのは、二〇〇七年九月のこと。この時、私は琵琶湖博物館の学芸職員を本務としながら、同時に、県庁の自然環境保全課を兼務しており、施行後間もない「ふるさと滋賀の野生動植物との共生に関する条例」（以下、「共生条例」と略記）による規制対象の選定・指定に携わっていました。

共生条例は県庁の兼務を始める直前、二〇〇六年三月に施行されました。この条例は、国の法律の「種の保存法」と「外来生物法」の滋賀県版という位置づけで、希少なため採集などを禁じる「指定希少野生動植物種」、侵略性が高いため野外放出を禁じる「指定外来種」、希少な種の棲み場所として重要な「生息・生育地保護区」を指定する内容を含みます。

兼務を始めた二〇〇六年度は、指定希少野生動植物種と指定外来種を選定・指定する作業に終始し、続く二〇〇七年度には生息・生育地保護区の選定・指定作業に取り掛かりました。そして保護区の最初の候補となったのが、山門湿原とハリヨの生息地として知られた米原市の地蔵川でした。地蔵川では指定希少野生動植物種のハリヨのみが保護対象で

死殻の破片ながらコシタカコベソマイマイを確認（2007/9/12）

山門水源の森連絡協議会に参加（2007/10/17）

あったのに対し、山門湿原では指定希少野生動植物種は含まれていませんでしたが、希少性の高い複数種の湿生植物が候補となりました。種の保存法では、法律の規制対象である国内希少野生動植物種を保護対象として保護区を設置するのに対し、共生条例では、条例の規制対象でなくても複数の希少種を一緒に守るために保護区を設置できる仕組みになっているためです。

二〇〇七年度の初めから湿原と周辺で動植物の生息・生育状況の現地調査が行われ、冒頭に触れたように九月に初めて現地を訪問、翌一〇月には「山門水源の森連絡協議会」に同僚とともに出席し、保護区の指定についてご紹介しました。保護区の指定の基本的な考え方は、「希少種が残されてきたこれまで通りの関わり方を続けてほしい」というもので（生息・生育環境の現状を変えるような新たな行為は届け出が必要）、指定による活動の制約はほとんど生じないことなどを説明しました。一方、保護区に指定されても、県行政からの財政的な補助がなされるわけではない点は心苦しいが、公的な保護区になることが保護活動の後ろ盾になるよう活用してほしい旨をお伝えしました。

現地調査の結果に基づき、保護区における保護対象種として湿原に生育する植物一一種を選定し、保護区の範囲として湿原と共に湿原に影響を及ぼす集水域全域を含める形で「山門湿原ミツガシワ等生育地保護区」が二〇〇八年四月に指定され、看板と標柱が設置されました。

その後、二〇〇九年三月には、同じく湿原環境である「油日サギスゲ

保護区の看板と標柱の設置（2008/4/22）

等生息・生育地保護区」が指定されました。この湿原を守る活動は、山門湿原での多岐にわたる取り組みを、いろいろと参考にしながら進められていると聞いています。

複数の希少種を保護対象に指定できる共生条例ですが、採集などが禁止された指定希少野生動植物種以外は、保護区の保護対象であっても採集などが禁止されておらず、規制に不十分さのあることが湿原の保護区などで問題となり、条例の内容を追加し、二〇二〇年三月から保護区の保護対象種の採集などが禁止されました。また、この条例改正に合わせて二〇二〇年度からは、保護区の維持管理を支援する事業枠を微額ながらも確保しました。

滋賀県の自然環境保全行政の主軸のひとつである共生条例の運用を振り返ってみると、山門水源の森の皆さまの活動実績やご意見を大いに参考にしてきたことを再認識します。末尾ながら、二〇周年の節目を迎えられたことに敬意を表したいと思います。

表3-1 「山門湿原の自然」報告タイトル一覧

タイトル	報告者
山門湿原の地形地質と水環境	藤本秀弘
山門湿原付近の気候	武田栄夫
山門湿原付近の風	小早川隆
山門湿原の植物	村瀬忠義
山門湿原は寒地性昆虫の宝庫	南　尊演
山門湿原の鞘翅目相について	小島俊彦、木村正
山門湿原の両生類・ハ虫類	南　尊演
山門湿原の鳥類	佐野順子

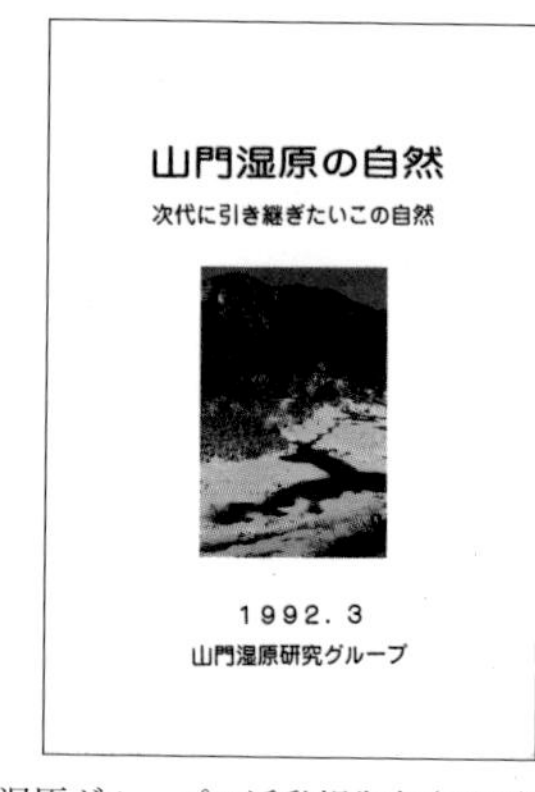

山門湿原グループの活動報告書(1992)

3　森の各種調査

本会では、この森の自然をどのような姿で次世代に引き継ぐべきか、将来を見据えて「山門水源の森2050」の議論を進めている。将来像を描くには、この森が過去からどのような経緯で変遷し今の姿になったのかを知ることが重要であり、これまでの記録を検証しながら活動の方向性を探る必要がある。

山門水源の森における調査は、一九六四年、当時福井県立鯖江高等学校の教諭であった故斎藤寛昭氏の植生調査が最初であり、「滋賀県西浅井村の湿原植生について」として報告された。この調査時期は、この森の薪炭林としての利用が失われていく移行期で、現在の森のスタートともいえる時であり、その後の植生変化をたどる原点となる貴重なデータである。

その後、一九八七年から五年間にわたって山門湿原研究グループによって表3－1に示す広い分野の調査が行われた。結果は一九九二年に「山門湿原の自然――次代に引き継ぎたいこの自然」として刊行され、この調査報告によって初めて山門湿原の全容が明らかにされた。この後、二〇〇一年に本会が発足するまでの間は、国の林業政策や高度経済成長とその破綻など激動の時代であり、地球温暖化も加わって山門水源の森の環境も大きく影響を受けた。これらの報告は本会が発足するまでの環境変化を知る上で重要な意味をもつものである。

前二回の調査は、範囲が湿原周辺を中心としたものであったが、本会発足後は滋賀県によるコース整備の効果もあり、森全域にわたるようになってき

表3-2　「山門水源の森」報告集に見る主な研究・調査報告タイトル

	タイトル	報告者
Vol.2	山門水源の森のツバキについて	藤本秀弘、伊藤博、伊藤孝子
Vol.3	山門水源の森における底性動物調査	森川裕之
	無菌培養法によるサワランの大量増殖と自生地回復の取り組み	北村治滋
Vol.4	山門湿原の珪藻植生	たんさいぼうの会　影の会長　大塚泰介
	『山門水源の森』気まぐれ探鳥記	伊藤博、伊藤孝子
Vol.5	山門湿原の土石流と埋木	藤本秀弘
	固定カメラで見る山門水源の森における動物の行動	橋本勘、藤沢平
	山門水源の森　トンボ紹介	伊藤博
Vol.6	山門水源の森のクモ類	吉田真、熊田憲一、西川喜朗、黒田あき
	タゴガエルの生活史－2年間の調査から－	近成秀樹
	センサーカメラによる動物の記録2010-2011	橋本勘
	速報　南部湿原のボーリング調査	藤本秀弘、笠原茂
Vol.7	天然更新試験地の植生調査（1）	本会
	固定カメラで見る鹿死体に集まる動物の観察	冨岡明
	集福寺環境保全林中央部の植生－山門水源の森との比較－	橋本勘
Vol.8	「山門水源の森」湿原およびその周辺山地の植生概要	大谷一弘、森小夜子
	天然更新試験地獣害防止活動と植生調査（2）	本会
	センサーカメラによる動物の記録	橋本智也
Vol.9	山門水源の森ユキバタツバキ群生地調査	橋本勘
	絶滅したか？山門水源の森のギフチョウ	藤本秀弘
	センサーカメラがとらえた動物の記録	橋本智也
	山門水源の森における斜面崩壊特性	笠原茂
	湿原の管理だけで希少植物は守れるか？	冨岡明
	山門水源の森の積雪について	山田凌真
Vol.10	山門水源の森ユキバタツバキ群生地調査その2	橋本勘
	二次林の生物多様性保全はシカの食害との闘い	藤本秀弘
	山門水源の森の希少種や水源涵養林を保全するために　シカの個体数を管理する取り組み	冨岡明
	空から山門水源の森をのぞいてみれば　ドローンによる森林観察	橋本勘
	ホクリクムヨウラン観察記	伊藤博
	ムラサキマユミ観察記	伊藤博
Vol.11	山門湿原およびその周辺部の植物相（第1報）	村長昭義、神山義孝、森小夜子、種村和子
	天然更新試験地の植生調査（2）	本会
	シカ個体数管理2年目の活動報告　GPS首輪によシカの行動調査	冨岡明
	空から山門水源の森をのぞいてみれば　ドローンによる森林観察（2）	橋本勘
Vol.12	山門湿原およびその周辺部の植物相（第2報）	村長昭義、神山義孝、森小夜子、種村和子
	生物多様性保全と水源涵養保全のための土砂移動量調査	冨岡明
	山門水源の森のクモ生息状況の概要	伊藤博
Vol.13	絶滅寸前のミツガシワ再生に10年	藤本秀弘
	サワラン無菌培養株育成と増殖の観察記	伊藤博
	続　土砂移動量調査	冨岡明
Vol.14	土砂移動量調査を3年継続して考えたこと	冨岡明
	外部団体との協働調査　トンボとクモ	伊藤博
	付属湿地除草記録（8か月）	九岡京子
Vol.15	水質調査―生物多様性保全のための基礎データづくりとして―	田中真哉・田中友恵
	山門水源の森における水質調査2020	寺井久慈・田中真哉・田中友恵
	生物多様性の保全に関連する継続中のシカ捕獲と3調査の中間報告	冨岡明
	シカの食害と土壌侵食から山地崩壊へ	藤本秀弘
	今年の付属湿地報告	九岡京子

活動報告集Vol.15（202

花崗岩と山門礫層の不整合（2005/10/10）

路原断層の破砕帯（2005/10/10）

た。

しかし、各分野を網羅した組織的な調査は行われておらず、個別のテーマについて適宜研究者を交えて調査が行われてきた。それとは別に、会員らが日常の保全活動やパトロールの際に観察した結果を記録して蓄積したものがあり、『「山門水源の森」報告集』に記載されてきた。そのタイトルを報告集の目次から抽出し、表3-2に示した。これらの報告には、動植物個別のテーマを掘り下げた調査のほか、近年では土砂移動量調査やドローンによる植生調査など三次元的な視点も加わり、今後の森づくりに向けた重要な内容が記述されている。

地形・地質

山門水源の森は、滋賀県北西部の福井県境にあり、近畿三角帯（中央構造線・花折断層・柳ヶ瀬断層に囲まれた地域）の北部頂点付近の野坂山地のやや東部に位置している。野坂山地は、柳ヶ瀬断層によって東の美濃山地と、また熊川断層によって南の丹波山地と境され、西は三方断層で境されている。山門水源の森の中央部に位置する山門湿原は湿原の南東縁付近から牧場跡地を経て高島市マキノ町路原に至る路原断層の活動に依拠している。

山門水源の森の全域は、中生代のジュラ紀以降に付加した中古生層（石灰岩・頁岩・緑色岩・砂岩・チャートなどからなる）中に併入した花崗岩からなっている。この花崗岩体は、江若花崗岩体と呼ばれ、六二九〇万年前（古第三紀）に未だ日本列島が大陸の一部だった時代に形成されたものである。日本

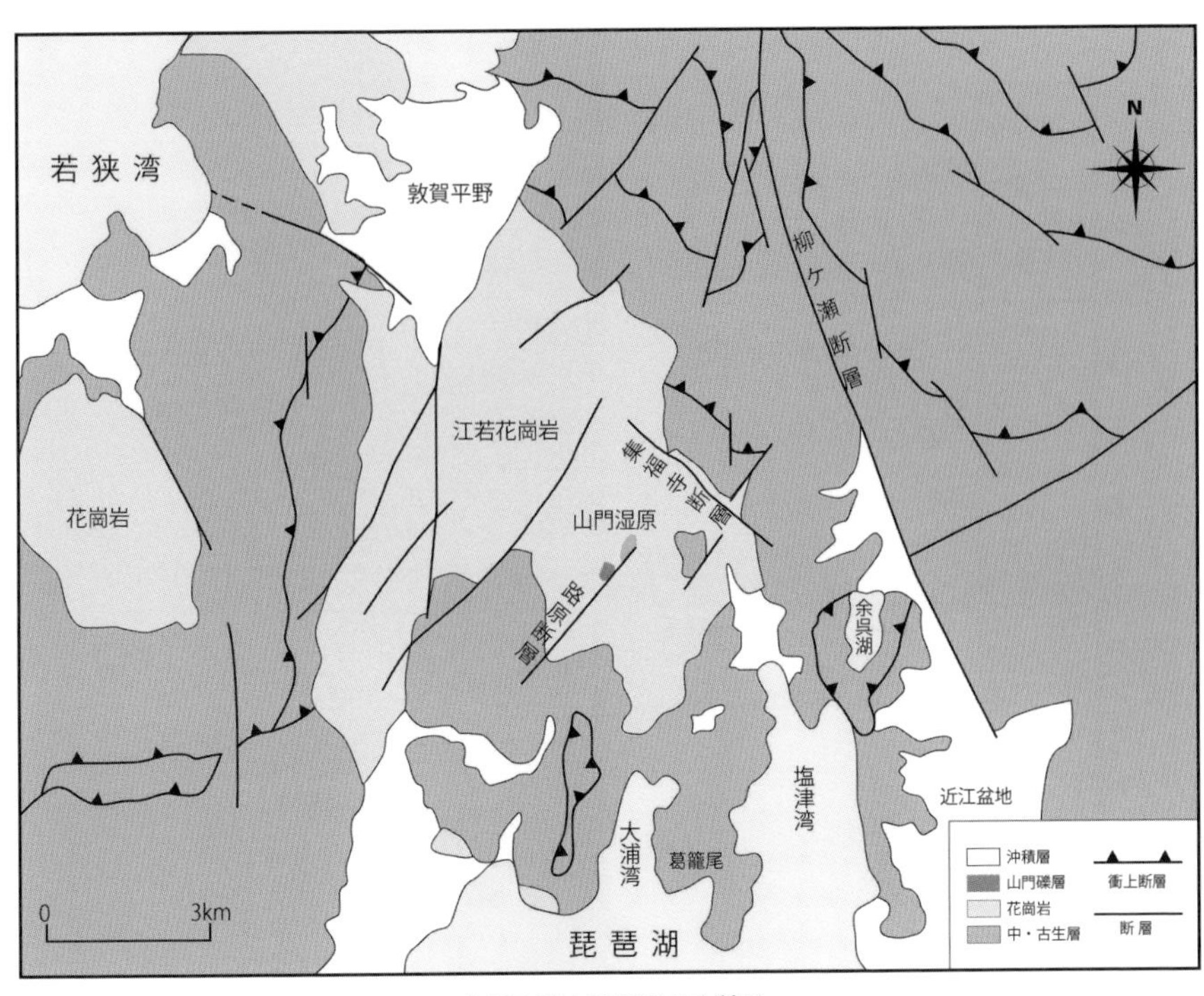

山門水源の森周辺の地質図
『敦賀』地質調査所（1999）より編集

列島が形成され始めた時代にこの花崗岩の上部に堆積したと考えられる礫層（山門礫層・礫種は花崗岩）が、湿原の南西部牧場跡近くや湿原南部の尾根部、尾根道の一部に見られる。

日本列島が形成された後の湿原の形成に至る時代の推移については、南部湿原でのボーリング調査で明らかになった。

ボーリングでは、二〇メートルまでの試料を得ることができた。深さ一九・四メートルで基盤の花崗岩に達し、その直上には山門礫岩が薄く載っている。その上部は一三メートルまで砂礫層が堆積しているが、その時代がいつかは分かっていない。この砂礫層は、山門礫岩の周囲の地質から基盤の花崗岩上に山門礫層が堆積した後に、路原断層の活動によってできた破砕帯に沿って小河川が形成され、そこに堆積したものと考えられる。その後の断層活動により凹地化が進行し湿原が形成された。年代測定が可能な最下部は、八・六六メートルのシルト層中に含まれていた材の放射性年代測定から三万八

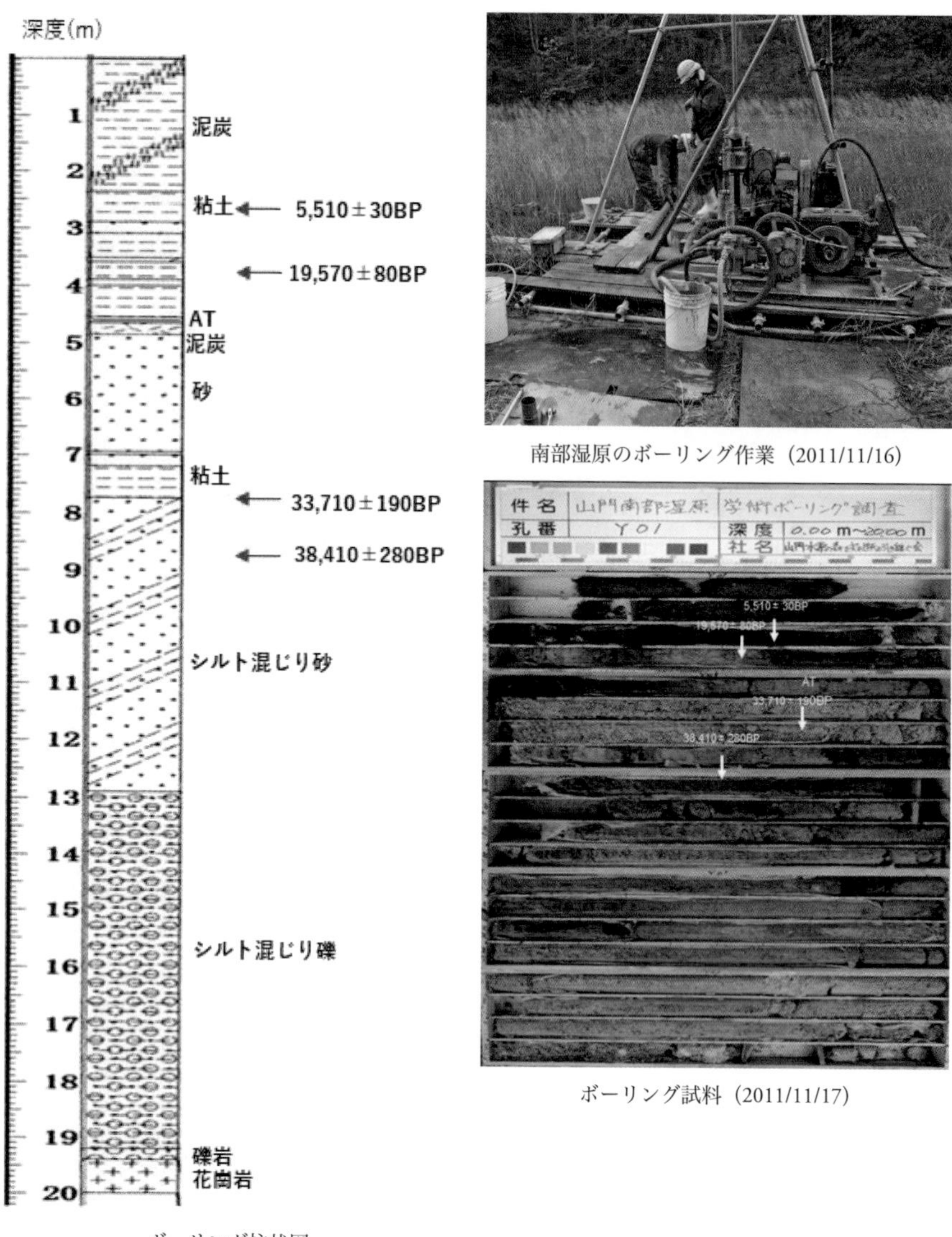

南部湿原のボーリング作業（2011/11/16）

ボーリング試料（2011/11/17）

ボーリング柱状図

四季の森の土石流堆積物（2006/4/30）

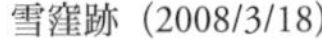
雪窪跡（2008/3/18）

北部湿原北部の埋没林（2003/9/17）

土石流堆積物中の材（2009/9/3）

三三〇年前であることが明らかになった。この層中からはミツガシワの種子が確認された。さらに四・六㍍には、鹿児島県の姶良火山の噴火による姶良Tn火山灰（AT）が確認され、約三万年前のことと判明した。

この最終氷期に相当する時期に形成されたと考えられる雪窪跡の地形が湿原の周囲に残っている。

湿原が現在のような環境になってからも、湿原には周囲の山地から度々土砂流入が繰り返された。その中でも最大の土砂流入は、四季の森の扇状地を形成した土石流である。この土石流の末端は、北部湿原北部に達しており、その中にヒノキの材が埋まっていた。そのヒノキは、今から二一七〇年前であることから、土石流の発生した年代が明らかになった。さらに北部湿原の最北部にはスギ巨木の埋没林があり、その年代は一八七〇年前で、この

北部湿原に流入した土砂（2017/8/8）

山地内に点在するコアストーン（2006/8/17）

時代にも土石流が発生したことが分かった。

また、この他に湿原周辺の沢の堆積物中の材の年代測定も行った結果では、一七〇〇年前、一六八〇年前、一五三〇年前、一三一〇年前のものがあり、土石流の発生が度々起こっていたことを示している。

湿原を取り巻く山地や沢床に二㍍を越える花崗岩のコアストーンが分布しており、最近の降雨の異常さを考えると、これらが土石流として流下することも考えられる。巨礫を含まない土砂の湿原への流入は二〇一三年の台風一八号や二〇一七年の台風五号で発生した。

＊破砕帯：断層の動きによって破壊された部分

水質調査

一九八七年より水質調査を毎月実施している。湿原内の希少植物は、酸性で貧栄養の環境を好むものが多い。この調査では、その生育に影響を与えるような変化が起きていないかを確認している。いわば、湿原にとっての「健康診断」のようなものである。測定は、pHと導電率および水温の三項目である。導電率は、電気が通りやすいということを示す値である。水に溶け込んでいるイオンの量が多いほど、値が高い。このことから、河川の汚染の調査などに使われている。成分分析のように厳密なものではない。だが、測定が簡易なことから、広く使用されている。ここでは汚染という観点ではなく、富栄養化の進行の有無を確かめるために調査している。

測定地点は図3－1に示した七カ所である。地点Aは湿原に流入する小川

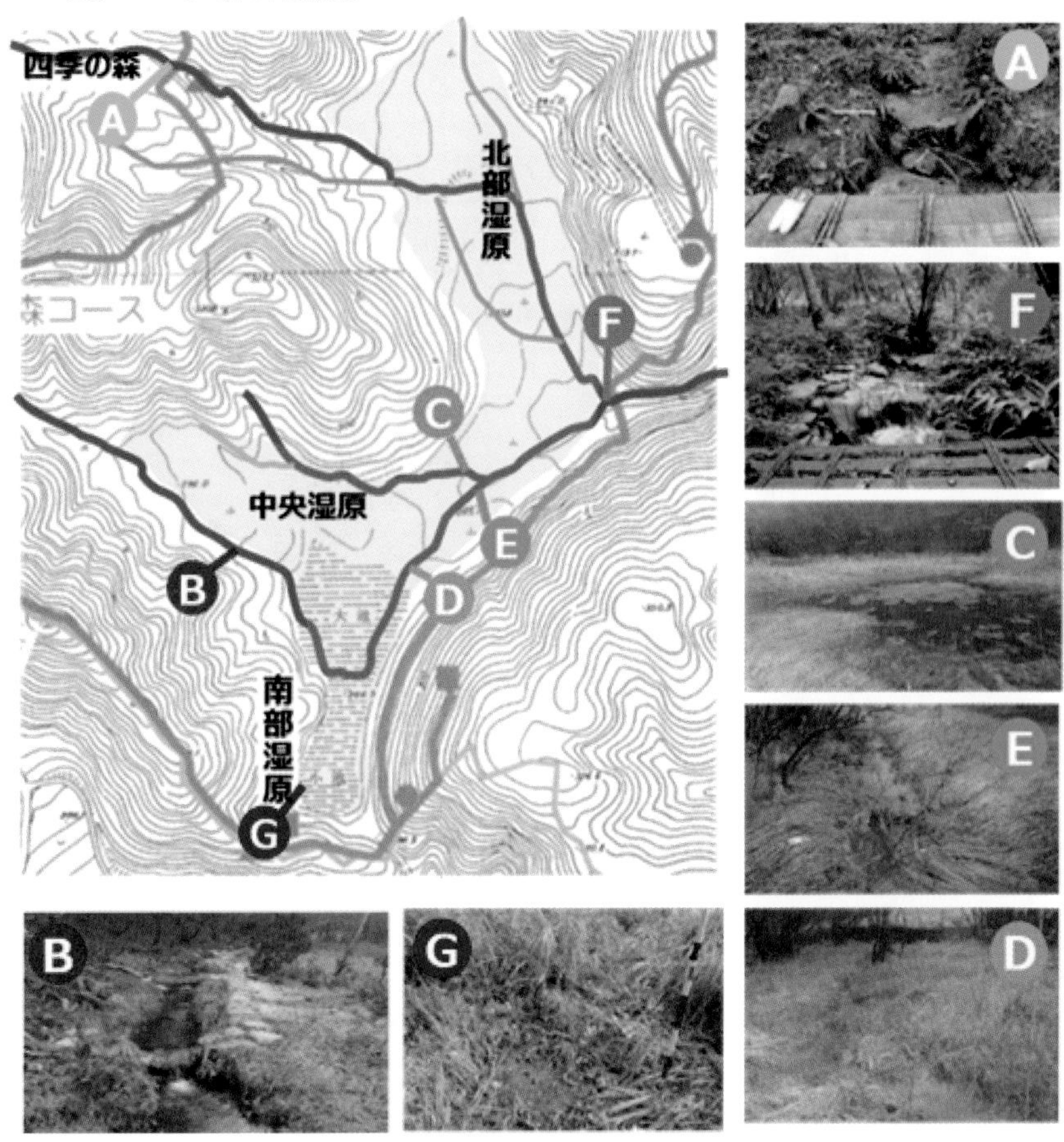

図3-1　定期測定地点

の中で最も水量が多く、湿原よりも少し離れた四季の森の中にある。地点Bは二番目に水量が多い小川で、山の斜面の裾と中央湿原の境に沿って流れている。これら二カ所が湿原よりも上流部分にあたる。地点C、D、Eは中央・北部湿原内を流れる水路で、地点Fは湿原から流出するほぼ全ての水が一カ所に集まったところになる。最後の地点Gは南部湿原内で、この地点のみが止水域となっている。周囲は湿原性の植物が繁茂している。ミツガシワの群落が近くにある。

図3−2は過去一〇年間のpHの年平均推移を示したものである。この図から分かるとおり、大きな変動はなく安定している。湿原より上流部の地点A、Bでは中性に近くpH六・五前後、湿原内の地点C、D、EではpH六前後と酸性度が高くなってい

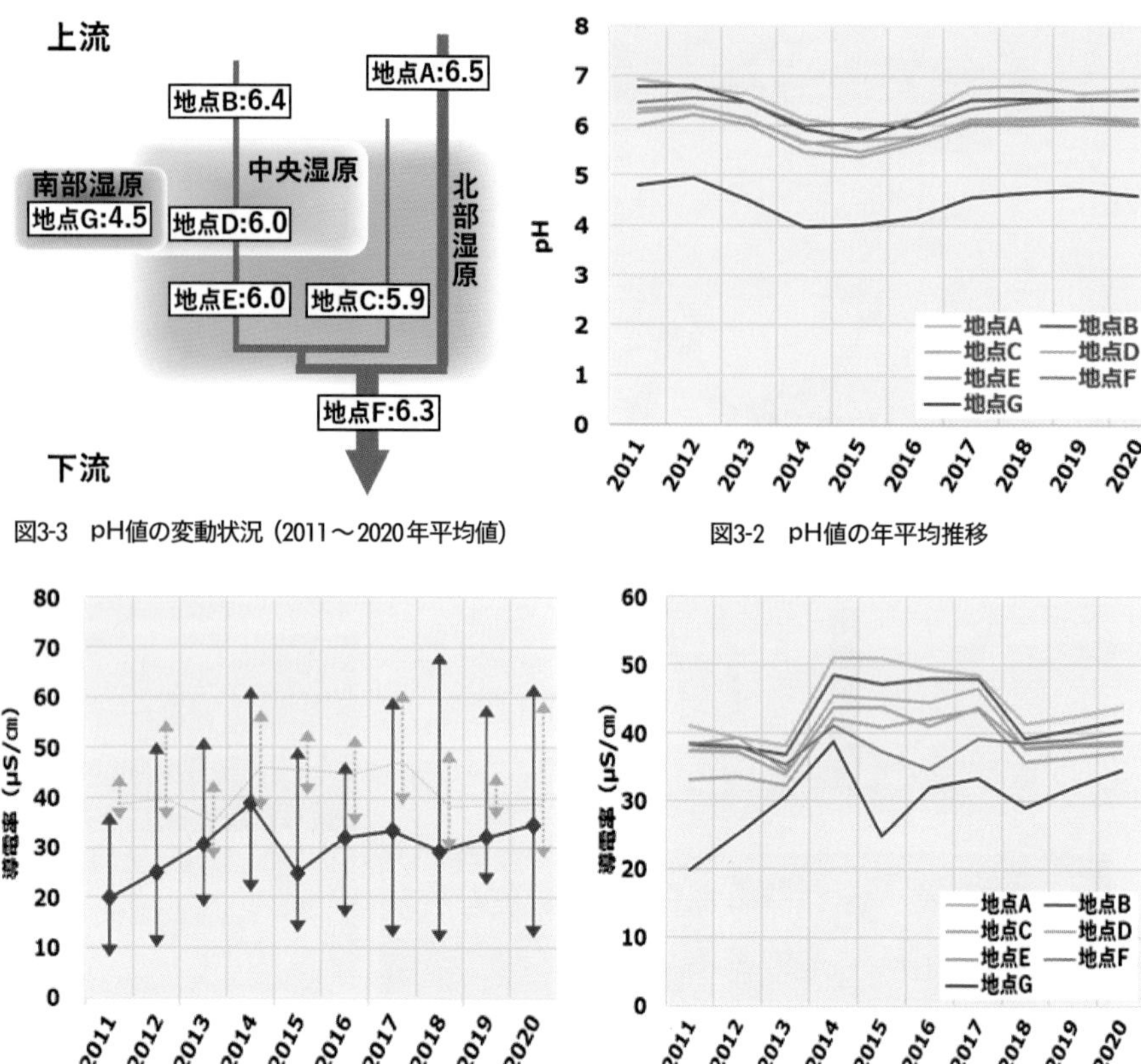

図3-3　pH値の変動状況（2011〜2020年平均値）

図3-2　pH値の年平均推移

図3-5　地点D、Gの導電率分布

図3-4　導電率の年平均推移

る。これは湿原内の植物遺体の不完全な分解により生ずる腐植酸の影響である。特に流れのない地点Gではオオミズゴケなどの腐植酸の影響が大きく、pH四から五と少し高めの酸性となっている。水の流れに沿って見てみる。地点Bからの水は中央・北部湿原を通過することでpHは少し低下する、（地点D、E）。そして、ほぼ同値の地点Cからの水と混じり地点Fへと流れている。地点Aからの水は北部湿原を通過することで少し値が低下し地点Fへ流れる。地点Fではこれらが混じり、二つの間の値となっていると考えられる（図3−3参照）。

次に導電率の過去一〇年間の年平均推移を図3−4に示す。地点A〜E、およびGについては、二〇一五年〜二〇一六年にかけて地点間の値のばらつきが目立っている。特に地

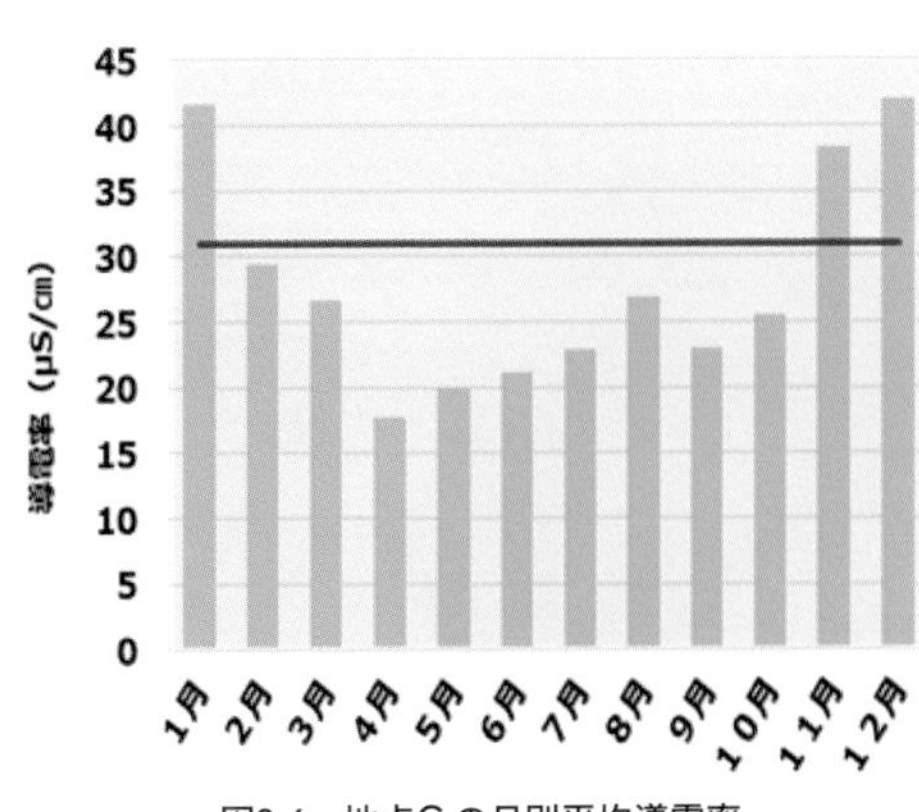

図3-6　地点Gの月別平均導電率

点F、Gについては変動が大きい。しかし、機器を更改した二〇一七年以降は、ばらつきが見られなくなっている。このことから、計測器の校正不備などによる可能性が高い。よって、「健康診断」上の異常はなかったと思っている。各測定地点間を比べると上流部の地点A、Bで高く、湿原内の地点C、D、Eでわずかではあるが低下している。これは導電率が低い雨水を多く貯えた湿原内の水の混入のためではないかと考えている。全体的には、ここ三年の間でやや上昇傾向となっていることから、今後の経過を注意していきたい。

次に地点Gについて詳しく見てみる。図3−5は、地点D、Gにおける各年の平均値と最大値、最小値を比較したものである。地点Gの変動幅がかなり大きいことが分かる。同じ月でも測定日は月初から月末まで様々ではある。月別の平均値を図3−6に示すと、冬季に高い値を示す傾向が見られる。

本来なら、地点Gの値は地表面からの灌水は雨水以外にはないため、基本的には低い値となるはずである。冬季ということから、積雪との関係性を調べてみたが、今のところ関係性は見つかっていない。また、この値については、地下水の影響ではないかという指摘が会員からあった。そのため、二〇二〇年八月より、地下水の影響なのかを調べ始めた。二〇二一年一月から細長く東西の急斜面に囲われた地形の中で地下水の流れがどうなっているのか今のところ不明である。二〇二一年一月までの時点では、降雨直後において深層部（水深六〇センチ㍍付近の水温を測定）の急激な水温の変化が見られることが分かっており、導電率の変動との関係性を調査しているところである。

見られなくなったキンコウカ
北部湿原（2007/6/13）
日本固有種　滋賀県ＲＤＢ 希少種

植物調査

前述のように、この森の植物調査は一九六四年の斎藤による調査が最初で、山門湿原研究グループによる一九九二年の報告が続く。この両調査の範囲は湿原とその周辺が中心であり、周囲の山地には及んでいない。

本会発足後、二〇一三年に会員によって山地を含めて植生調査が行われ、『「山門水源の森」湿原およびその周辺山地の植生概要』として報告された（「山門水源の森」報告集Vol.8）。この報告によって山地を含むこの森の植生が群落レベルで初めて明らかにされ、一九九二年の調査結果と比較・考察されて、森の遷移の状況が記述された貴重なものである。

その後、二〇一六年と二〇一七年に故村長昭義氏他により、湿原を含む山門水源の森全域と付属湿地および牧場周辺を含む区域の調査が行われた。この調査結果は「山門水源の森」報告集Vol.11およびVol.12で「山門湿原およびその周辺部の植物相」として報告された。その報告では一一五科四六三種が記載された。

この調査結果の中には、日本固有植物約一〇〇種、滋賀県ＲＤＢ掲載種約三〇種、また分布が日本海側の多雪地という特徴をもつ日本海要素植物も約四〇種が確認され、植生の多様さを示す最新のデータが得られた意義は大きい。

一方、一九六四年および一九九〇年代の調査時点で生育していた植物のうち、キンコウカやタムラソウなどは前記調査では確認できず、また日常の観察報告もないことから消滅したものと考えられる。

ホオノキ　日本固有種

ミヤマウメモドキ　日本固有種
滋賀県分布上重要種　日本海要素

ユキグニミツバツツジ　日本海要素

ホナガクマヤナギ　日本固有種
滋賀県分布上重要種　日本海要素

トキワイカリソウ　日本海要素

スミレサイシン　日本海要素

ナガハシスミレ
日本固有種　日本海要素

ムラサキミミカキグサ
食虫植物　滋賀県その他重要種

ムロウテンナンショウ
日本固有種

オオイワカガミ
日本固有種　日本海要素

ヤブツバキ　滋賀県大津市
花弁は筒状　花糸は白い
(2005/4)

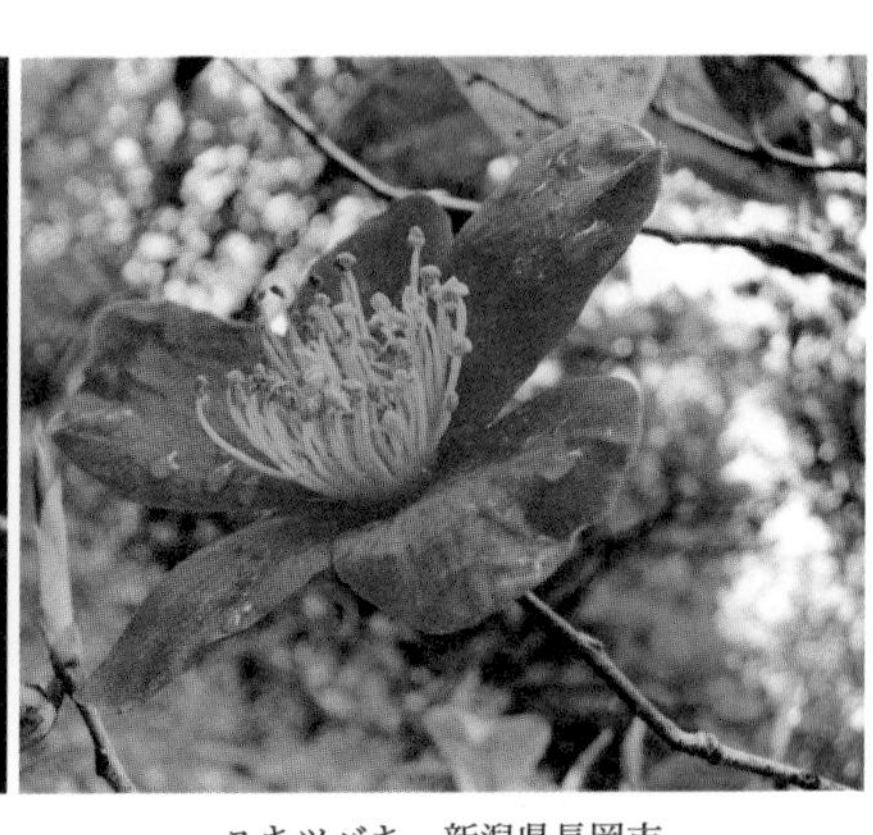
ユキツバキ　新潟県長岡市
花弁は水平に開く　花糸は黄色
(2013/5/20)

ユキバタツバキ調査

この森の植生を特徴づける植物はいくつかあるが、その代表的なものの一つに椿がある。椿といえば冬から春に咲く常緑性で赤い花を咲かせるヤブツバキと、多雪地に分布するユキツバキ、さらに夏に白い花を咲かせる落葉性のナツツバキが一般的である。

この森では前出の報告集Vol.8に記述されているようにコナラ－ナツツバキ群落が形成されており、ナツツバキは多数生育している。一方、赤い花の咲くツバキも森の北側の区域で大きな群落を形成している。

二〇〇五年、野生ツバキの分布を研究されている立花吉茂氏（花園大学客員教授）から「形態的に見て、この森のツバキはユキツバキとヤブツバキとの自然交雑種で、ユキバタツバキである」との見解を得た。

そこで二〇〇七年に会員が自生地において形態観察を行った。この調査の動機としては、当該地はヤブツバキとユキツバキの分布が接する地域であり、もしかしてユキツバキが存在するのではないかいうことを確かめることにもあった。しかし、それに近いものは見つかったものの確信を得ることはできず、DNA鑑定ができるまで保留となった。この時の調査結果は「山門水源の森」報告集Vol.2に「山門水源の森のツバキについて」として報告された。

その後、二〇一四年四月から二〇一六年一月にかけて、この群落の実態と個別の株の形態を明らかにするため、個体識別番号の貼付と形態調

積雪に耐えるユキバタツバキ
融雪後は自立する（2013/2/14）

ユキバタツバキ　山門水源の森
形状は両者（ユキツバキとヤブツバキ）の中間型
(2011/5/8)

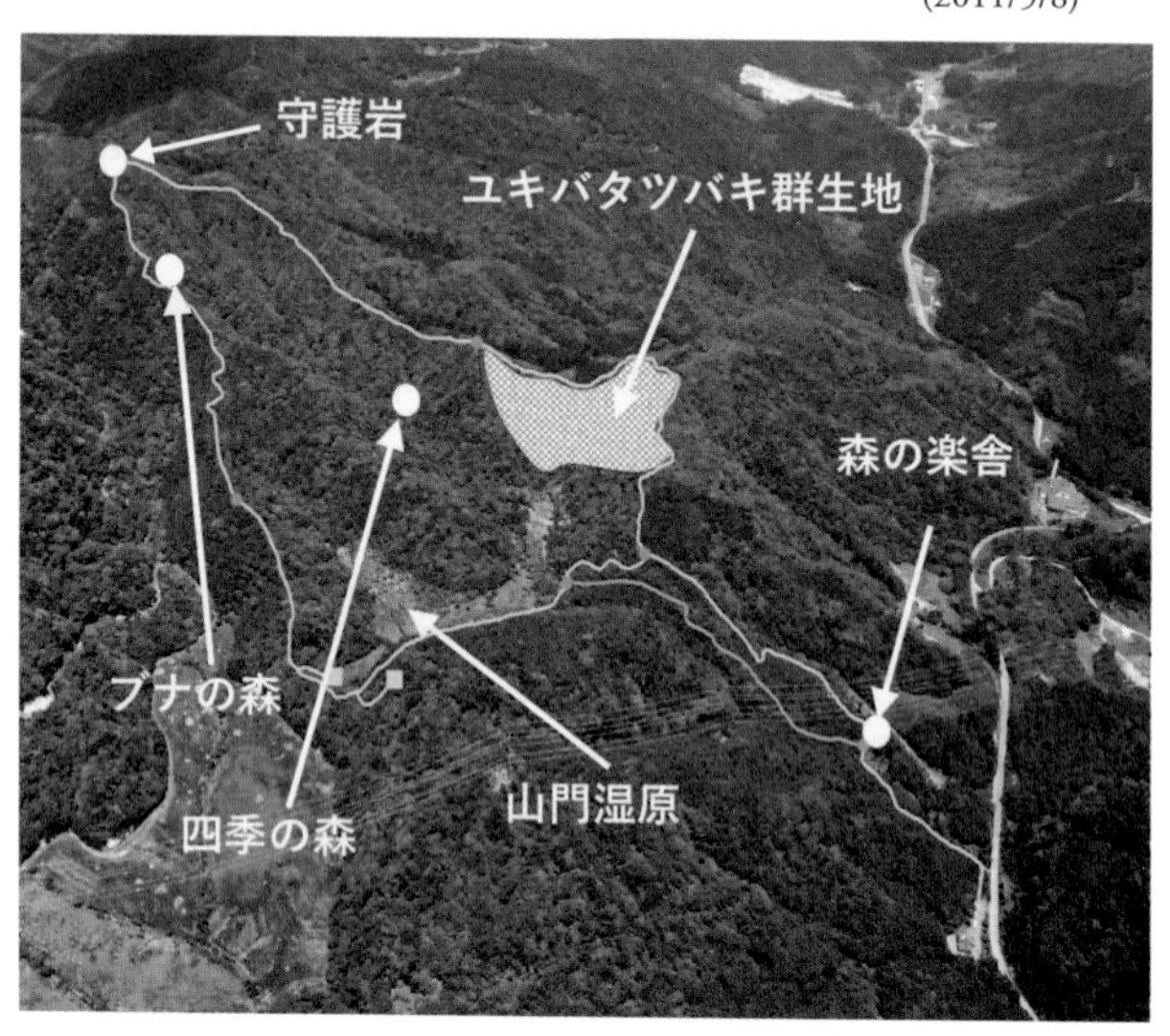

図3-7　ユキバタツバキの分布の様子

査を行った。その結果、カウントした数は五、九五三株、樹形や花の形態はヤブツバキとユキツバキ双方の特徴を有し、ユキバタツバキである可性が高いと結論づけられた。この結果は会員により「山門水源の森」報告集Vol.9、Vol.10にそれぞれ「山門水源の森ユキバタツバキ群生地調査」および「同その2」として報告された。

個体識別番号の貼付はその後も継続され、最終的には七、〇〇〇株を超えた。この中にはユキツバキの存在は確認できなかった。

現地交流会のチラシ（2019/4/14）

阿部氏の講演（2019/4/14）

二〇一八年四月一四日、阿部晴恵氏（新潟大学佐渡自然共生科学センター准教授）に、現地で分析用のサンプルの採取し詳細な分析を依頼した。

翌二〇一九年四月一四日には、滋賀県主催山門水源の森現地交流会「ユキツバキの魅力に迫る」を開催し、阿部氏に「ヤブツバキとユキツバキ」と題して講演をお願いした。

この森の中におけるユキバタツバキの分布は図3-7に示した部分に集中している。他の区域でも点在はしているが群生しているところはない。なぜここだけなのか、どうしてここに、どのようにしてこの大きな群落ができたのだろうか。こうした新たな疑問が浮上しており、今後の調査を通じて解明への手がかりを得ることが期待される。

ちなみに、ユキツバキは多雪地に分布する日本固有の常緑低木で、豪雪に耐えるしなやかさをもち、地面に接した枝から根が出て増殖する性質がある。それに対してヤブツバキは太平洋側など暖地に分布し、雪に対応できるしなやかさはない。ユキバタツバキは両種の中間的な性質で、ユキツバキほどではないが豪雪に耐えるしなやかさを持つ。

ヤブツバキ

ユキツバキ

コラム

ヤブツバキとユキツバキの交雑帯における形質と遺伝的構造の比較

阿部 晴恵（新潟大）、蓑和 冴文（新潟大卒）、三浦 弘毅（浅虫水族館）

ご存知の通りヤブツバキを含むツバキ属では、種間交雑により数多くの園芸品種が作り出され、観賞用に利用されてきた歴史があります。日本にはヤブツバキとユキツバキの二種のツバキが自生しており、この二種の分布境界ではユキバタツバキという形質多型が大きい個体が多く生育することが知られています。二種のツバキ交雑による形質多型がどのような歴史的背景により成立したのかは、生物学的に非常に興味深いテーマです。山門水源の森のユキバタツバキもその一つです。

このため、山門水源の森を含む交雑帯での花形質の多型と遺伝的構造との関係を研究することにより、交雑が起こった歴史的背景を考察しました。交雑帯の分析には、滋賀県山門水源の森（ユキバタツバキと言われる）、滋賀県椿坂（ユキツバキと言われているが交雑している）、岐阜県大間見（ユキバタツバキと言われる）、新潟県佐渡市（ユキツバキと言われているが交雑している）の計四地点で採取したサンプルを用いました。

花形質として、花弁長、花弁幅、花高、花幅、花糸長、花糸幅、雌蕊の七部位の長さを計測し比較しました。

その結果、花形態による主成分分析では、山門水源の森はヤブツバキ（赤丸）とユキツバキ（青丸）のヤブツバキ寄りにあることが分かり、椿

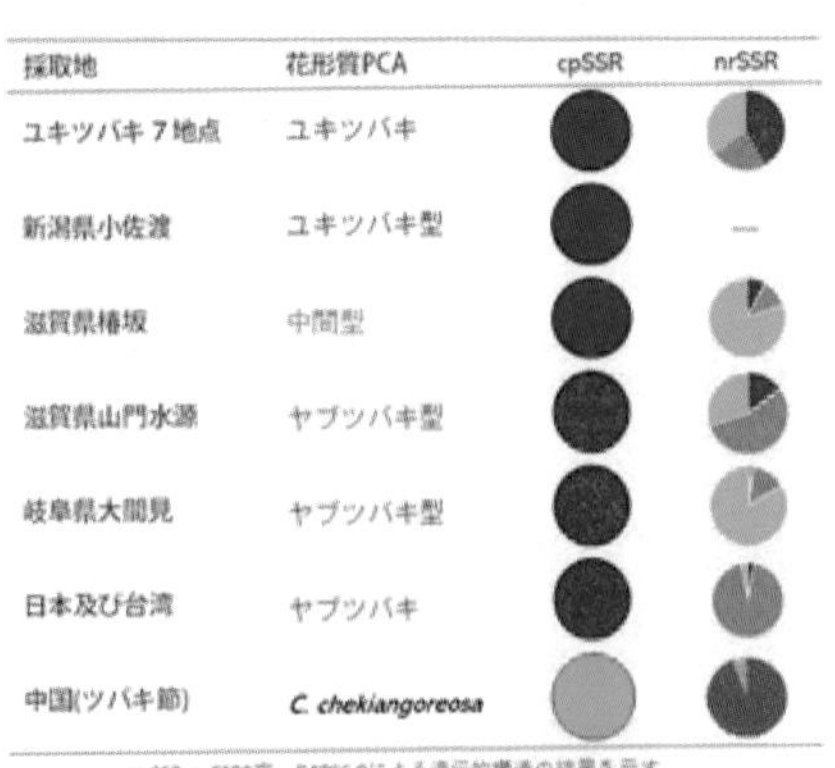

採取地	花形質PCA	cpSSR	nrSSR
ユキツバキ７地点	ユキツバキ		
新潟県小佐渡	ユキツバキ型		—
滋賀県椿坂	中間型		
滋賀県山門水源	ヤブツバキ型		
岐阜県大間見	ヤブツバキ型		
日本及び台湾	ヤブツバキ		
中国(ツバキ節)	*C. chekiangoreosa*		

cpSSR; cpSSR8座　BAPS6.0による遺伝的構造の結果を示す
nrSSR; 核EST-SSR10座　Structure2.3.4による遺伝的構造の結果を示す

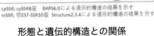

形態と遺伝的構造との関係

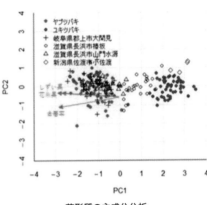

花形質の主成分分析

坂は若干ユキツバキ寄りであることが分かりました。

一方で、岐阜県大間見はヤブツバキと形質が重なり、佐渡市はユキツバキと重なりました。

一口に交雑帯といっても、花形質はどちらかに偏るか、中間型に位置するなど、集団ごとに異なることが分かりました。

次に、そのような形質が生まれる背景を知るために、遺伝的構造を見ていきます。遺伝マーカーに葉緑体DNAと核DNAを用いました。葉緑体DNAは広葉樹などの被子植物では一般に母樹（種子親）から種子へと母性遺伝します。このため葉緑体DNAの遺伝的構造は、種子散布による分散の歴史を反映します。

一方、核DNAは花粉親と種子親から一セットずつの遺伝情報を引き継ぐため、種子散布と花粉流動の両方の歴史が反映されています。

花形質と遺伝的構造の結果を照合すると、山門水源の森のユキバタツバキは、花形質はヤブツバキ寄りであり、葉緑体DNAも花形質と一致するヤブツバキでした。

一方、核DNAを見ると、ユキツバキ由来の遺伝子も混ざっているようです。つまり、山門水源の森はヤブツバキが母樹となる集団で構成されているものの、近隣のユキツバキ集団からの花粉流動（鳥や昆虫による送粉）が起こっており、核でみると交雑帯であることが分かりました。

その他の地域を見てみると、花形質と葉緑体DNAの型はほぼ一致するようですが、花粉による遺伝子流動は頻繁に起こっており、ヤブツバ

ツバキ調査（2018/4/14）

サンプリング中の阿部氏（2018/4/14）

ツバキ調査参加者（2018/4/14）

キもしくはユキツバキと言われている集団でも二種間の浸透交雑が見られる地域もありました。まとめると、花形質は母樹集団の種とほぼ一致するけれど、花粉流動を通じた遺伝子浸透の程度については、花形質だけでは判断は難しいということになりました。今後は、雑種形成能関連遺伝子などを調べることにより、花形質多型が生まれる分子メカニズムも解明していけたらと考えています。

山門水源の森のユキバタツバキ

ススホコリ（2008/7/10）

キノコの観察会（2009/9/12）

菌類調査

この森には一年を通じて多くのキノコが発生する。しかしその調査は未だ途上である。キノコの初めての調査（観察）は、二〇〇三年九月に実施したキノコ観察会である。この観察会では、キノコアドバイザーの小寺祐三氏を講師に招いて実施した。以来何回かの観察会や調査を小寺氏にお願いしてきた。また、会員が保全活動時に撮った種名の決まらない写真を同氏に送信し、同定を依頼してきた。その結果、現在までに約三〇〇種が見つかっている。

二〇〇六年八月三日、この森でカエンタケが初めて確認された。この時期は未だカエンタケは今ほど知られておらず、撮影してすぐさま小寺氏に同定を依頼し猛毒であることを知った。その翌年と翌々年には森のミズナラとコナラの枯死木に大量発生した。ナラ枯れが原因で、ナラ枯れの範囲が南下するにつれて滋賀県下のあちこちに発生するようになった。

キノコほど知られていないが変形菌の発生も多い。変形菌については、松本淳氏（越前町立福井総合植物園長）に指導を仰いでいる。同氏には、二〇一八年に滋賀県主催山門水源の森現地交流会で「変形菌その知られざる生態」と題して講演をお願いし、合わせて現地で観察の指導を受けた。

変形菌のうちススホコリは、毎年よく見られるが、凝視すると変形体（上の写真）が運動しているのが肉眼で確認できる。ツノホコリ、ムラサキホコリ、ヘビヌカホコリ、ウツボホコリ、マメホコリなどがよく観察されるが、詳細な調査は未だ進んでいない。

表3-3　山門湿原研究グループによる

分類項目	種　類	種数
トンボ目	トンボ	35種
直翅目	コオロギなど	22種
半翅目	カメムシ、セミなど	1種
長翅目	シリアゲムシの仲間	1種
脈翅目	ツノトンボなど	1種
トビケラ目	トビケラ	1種
双翅目	ムシヒキの仲間	12種
鱗翅目・チョウ	チョウ	30種
鱗翅目・ガ	ガ	17種
鞘翅目	甲虫の仲間	102種
	計	222種

ギンスジツトガ　1992年以来の確認画像(2020/9/9)

昆虫調査

最初の昆虫調査は、一九八七年から一九九一年の五年間、山門湿原研究グループによって行われた。その結果は前出の「山門湿原の自然」で詳細に報告され、二二二種が記録されている(表3-3参照)。その後は、一部の水生昆虫などについての専門家による調査があり、「山門水源の森」報告集Vol.3に報告されている。それ以外は系統だった調査が行われておらず、本会としては会員個々の観察・記録にとどまり、まとまった記録や報告はない。

昆虫は、比較的大型で観察しやすいトンボやチョウ、セミのほか、ハチ、アブなどの中・小型、さらには地中性の顕微鏡レベルの大きさの微小なものまであり、観察対象は極めて広い。そのため、詳細な調査・観察には専門的な知識や技術を求められることが多く、種の同定まで含めた信頼度の高い調査はほとんど不可能に近い。また、人手不足から集中的な調査活動が難しく、保全作業の傍らの観察が中心にならざるを得ない。このような状況から、専門機関や経験豊富な研究者との連携が不可欠であり、指導を受けながら数多くの観察例を蓄積することが必要である。その中で比較的データが揃っているのはトンボと、昆虫ではないがクモである。トンボは「生物多様性びわ湖ネットワーク」、クモは「関西クモ研究会」との協力関係ができ、専門家を交えた調査が行われている。これは今後の調査活動の在り方のモデルケースともいえる。

湿原におけるBBNとのトンボ調査（2019/7/5）

協働調査の成果　コヤマトンボ初記録（2019/7/5）

トンボ調査

前出の「山門湿原の自然」では三五種が記載されているが、その後の会員による観察種を含めると五六種になる。そのリストを表3－4に示した。表中「1992報告」の欄は「山門湿原の自然」に記載された種を示し、「〜2020」の欄はその後における会員の観察記録から記載したものである。

この森では全てのものが採集禁止を原則としており、トンボ観察も保全作業の傍らに撮影された画像の観察が中心となっている。そのため同定の正確さに難点がある。以前から観察データを活かす場がないか気にかけていたところ、滋賀県の民間企業八社によって組織された「生物多様性びわ湖ネットワーク（略称、ＢＢＮ）」の指導を受けながら調査できる機会ができた。ＢＢＮでは、「トンボ100大作戦」として、滋賀県で確認されているトンボ一〇〇種の生息地を探索するために各地で調査活動を行っている。その一環として山門水源の森も調査対象となり「トンボ100大作戦」で未達成種の確認調査を行う運びとなった。二〇一九年七月五日の第一回調査では、オオイトトンボなど三種のＢＢＮ未達成種が確認できた他、コヤマトンボがこの森で初記録される成果があった。

また、二〇二一年五月にはムカシトンボとヒメクロサナエの確認を目的に第二回調査が行われた。残念ながら目的は果たせなかったが、湿原や渓流など水環境の状態や遷移と生息する水生昆虫との関係を学ぶ貴重な機会となった。

会員のみでは調査能力に限界がある中で、専門家を交えた協働調査は、

表3-4　山門水源の森のトンボ観察種リスト

◎：山門湿原研究グループ　山門湿原の自然1992より　●：2020年までの会員の観察記録より

滋賀県RDBカテゴリー　■絶滅危惧種　■絶滅危機増大種　■希少種　■要注目種

■分布上重要種　■その他重要種

科・種名		1992報告	～2020	科・種名		1992報告	～2020
カワトンボ科				サナエトンボ科			
1	ハグロトンボ		●	27	ヤマサナエ	◎	●
2	ミヤマカワトンボ		●	28	キイロサナエ	◎	●
3	ニホンカワトンボ	◎	●	29	コオニヤンマ		●
4	アサヒナカワトンボ	◎	●	30	ウチワヤンマ	◎	●
アオイトトンボ科				31	クロサナエ	◎	
5	アオイトトンボ	◎		32	ダビドサナエ	◎	●
6	オオアオイトトンボ		●	33	ヒメクロサナエ	◎	●
7	ホソミオツネントンボ	◎	●	34	オジロサナエ		●
イトトンボ科				35	コサナエ	◎	●
8	モートンイトトンボ	◎	●	エゾトンボ科			
9	クロイトトンボ	◎	●	36	タカネトンボ		●
10	セスジイトトンボ		●	37	エゾトンボ	◎	
11	オオイトトンボ	◎	●	ヤマトンボ科			
12	アジアイトトンボ		●	38	コヤマトンボ		●
13	アオモンイトトンボ	◎	●	トンボ科			
14	キイトトンボ	◎	●	39	ハッチョウトンボ	◎	●
ムカシトンボ科				40	ヨツボシトンボ	◎	●
15	ムカシトンボ	◎		41	ハラビロトンボ		●
ヤンマ科				42	シオカラトンボ	◎	●
16	ルリボシヤンマ	◎	●	43	シオヤトンボ	◎	●
17	オオルリボシヤンマ		●	44	オオシオカラトンボ	◎	●
18	マルタンヤンマ	◎	●	45	ショウジョウトンボ		●
19	クロスジギンヤンマ	◎	●	46	コノシメトンボ		●
20	ギンヤンマ		●	47	ナツアカネ	◎	●
21	カトリヤンマ		●	48	マユタテアカネ	◎	●
22	ミルンヤンマ		●	49	アキアカネ	◎	●
23	コシボソヤンマ		●	50	ノシメトンボ	◎	●
24	サラサヤンマ	◎	●	51	ヒメアカネ	◎	●
ムカシヤンマ科				52	ミヤマアカネ		●
25	ムカシヤンマ		●	53	リスアカネ	◎	●
オニヤンマ科				54	ネキトンボ		●
26	オニヤンマ	◎	●	55	チョウトンボ		●
				56	ウスバキトンボ	◎	●

データの信頼性が向上するとともに会員の観察レベル向上にもつながり、極めて有意義な取り組みである。

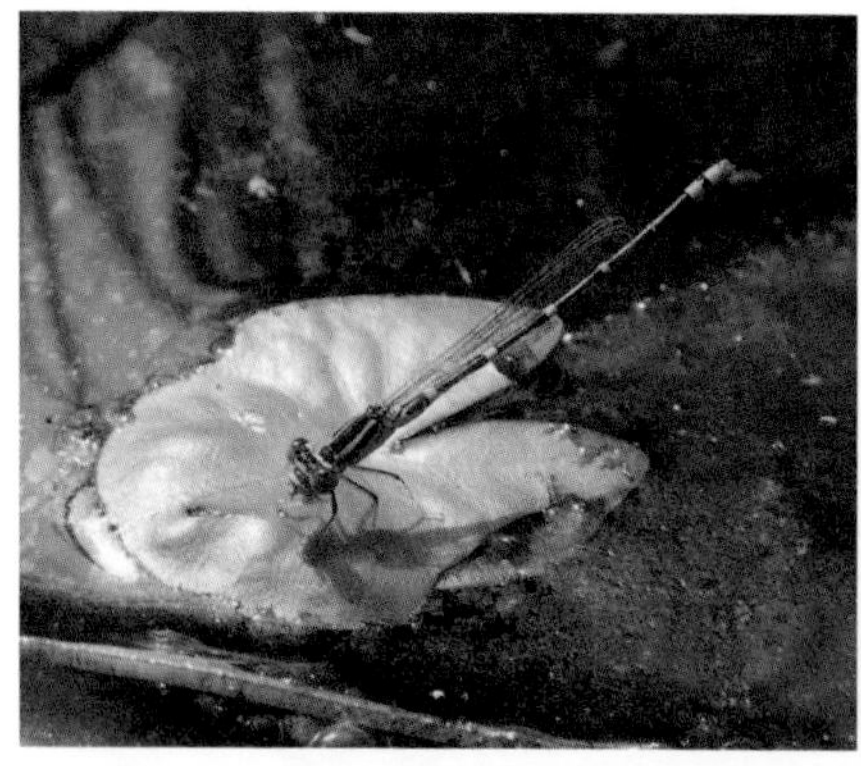

オオイトトンボ　滋賀県絶滅危機増大種（2006/7/30）

コサナエ　滋賀県その他重要種（2009/6/23）

ヨツボシトンボ　滋賀県 要注目種（2007/6/2）

コノシメトンボ　滋賀県分布上重要種（2005/9/8）

ハッチョウトンボ　滋賀県 要注目種（2008/7/7）

オニヤンマ
国内最大のトンボ
（2011/7/23）

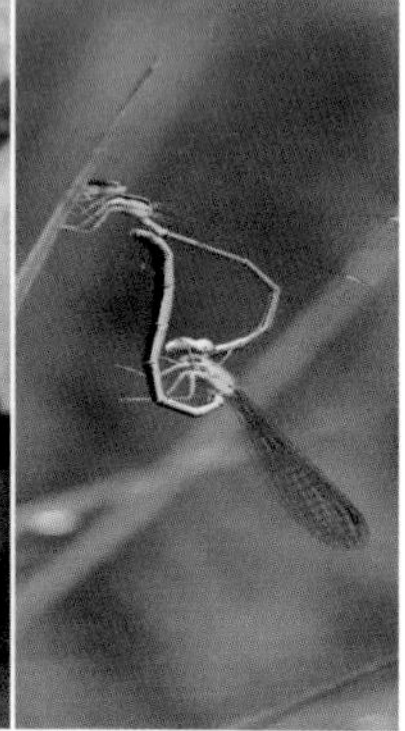

モートンイトトンボ
滋賀県希少種
（2019/7/5）

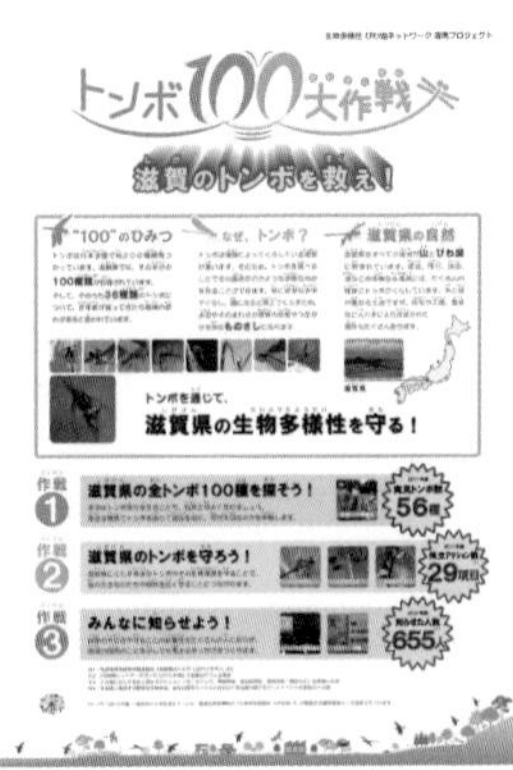

生物多様性びわ湖ネットワーク「トンボ100大作戦」のチラシ（BBN提供）

コラム

協働によるトンボ調査について

生物多様性びわ湖ネットワーク　三好　順子（株式会社ダイフク）

生物多様性びわ湖ネットワークについて

生物多様性びわ湖ネットワーク（以下、BBN）は、滋賀県に拠点をもつ企業八社*が様々な主体と連携し、生物多様性保全を推進する組織です。水との関わりが深く、滋賀県らしい生き物であるトンボを共通保全種として「トンボ100大作戦～滋賀のトンボを救え～」を展開し、滋賀のトンボ一〇〇種を

①探そう、②守ろう、③知らせよう

の三つの作戦をもとに専門家や地域の様々な団体と連携の輪を広げながら、生物多様性の保全に楽しく貢献する活動に取り組んでいます。

*旭化成株式会社、旭化成住工株式会社、オムロン株式会社、積水化学工業株式会社、積水樹脂株式会社、ダイハツ工業株式会社、株式会社ダイフク、ヤンマーグローバルエキスパート株式会社

滋賀県のトンボについて

滋賀県は、琵琶湖を中心に山々に囲まれており、内湖、里山などの環境に恵まれ、全国に生息する約二〇〇種のトンボのうち、一〇〇種が確認されている有数のトンボ県です。全国で唯一、二回の全市町村対象のトンボ調査（一九九〇・二〇一〇年代）が行われました。近年は人の活動

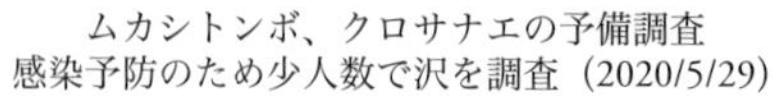
ムカシトンボ、クロサナエの予備調査
感染予防のため少人数で沢を調査（2020/5/29）

第１回調査を終えて（2019/7/5）

による水辺環境の悪化で、環境省のレッドリストで絶滅の危険性が高いトンボ種や生息数の減少が加速しています。種によって生息する環境も異なり、また成育に応じて水域や陸域など多様な環境を利用するトンボは、その自然環境を評価する指標生物とされています。

山門水源の森での協働調査について

山門水源の森は、オオイトトンボやモートンイトトンボなどの希少種を含む約五〇種のトンボが確認されている豊かなトンボ相からも多様な動植物の生息・生育地であることが分かります。そのような自然環境があるのは、多岐にわたる調査や保全の成果が現れているのだと思います。

二〇一九年、滋賀県立琵琶湖博物館で開催したＢＢＮの活動展示を見学されていた「山門水源の森を次の世代に引き継ぐ会」（以下、引き継ぐ会）役員の伊藤氏と意見交換する機会において、未確認種発見のため調査地拡大を検討していたＢＢＮと、トンボ調査の実施を希望されていた引き継ぐ会の目的が合致し、同年七月に山門水源の森での専門家同行の協働での調査が実現しました。当日は、二〇名による湿地や渓流など森一帯の調査の結果、ＢＢＮ初記録の三種（オオイトトンボ、ヒメクロサナエ、コサナエ）を含む、全二一種を確認しました。また、一日のトンボ調査において二〇種以上確認できたことは、山門水源の森が良好な自然環境であることが改めて示される結果となりました。

二〇一九年の調査において、ＢＢＮ未確認種のムカシトンボとクロサナエの生息の可能性が考えられたため、二〇二〇年に調査が計画されま

コロナ禍のため、まとめを屋外で行った
第2回調査（2021/5/10）

した。しかし、新型コロナウイルスの感染拡大でBBN全体としての大勢による調査が難しいため少人数で予備調査を行い、二〇二一年五月に改めて第二回調査として実施しました。結果は両種とも発見できず、今後の課題として残りました。

　私は、湿地のあちこちに数えきれない程のハッチョウトンボが飛んでいる景色に大変感動しました。また、私以上に専門家のお話を傾聴される引き継ぐ会の皆様の姿勢に感心いたしました。調査を通じて活動の一端を垣間見ることができたことは、知識を広げる有意義な機会となりました。

最後に

　トンボを指標種とした保全活動は、水辺を中心とした多様な自然環境の保全につながり、その結果、生態系の保全に寄与することができます。「トンボ100大作戦」は、トンボを通じた活動で滋賀県全体の生物多様性保全につながると考えています。また、BBNの活動を広く発信し続けることで、企業や団体とのネットワーク拡大や生物多様性の保全意識向上につなげていきます。引き継ぐ会の皆様とは、今後も相互の取り組みの特性を活かした連携と協働による取り組みを推進したいと考えています。最後にBBNの活動をご理解いただき、調査地提供をはじめとする調査に関わるご協力を頂きました引き継ぐ会の皆様には心より感謝申し上げます。

表3-5　山門水源の森チョウの観察種リスト

滋賀県RDBカテゴリー　●絶滅危惧種　●絶滅危機増大種　●希少種

科・種名	1992	～2020	科・種名	1992	～2020	科・種名	1992	～2020
セセリチョウ科			シロチョウ科（続き）			タテハチョウ科（続き）		
ミヤマセセリ	◎	●	ツマキチョウ	◎		ツマグロヒョウモン		●
ダイミョウセセリ	◎	●	スジグロシロチョウ	◎		イチモンジチョウ	◎	●
アオバセセリ		●	シジミチョウ科			コミスジ	◎	●
ホソバセセリ	◎	●	ムラサキシジミ	◎	●	ミスジチョウ		●
キマダラセセリ	◎	●	アカシジミ	◎	●	キタテハ	◎	●
コチャバネセセリ	◎	●	ミズイロオナガシジミ		●	ルリタテハ		●
オオチャバネセセリ	◎	●	ウラクロシジミ		●	ヒオドシチョウ		●
チャバネセセリ		●	トラフシジミ	◎	●	ヒメアカタテハ	◎	●
イチモンジセセリ		●	ベニシジミ	◎	●	アカタテハ		●
アゲハチョウ科			ゴイシシジミ		●	ヒメウラナミジャノメ	◎	●
ギフチョウ●		●	ヤマトシジミ		●	ジャノメチョウ	◎	●
ナミアゲハ	◎	●	ウラギンシジミ	◎	●	ヒメキマダラヒカゲ	◎	●
クロアゲハ		●	タテハチョウ科			クロヒカゲ	◎	●
モンキアゲハ		●	テングチョウ		●	ヒカゲチョウ	◎	
カラスアゲハ		●	アサギマダラ		●	ヒメジャノメ		●
ミヤマカラスアゲハ		●	ウラギンスジヒョウモン●	◎	●	ヤマキマダラヒカゲ		●
シロチョウ科			ミドリヒョウモン	◎	●	サトキマダラヒカゲ	◎	●
キチョウ	◎	●	クモガタヒョウモン●	◎	●	クロコノマチョウ		●
モンキチョウ	◎		ウラギンヒョウモン	◎	●			

チョウ調査

前出の「山門湿原の自然」では三〇種が記載されている。その後、会員らによる観察結果の集計では五二種となり一九九〇年代の約一・五倍に増えている。これは観察期間が約二〇年の長期に及んでいること、および観察域が湿原周辺から森全体へ広がったことによる結果と思われる。観察リストを表3-5に示す。表中、「1992」の欄は「山門湿原の自然1992」記載種、「～2020」はその後の観察種を示す。

近年観察機会が増えたものにツマグロヒョウモンがある。本種は暖地を好む種で、一九九二年の報告には見られない。温暖化の進行で分布を広げているとされる。一方、環境省レッドデータブックカテゴリーにおいて絶滅危惧Ⅱ類（VU）のギフチョウは、食草であるカンアオイの仲間が食害などによって激減したため二〇一〇年を最後に見られなくなった。また、かつては湿原沿いのササ原などで観察されていたゴイシシジミが近年は観察されていない。ゴイシシジミは、チョウの仲間では珍しい肉食性で、ササにつくタケノアブラムシの集団の中にタマゴを産み、幼虫がアブラムシを食べるとされている。シカの食害でササが激減したことによる影響とも考えられる。

なお、同じチョウ目に属するガの仲間については会員個人レベルで断片的な観察記録があるが同定が困難で、山門湿原研究グループによる調査で一七種が報告されて以降、信頼できるまとまったデータはない。

ゴイシシジミ
幼虫は肉食　ササにつくササノアブラムシなど（2010/9/19）

ヤマキマダラヒカゲ
幼虫の食草はササ、ススキ（2013/7/1）

ウラギンスジヒョウモン
滋賀県絶滅危機増大種（2006/6/20）

クモガタヒョウモン
滋賀県希少種（2016/6/18）

ツマグロヒョウモン（2005/10/1）

クロコノマチョウ（2020/7/20）

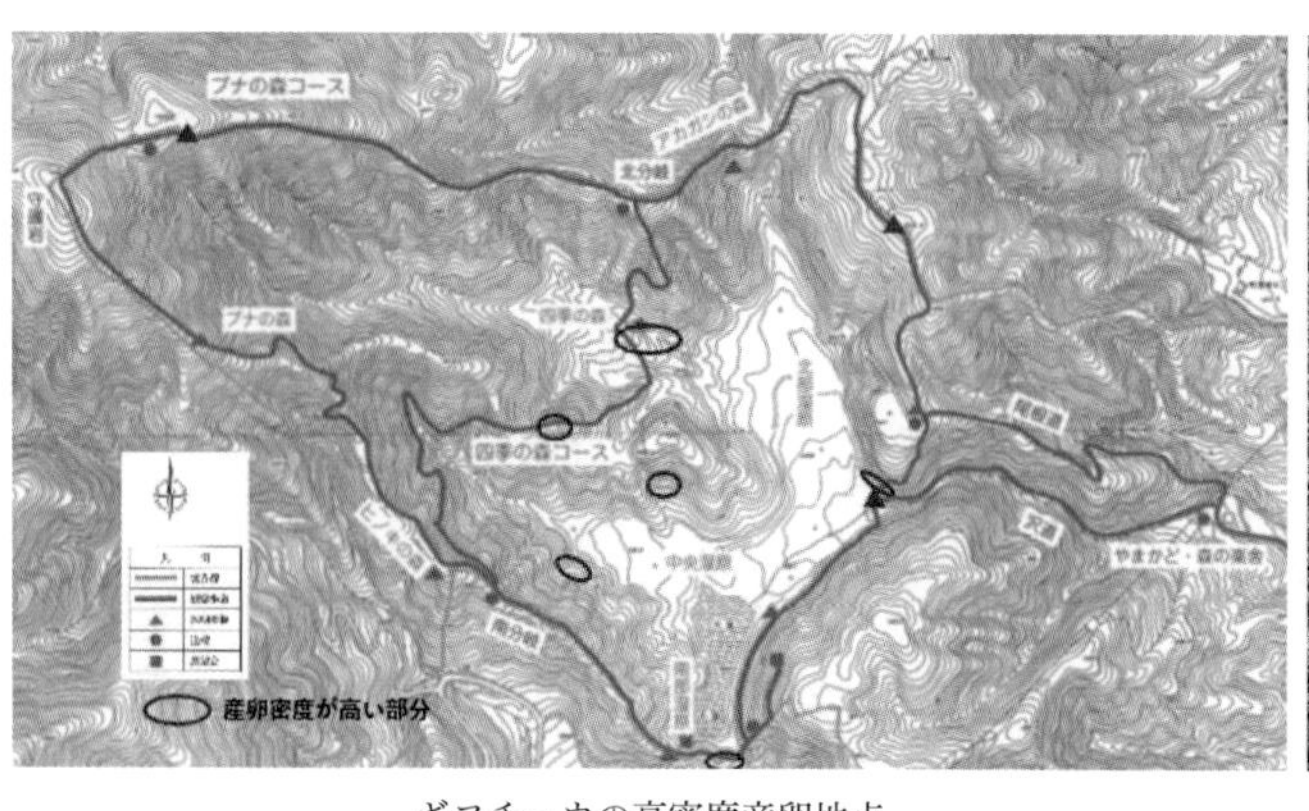

ギフチョウの高密度産卵地点

ギフチョウの初見
(2003/4/7)

コラム

消えたギフチョウ

藤本　秀弘

四月初旬になると、今日か、明日かと心が落ち着かない日々を過ごす。ギフチョウの初見を待ち焦がれてのことである。ギフチョウにも飛翔頻度の高いコース「蝶の道」がある。そのコースで心躍らせながら飛来を待ち受ける。二〇〇三年四月五日も蝶の道で待ち受けたが現れなかった。七日の午前一〇時四〇分観察コース沿いに一頭のギフチョウがチラチラとあたりをうかがうように飛翔し、日当たりのよい観察コース沿いにとまったのを見定めそっと近づき、この年の初見個体を撮影。さあこれから忙しくなるぞと心を引き締める。四月二〇日を過ぎると産卵が始まる。この森ではほぼ全域で産卵するのだが、特に産卵密度が高い場所が六カ所あった。これらの地点で毎年産卵数の調査を実施した。この六カ所でおよそ五〇〇～六〇〇個の卵があった。ギフチョウは、アツミカンアオイの葉の裏側に一回に一〇個前後の卵を産み付ける。産み付けられた卵は、早いものは四月下旬から孵化して幼虫になり、産み付けられたアツミカンアオイの葉を食い、脱皮を繰り返して蛹になる。四月中旬から六月初旬まで、その状態を観察するため森の中を飛び回る楽しい日々があった。しかし、二〇一〇年を最後にこの森でギフチョウを見ることもなく今日に至っている。食草であるアツミカンアオイがシカの食害で激減したためである。

孵化直前の卵（2003/5/17）

産卵飛来（2003/5/5）

孵化直後の卵（2003/5/17）

交尾（2003/4/16）

幼虫（2003/6/3）

産卵（2003/4/28）

終齢幼虫（2003/6/3）

産卵直後の卵（2003/4/28）

表3-6　山門水源の森のクモ 科別確認種数

	科名	種数		科名	種数
1	ジグモ科	1	17	ハグモ科	1
2	タマゴグモ科	2	18	アシダカグモ科	2
3	ユウレイグモ科	1	19	シボグモ科	1
4	ヒメグモ科	35	20	キシダグモ科	3
5	カラカラグモ科	2	21	コモリグモ科	11
6	ヨリメグモ科	2	22	カニグモ科	11
7	ジョロウグモ科	1	23	フクログモ科	8
8	コガネグモ科	39	24	イヅツグモ科	1
9	センショウグモ科	1	25	ネコグモ科	1
10	アシナガグモ科	14	26	ウラシマグモ科	5
11	サラグモ科	22	27	ワシグモ科	6
12	ウズグモ科	1	28	ツチフクログモ科	1
13	ヤマトガケジグモ科	1	29	コマチグモ科	2
14	タナグモ科	6	30	エビグモ科	4
15	ナミハグモ科	2	31	ハエトリグモ科	25
16	ハタケグモ科	1		計	213

クモ調査のきっかけとなったハチを襲う
カトウツケオグモ（2004/8/29）

クモ調査

クモについて、二〇一一年までは会員によるごくわずかな目撃情報や、撮影画像が報告されただけで、種の同定や記録はほとんど行われていなかった。

二〇一一年、本会発足一〇周年を迎えるにあたって、一〇年史の刊行が計画され、この森の自然の豊かさを知ってもらうために、いろいろな動植物を紹介することとなった。その一つにクモがあり、記録画像を調べたところクモとは思えない奇妙な形をした画像があった。この画像を当時立命館大学名誉教授で関西クモ研究会（以下、クモ研）役員の吉田真氏に問い合わせたところ、「カトウツケオグモ」という全国的にも観察例の少ないクモで、滋賀県の希少種と分かった。このことがきっかけとなってクモ研と協働でこの森のクモについて調査を行う機会に恵まれた。二〇一一年、二〇一二年、二〇一九年それぞれの春と秋に、この森のほぼ全域が調査され、三一科二一三種が確認された。滋賀県における推定種数は約四〇〇種といわれるが（吉田真「山門水源の森のクモ類」「山門水源の森」報告集Vol.6）、わずか六三・五㌶の狭いこの森でその半数以上の種の標本が採集され、このうち二五種が滋賀県における新たな記録種として確認された。このうち一一種が滋賀県RDB二〇二〇年版に追加記載され、この森に生息するクモの滋賀県RDB掲載種数は一三種となった。これは県のク

会員もクモ標本採集に挑戦（2011/10/23）

研究者によるクモ標本採取　沢道（2011/7/12）

現地交流会「常識くつがえすクモの世界」
西浅井まちづくりセンター（2017/8/5）

クモ調査　四季の森奥の谷部（2019/5/25）

モ掲載種三九種の三分の一に当たる。なお、水中に棲むクモで、環境省RDB絶滅危惧種II類（VU）のミズグモの採集を湿原で試みたが、発見には至らなかった。

全ての調査において、標本採集と同定はクモ研の皆さんにお願いした。同時に標本採集法や同定、クモの生態などを詳しく聞き、クモ観察に関する会員のレベル向上につながったことは大きな成果であった。

一方、一般向けには一連の調査結果を受けて二〇一七年八月五日に滋賀県主催で「常識くつがえすクモの世界」をテーマに現地交流会を開催した。「クモの科学最前線」（立命館大学名誉教授吉田真氏）、「クモ嫌いも引き付ける網の魅力」（クモ研会員船曳和代氏）と題した講演とトークセッションに続いて、森の中でクモ観察・調査の実際やクモがつくる網

センサーカメラの設置（2013/9/3）

クモの網採取ワークショップ
自信作を手に（2018/8/22）

（いわゆるクモの巣）の標本採取体験を行い、一般的にあまり好かれることのないクモへの関心や親しみを深める機会となった。また、翌年八月二二日にはクモ研の協力を得て、クモの網採取ワークショップ「クモの世界は不思議がいっぱい」を開催し、幼児から高齢者まで幅広い参加があった。クモをより身近に感じてもらえた。

センサーカメラによる記録

会員の調査を森全域で頻繁に実施することは不可能である。テーマを絞った調査は、観察コース以外で実施するものの、日頃の調査・観察は主として観察コースに沿った部分に限られている。そのため日々の森の動物の動きを記録するため、森の各所にセンサーカメラを設置し定期的にデータを回収している。

その結果、日頃のコース沿いの観察では観られない動物の採餌の様子や行動が分かる。また、防獣ネットが動物にどのような影響を与えているかも詳細に見ることができる。

この記録によって新たに生息が確認できた生き物も少なくない。

ツキノワグマの通路
守護岩方面（左2020/7/9　18:50頃）と牧場方面（右2020/7/10　10:00頃）を往復
同じ個体かは不明　防獣ネットCゾーン沿い

塩分補給処に来るシカ　南部湿原奥（2010/10/14）

ネットの外のササを食べる若いシカ
防獣ネットCゾーン脇（2020/7/29）

家族？ 3頭でササを食べるシカ
ブナの森の解説板脇（2019/12/20）

早朝の雪中のシカ　ここで寝ていたのか
この後移動していった
大窓北斜面（2017/1/11　6:50）

シカの遺骸に集まる
左上：クマタカ 北部湿原（2012/12/23）
右上：テン 防獣ネットＤゾーン脇（2017/11/15）
右下：タヌキのペア 南部湿原脇（2015/3/17）

大型哺乳類の代表格　イノシシ
南部湿原奥（2008/10/22）

最小ネズミの代表格　カヤネズミ
北部湿原（2013/11/2）

雪中を駆けるリス
防獣ネットＣゾーン脇（2021/1/28）

雪の上に出た芽を食べるノウサギ
防獣ネットＣゾーン脇（2020/2/8）

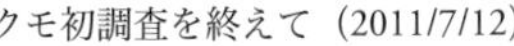

クモ初調査を終えて（2011/7/12）

山門水源の森でクモ初調査（2011/7/12）

コラム

「山門水源の森を次の世代に引き継ぐ会」発足二〇年を祝す

関西クモ研究会　吉田　真

山門湿原の森のクモ調査では「引き継ぐ会」の皆さんに大変お世話になった。本来禁止されているこの森での採集を許可していただき、調査場所の案内や採集までしていただいた。本当に感謝している。

調査の結果は、関西クモ研究会会誌「くものいと」に三回にわたって掲載した（吉田真・熊田憲一・西川喜朗・黒田あき 二〇一二、二〇一四、二〇一七）。このほか、「山門水源の森」報告集Vol.6にも報告した（吉田真・熊田憲一・西川喜朗・黒田あき 二〇一二）。様々なクモが採集され、未記載種（新種候補）は九種、滋賀県初記録種は二五種に上った。

山門の調査が始まる前（二〇一〇年）には、滋賀県では三一九種のクモが記録されていた（新海明・安藤昭久・谷川明男・桑田隆生　二〇一〇）。これに対して二〇二〇年には、三九三種に増えている（新海明・安藤昭久・谷川明男・桑田隆生　二〇二〇）。そして、この増加のかなりの部分は山門での調査によるものである。山門での採集が滋賀県のクモ研究の弾みをつけたことは明らかであろう。

しかし、滋賀県のクモの種数は、愛知県の六〇四種や三重県の六〇八種に比較するとはるかに少ない。滋賀県のクモの少なさの根本的な原因は、滋賀県のクモを調べる研究者が少ないためである。これを機会に滋賀県のクモを調べる研究者が増えることを期待してやまない。

オオコノハズク　滋賀県絶滅危惧種（2020/3/17）

表 3-7 山門水源の森の野鳥確認種

滋賀県RDBカテゴリー
■絶滅危惧種　■絶滅危機増大種
■希少種　■その他重要種

	種　名		種　名
1	アオゲラ	32	サンショウクイ
2	アオサギ	33	シジュウカラ
3	アオバト	34	シロハラ
4	アカウソ	35	ジョウビタキ
5	アカゲラ	36	セグロセキレイ
6	アカショウビン	37	センダイムシクイ
7	アトリ	38	チョウゲンボウ
8	イカル	39	ツグミ
9	イワツバメ	40	ツツドリ
10	ウグイス	41	ツバメ
11	ウソ	42	トビ
12	エナガ	43	トラツグミ
13	オオアカゲラ	44	ハシブトガラス
14	オオコノハズク	45	ハシボソガラス
15	オオタカ	46	ヒガラ
16	オオルリ	47	ヒヨドリ
17	カケス	48	ベニマシコ
18	カシラダカ	49	ホオジロ
19	カッコウ	50	ホトトギス
20	カルガモ	51	マミジロ
21	カワラヒワ	52	マヒワ
22	キジバト	53	ミサゴ
23	キセキレイ	54	ミソサザイ
24	キビタキ	55	メジロ
25	クマタカ	56	モズ
26	クロツグミ	57	ヤブサメ
27	コガラ	58	ヤマガラ
28	コゲラ	59	ヤマドリ
29	ゴジュウカラ	60	ヨタカ
30	サシバ	61	ルリビタキ
31	サンコウチョウ		

野鳥調査

この森の野鳥の調査記録として公式に残るものは、前出の「山門湿原の自然」の報告だけである。この報告では一九八七年から一九八九年の三年間で二九種が確認されている。報告にはオナガが記載されていたが、極めてまれな迷鳥であり、その後の観察例もないことから本稿では加えなかった。その後は組織的な調査は行われず、滋賀県野鳥の会の協力による観察会の記録、および本会会員のパトロールや保全活動の傍らの断片的な観察記録が集計されているのみである。その結果を表3－7に示した。目視や声の聞き取りを含めて計六一種が確認されている。種名に網掛けしたものは一九九二年報告に記載された種であり、そのうちチョウゲンボウとヨタカは、それ以降の観

山門水源の森一帯の空中写真（1990/10）

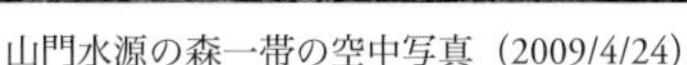

山門水源の森一帯の空中写真（2009/4/24）

察記録がない。

野鳥は、渡り鳥や旅鳥のように季節的に移動を繰り返す種は毎年観察できるとは限らない。一方、シジュウカラ、エナガ、ヒヨドリ、カケスなどの留鳥は毎年安定して観察できる。シカによるササの食害によると考えられるウグイスの観察が一時的に減ったが、ササの回復に伴い観察機会が増えてきた。これは渡り鳥や旅鳥にも影響していると考えられる。野鳥は食物連鎖の頂点に立つ存在ではあるが、エサや棲む場所を自然に依存しなければならず、環境の変化に敏感なようで、今後の保全活動の進捗による変化を注視していく必要がある。

空中撮影

森のその時々の状態を知るには、上空からの撮影が欠かせない。山門湿原研究グループの調査報告書を作成していた頃は、自前で森の空中写真を撮影することはできないため、空中写真撮影会社に依頼して撮影した。この撮影費用は高価であるため、度々撮影することはできなかった。そこで会員の寄付や助成金を使って隔年の割合でセスナ機からの撮影を行った。

セスナ機は、パイロット以外に三名が搭乗できるため、飛行の度に希望者を募り上空からの撮影と観察を行った。機体の高度や撮影したい地点をその場でパイロットに伝え撮影できるのが何よりのメリットであった。

この撮影では、この森および周辺の地勢の把握ができ、植生の概観も観ることができるため、森の現況把握には欠かせないことが改めて分かった。

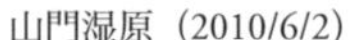

山門湿原（2010/6/2）

山門水源の森から日本海を望む（2009/4/24）

その後、日々の調査で問題視している地点を撮影することも行った。二〇一一年に行った天然更新試験地の植生の再生状況や、台風時に湿原に流入した土砂の湿原での広がりなどを撮影した。このセスナ機による撮影は、名古屋飛行場（小牧）と森とを往復するコースで行った。そのため往復のルートを変更し山門水源の森以外の、森の様子も撮影した。二〇一五年には、森からの復路をシカの食害が問題になっている霊仙山の上空を飛行した。そこで目にしたのは、食害で山頂部に植生がなく、土砂流出が発生している状態であった。

山門水源の森でも二〇一〇年以降、年々シカの食害が広がり、山頂部付近は顕著なササ枯れが発生していた時期であった。この霊仙山の状況を目にして、滋賀県下の代表的な山の状況を見て回ったが、どの山もシカの食害で土砂流出が大なり小なり発生していた。この状況と山門水源の森の山頂部（ブナの森）の食害の進行状況から、獣害防止ネットの設置を行うこととし二〇一六年に実施した。

このようにセスナ機による撮影の有効性は確たるものになったが、それに要する経費が大きな問題となった。二〇一五年当時、一回の飛行経費は一五〜一七万円であった。ところが、この頃からドローンが普及し始めており、セスナ機の経費があればドローンが購入できるため即購入することとなった。

ドローンの購入により、飛行高度制限はあるものの、いつでも森の何処からでも撮影が可能となった。また、セスナ機からの撮影では、高度が高すぎて詳細な植生が観られない部分も、ドローンでは高度を自由に調節できるた

霊仙山のシカの食害（2015/5/14）　天然更新試験地（2015/5/14）

ドローンによる湿原流入土石の撮影（2017/9/25）　ドローンによる天然更新試験地撮影（2015/6/15）

ドローンによる湿原全域の撮影（2016/5/2）

南部湿原のドローンによる定点撮影

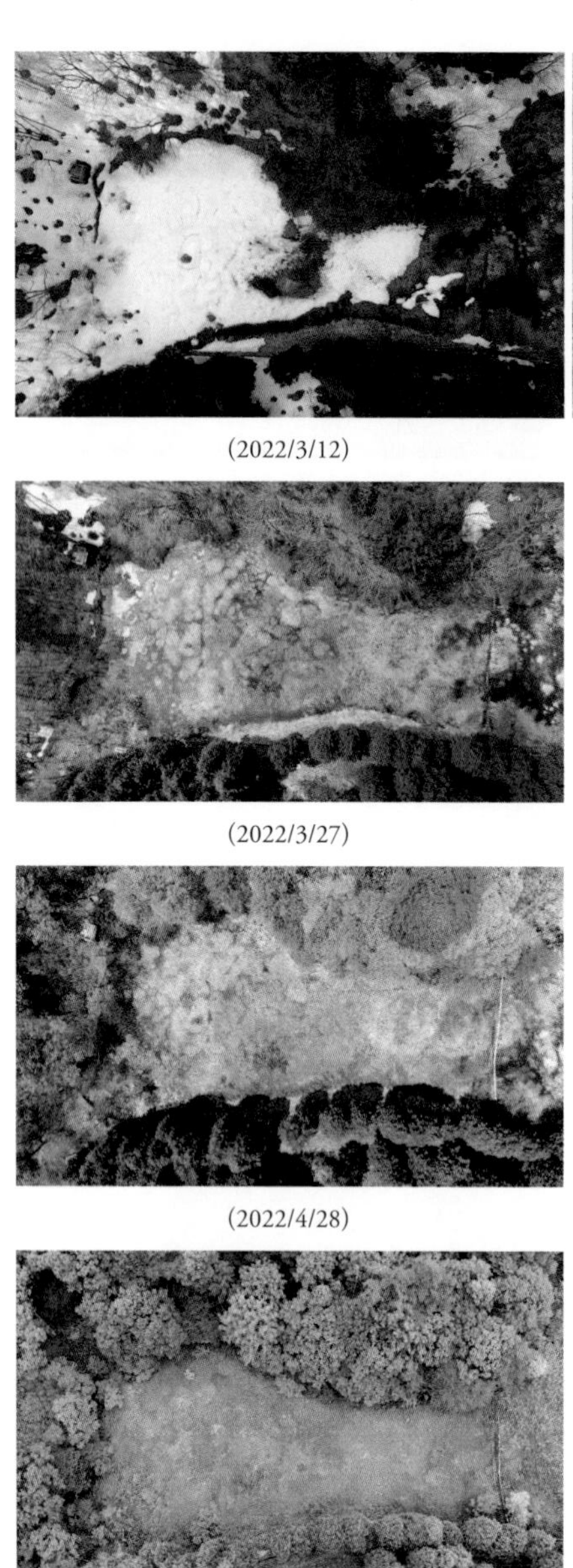

(2022/3/12)

(2022/3/27)

(2022/4/28)

(2022/6/16)

(2022/3/8)

め容易に樹種まで観察できる。

　また、定期的に同一場所の観察が可能になるほか、台風や異常降水、降雪による倒木や土砂流出も随時調査をすることができ、事後の対処に素早く結びつけられるなど、ドローンの利用範囲が広くなった。

湿原に出没するシカの群れ（2016/12/12）

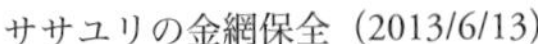

ササユリの金網保全（2013/6/13）

4　この森の生物多様性保全——防獣対策の視点のその先

シカと森林保全

四つの防獣対策

二〇年間の保全活動では、必要に応じて防獣対策も行ってきた。その対策で最も苦労した動物は、ニホンジカ（以下、シカ）である。シカがこの森の環境に影響を及ぼしていることは、本会が結成された二〇〇一年には認識されていた。本会が活動を行う以前は、前身組織の山門湿原研究グループが活動を行っていたが、その活動は調査研究が主だった。同様に本会の結成当初は獣害が発生しても、その被害状況を観察し、見守るのみだった。しかし、二〇〇八年からは一歩踏み出して、防獣対策を行い、主に四つの植物の保護を行ってきた。ササユリ、ミツガシワ、ヒノキ、ササ、この四つである。これらを金網、防獣ネット、防獣テープなどを使ってシカの食害から守ってきた。

防獣対策は、蕾をつけたササユリ八〇株を金網で囲う対策を行ったのが最初である。その後は設置する金網の数を増やし、多い年は三〇〇個を設置した。また、二〇一一年には希少植物を保全する目的で、南部湿原のミツガシワ生育地に防獣ネットを新設した。その後は年を追うごとに保護する植物の種類や区域が増え、防獣ネットを増設していくことになった。希少植物ではないが、二〇一三年頃から急にササが枯れ出した。ササ枯れはすぐに敷地全域に広がっていった。そこで残ったササ藪を保全するため、二〇一六年には守護岩周辺の山頂部にも防獣ネットを設置した。また、本会の主な活動の場

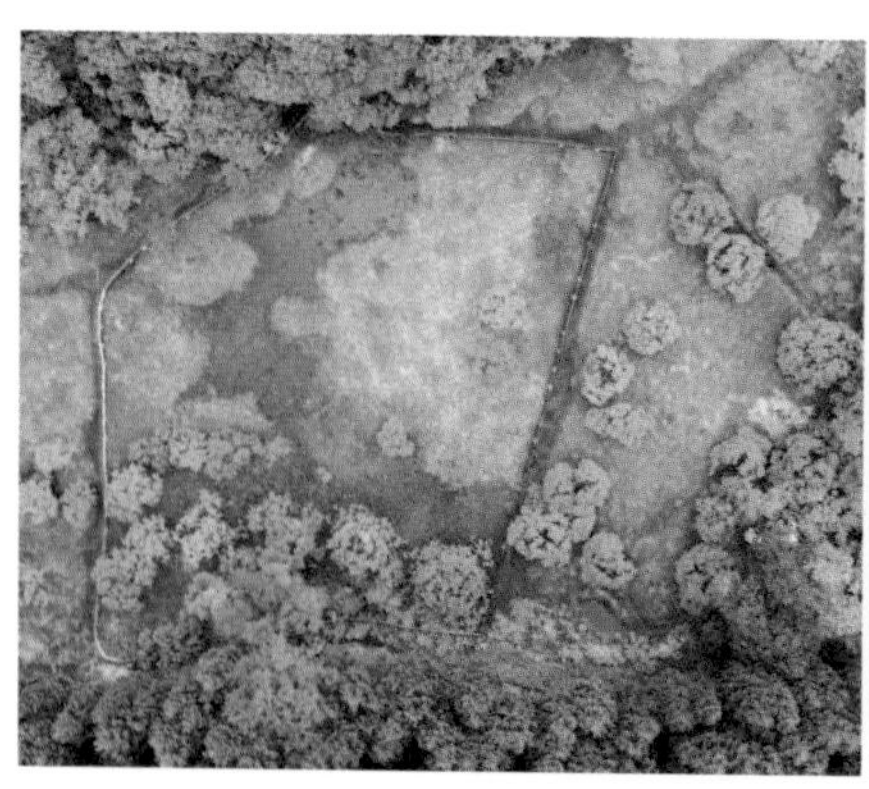

春の北部湿原　俯瞰撮影（2021/5/27）

くくり罠で捕獲したオスジカ（2016/11/19）

所は湿原や天然林だったが、二〇一三年からは人工林のヒノキ林でもシカの樹皮剥ぎを防止するため、獣害防止テープを巻く作業を行ってきた。

以上のような防獣対策を行ってきたのだが、二〇一四年からは防獣対策だけでは限界を感じ、シカの捕獲も行うようになった。捕獲を行うにあたっては、生物多様性をうたいながら、特定の動物を殺す行為に矛盾を感じないわけではない。また、ここでの活動は公益的な活動でもあり、関係機関や一般市民に対しても理解される必要がある。そうしたことから、防獣対策はどのような考えに基づき、どのように行うべきかを考えてきた。まだ十分とは言えないが、現在では野生動物管理という考え方に基づいて対策を行っている。野生動物管理の取り組みは後で述べるが、まずは防獣対策を行うようになった経緯、対策、そして二〇二〇年現在の森の様子を述べたいと思う。

シカによる食害の始まり

山門水源の森は主に常緑広葉樹が分布する暖温帯と落葉広葉樹が分布する冷温帯の境界に位置し、またその中央には全国で消滅しつつある湿原、「山門湿原」がある。そうした環境を背景に、この森には多様な動植物が生きている。シカもこの森に生きている動物の一種である。

本会が活動を始めた当初はシカの姿を見ることは希だった。シカは警戒心が強く、人間の気配を察知すると素早く逃げ去るので、生息を確認するのは主に足跡や糞などからだった。一方でニホンカモシカ（以下、カモシカ）もこの森には生息しており、両者は混在していた。二〇〇〇年の秋頃から湿原や林内でこうした大型動物の足跡や食い跡が多数観察され、活動が活発化して

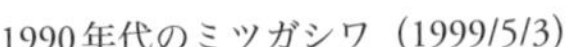

1990年代のミツガシワ（1999/5/3）

ネット際で見つけたシカ糞（2017/3/14）

いることが認識され始めた。そして湿原内のミツガシワの被害も増え始めた。カモシカはシカに比べて警戒心が薄く、その姿もよく観察されていた。そうしたことから、当初は食害の犯人もカモシカだろうと考えられていた。現場に残る食い跡や糞、足跡などから判断するのだが、ぬかるみや雪上の足跡など輪郭がはっきりしない場合は両者の判断は難しい。後から考えると、二〇〇〇年頃の獣害の中にはカモシカではなく、シカによる食害もあったのかもしれない。なお、会員による観察では、二〇一三年四月以降にカモシカの姿は確認されていない。

いずれにしても、当時の会員にはまだ獣害という意識はなかった。シカに対する印象はどちらかと言えば、自然の中に出かけることで日常の暮らしの中では出会えない野生動物に近づけた、という嬉しさの方が優っていたと思われる。また食害についても、多少食われる植物が増える年があっても、生態系のバランスの中で再び安定するだろうと考えられていた。しかし、そうした甘い考えとは逆に、獣害はどんどん深刻な方へと進んでいった。

湿原に起きた異変

ミツガシワは日本を含め北半球の主に寒冷地とされる地域に分布し、湿地や浅い水中に生育している。氷河期から生き残る植物とされているが、今では全国でその数が激減していて、滋賀県では絶滅危機増大種となっている。そんなミツガシワがこの森には自生していている。本会の活動の目的の一つに、ミツガシワのような希少植物の自生地が滋賀県にあることや、そのような豊かな自然環境の価値、そして、そうした自然環境を後世に残していく重

地上部を食われたミツガシワ（2001/4/30）

YAMAKADO NEWSLETTER NO.66 2005/05/15

YAMAKADO NEWSLETTER

NO.66

2005/05/15

山門水源の森を次の世代に引き継ぐ会

ミツガシワ回復を報じるニュースレター（2005/11/16）

要さを、多くの人に知ってもらうことがある。そうしたことから、ミツガシワの花が咲く頃には観察会などを行っている。

本会が発足した直後の二〇〇一年四月、その年の春は遅霜が降り、ミツガシワの蕾が大きくダメージを受けていた。後日開催されるミツガシワ観察会の下見を兼ねて、花の状態が気がかりな会員がパトロールを行ったところ、食害で蕾が全滅した南部湿原のミツガシワを発見した。新芽だけでなく地下茎までも食い尽くされる大被害だった。発見した会員によると、「一五年間観察してきたが、こんな事になったのは初めて」とのことだった。周辺には多数のシカ糞があり、そこで普段は姿を見せないシカの存在が初めて意識されるようになった。その後も食害は続き、パトロールの度にシカの寝床や獣道が観察された。こうした獣害が続き、その範囲が拡大していくことが心配された。翌年は幸いにも被害は小規模でおさまったものの、ミツガシワの食害は続いた。

このような獣害を受けて、二〇〇四年五月、本会主催、滋賀県と西浅井町（現長浜市）共催で第二回生態系保全シンポジウムを開催し、湿原の獣害は深刻であるとの報告を行った。しかし、実際に何かできるかと言えば、当時本会が取れる対応はほとんどなかった。発足当初の活動は週末のみで、コース整備や下草刈り、除伐などの林床整備が主だった。獣害に対しては人的にも資金的にもできることは限られていた。そうした状況ではあったが、続く二〇〇四～二〇〇五年はミツガシワの食害はほとんどなく、二〇〇一年に大ダメージを受けた群落は回復に向かっていった。このような幸運もあって、会

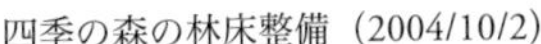
四季の森の林床整備（2004/10/2）

かつて炭焼きに使われていた道を歩く（2012/6/2）

員の獣害に対する警戒心も一時期に比べて薄れていった。

ササユリ　林床の保全

ササユリの蕾が食われる

人の活動が適度にある森や山は、豊かな生態系が維持されやすい。そうした場所は里山と言われている。一九六〇年頃、このような里山では、ササユリはよく見られるありふれた植物だった。しかし近年、地域によっては絶滅が心配されるほど数を減らしている。その理由の一つに、人が森を利用しなくなったことが言われている。ササユリは人が適度に刈り込みを行うような半日蔭の環境を好み、林内のあまり暗い場所では育たない。

ここの森一帯も、昔は炭焼きや山道沿いの草刈りなど、人の手がよく入っていたが、炭焼きをしなくなった一九六三年以降は樹木が茂り、暗い森になりつつあった。そうしたことから、本会が保全作業を始めた当初も、この森でササユリの花を見ることは少なかった。ところが、汗して下草刈りなどのコース整備を続けていると、それに応えるかのようにササユリは再び花を咲かせ始めた。そして花の数は年々増えていった。そんなササユリの花を見ていると、保全作業を行う人々の間では、自分たちがこの森に関わることでこの森の生物多様性がより豊かになっていくように感じられた。ササユリはこの森のシンボルのような存在になり、そんなササユリがより一層咲き誇る森になるようにと、保全作業への前向きな気持ちが会員の中で盛り上がっていった。

金網の設置作業（2012/5/17）

金網に守られて成熟したササユリ蒴果（2012/11/1）

このような思いで保全作業を続けていた二〇〇六年、ササユリに異変が起こり始めた。開花直前の大きな蕾が食われる被害が発生したのである。翌二〇〇七年はその被害は拡大し、蕾をつけた株の実に半数が食害を受けた。

ササユリは種が発芽して花を咲かせるまでに七年もかかる。環境が良いとその後五年間花を咲かせ、一つの株としての一生を終える。蕾が食べられると花は咲かない。花を楽しみに入山する人は多く、観賞する花がないのは問題である。しかしそれ以上に、花が咲いて種を作り、それが蒔かれて発芽する、このサイクルが断ち切られることで次の世代が育たないのは大きな問題である。何とかササユリが自生する環境を維持させたい。そうした思いで、翌二〇〇八年は最も食害の多い開花一週間前頃から、金網で株を囲うことにした。開花している一週間程度は一旦金網を外し、花が咲き終わったら再設置を行った。ササユリの花を観賞に来訪する人に配慮しての対応である。しかし、こうした来訪者への配慮に気が回るうちは、まだ余裕があったのである。

シカと人間のいたちごっこ

金網の設置がシカの食害防止に効果があることが確認されたので、翌年二〇〇九年も蕾の付いたササユリの株に金網を設置した。設置した数は前年の八〇株から二〇〇株に増やした。ところが、同じように花が咲く時期だけ来訪者サービスで金網を外したところ、その晩にことごとく蕾を食われる結果になった。やむをえず、その後に開花した株は種ができる時期まで金網の設置を続けることになった。この対策は来訪者には不評だが、今日に至るまで

シカの頭で押されて変形した金網（2013/6/3）

アニマルフェンスで囲ったササユリ（2015/5/9）

続いている。

こうした防獣対策を始めた後も、シカは毎年ササユリを狙った。しかも、その狙い方や荒らし方からは、年々ササユリへの執着心が増しているように感じられた。一方、ササユリを守る側の我々はどうだっただろうか。当初は活動資金も乏しく、また運搬の負担も小さいことから、安くて軽いビニール被覆の亀甲金網を金網として使用していた。それでも一株囲うのに六百円程度必要になる。その費用は本会活動費だけでは厳しく、カンパを呼びかけた。こうして苦労して設置した金網も、狙いを定めたシカには妨げにはならない。金網筒の上から首を突っ込んだり、接地面の隙間から首を入れて根元から引き出したりして、中のササユリを食べてしまう。そうした腹立たしい経験を踏まえ、その翌年からは空間の空いた金網筒の上面も閉じたり、固定する支柱をより深く挿して接地面の隙間がないようにしたりして対応した。そうすると、シカは体重を掛けて金網を押し潰し、金網そのものを外す反撃に出た。

ならばと、二〇一五年から人間側も、柔らかい亀甲金網から、針金が太くて変形しにくい頑丈なアニマルフェンスに替えて対応した。ところが、アニマルフェンスはそのまま無事で、中身のササユリが消えてしまうということが起こった。アニマルフェンスは目が荒く、成長したササユリの葉が少しでも網目の外にはみ出すと、シカはそれを舌先でつまんで引っ張り出したようだった。ある会員は「苦労して設置した金網の中身がなくなっているのを目の当たりにすると、シカが遠くで高笑いしているような気がする」と嘆いていた。この反省を踏まえて、その後はアニマルフェンスの外側にさらに金網

大きく穴の空いた防獣ネット（2014/7/3）

フェンスの外側に金網を巻く（2015/6/6）

を巻くことで、網目からササユリがはみ出ないように対応することになった。

金網から防獣ネットへ

二〇一二年から、ササユリがまとまって生育している場所は、区域ごとに防獣ネットで囲う対応を開始した。花を観賞する人々には金網で囲われた花は不評であり、また金網で頑丈に囲うことで昆虫も近付きにくく、受粉の妨げになるのではとの懸念があったからである。ホームセンターで購入できる防獣ネットは一巻二〇㍍で、設置に必要な資材費は金網一〇個分と同等程度、つまり一巻きのネットで一〇株以上のササユリを囲えればコストは安くなった。また金網を一株ずつ設置するよりは随分手間も省けるようになった。

ネットは金属繊維が編み込まれており、シカがこれを噛み切ることはないだろうと思われた。しかし見回りを行うと、設置した直後からその金属繊維の網はシカに噛み切られ、大きく穴が空いた跡をあちらこちらで発見することになった。ネットの編み目は一五センチ㍍角で、その一辺が切られると三〇センチ㍍幅の空間ができる。そうするとシカは首を入れることができるので、ネット際のササユリは食われてしまう。首が入る大きさの穴が開くと、シカの防獣ネットを突破しようとする意欲がますます高まるようであった。発見が遅れると体ごと入る大きさまで穴を開けられ、中のササユリが多数被害に遭うことも度々発生した。

油断するとネットで囲った区画の全域が被害に遭う。それを防ぐには日々の見回りと、切られたネットの補修が欠かせない。シカと人間の根比べである。夜はシカが守りの甘い場所がないかとネット際を見回り、昼は人間が被

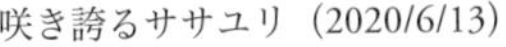
咲き誇るササユリ（2020/6/13）

2年目のササユリ　この大きさで一年を過ごす（2014/4/12）

害チェックに同じネット際を見回った。シカがネットを噛み切れば、人間がそれを見つけて補修した。見回りと補修によってササユリが全滅するということはなかったが、少しでも対応が甘いと食害を受けた。

二〇一五年頃は防獣対策を続けていた一方で、森林整備を続けた効果が現れて、ササユリの生育場所が広がりつつある頃でもあった。増え出したササユリを何とかして食害から守りたい。しかし、シカの食害は減らないので保護する範囲は増えていく。必然的に保全するコストや手間が増えていった。

種を蒔き始めて七年目のササユリ

二〇〇八年からは、採取した種を現地に蒔く作業を行っている。秋に成熟した蒴果を採取して一旦保存し、生育地の刈り払い整備を行った後で、蒴果をばらして現地に蒔く。その目的は食害で激減したササユリ生育地を再生するためで、自然散布よも発芽率を高めるためである。種子は採取した現地に戻し、また増殖をバイオ技術に頼らずに自然交配で行っている。そうしているのは、遺伝子の多様性に配慮しているためである。

こうした作業はシカ食害で大きくダメージを受けたササユリの、次の世代が育つまでを当面の目標としていた。播種作業は二〇一五年には七年目を迎え、ネットでの防護作業も二〇一九年で七年目を迎えた。ササユリは播種の二年後に小指の爪ほどの一葉の芽を出す。その後の五年間を何とか食害を免れて成長し、生き残った沢山の株が蕾をつけ、開花し、種を作った。近年では六月の中頃になると、防獣ネットの中のあちらこちらで咲き誇るササユリが見られるようになった。次の世代が育ったのだ。また一部ではあるが、

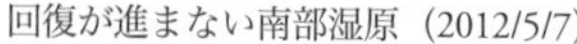

回復が進まない南部湿原（2012/5/7）

初めて南部湿原にネットを張る（2011/4/6）

ネットや金網で保護していない所で咲いている姿も見られるようになった。

ミツガシワ　湿地の保全

以上、二〇〇六年から今日までの防獣対策について、ササユリを視点に述べた。一方で一旦被害が減って、群落が回復したミツガシワのその後はどうだったのだろうか。

その後のミツガシワ　ほぼ全滅

二〇〇六年から二〇〇九年にかけては、記録に留めるほどの大きな被害は発生していない。しかし、南部湿原に一大群落を形成していたミツガシワにも、徐々にではあるが確実に食害が進行していた。散策コース脇に生育するササユリと違い、ミツガシワは湿地の中で広範囲に群落を形成している。それらを個別に金網で保護をするというわけにはいかない。選択的に一部を保護しようにも、ぬかるみに支柱は立てられないし、作業のために何度も湿地に入り込むのは湿地を荒らすので好ましくない。そうしたことから、ミツガシワを獣害から守るためには、生育地である湿地全域を囲うしかない。しかし、それには今以上に費用がかかる。また、湿地の景観も大きく損なわれる。当時の本会はこのような大掛かりな対応をする決断ができなかった。むしろ、一部で食害を受けてもまだ群落が残っている場所があり、いずれは、そうした残った場所から再生していくだろうとの考えが大勢を占めていた。そうして、防獣対策を行う決断に踏ん切りが付かない状態が続いた。しかし、淡い希望も虚しく、二〇一〇年の春にはミツガシワの蕾はほとんど食われ、開花

中央湿原にネットとトタン波板を設置（2014/7/19）

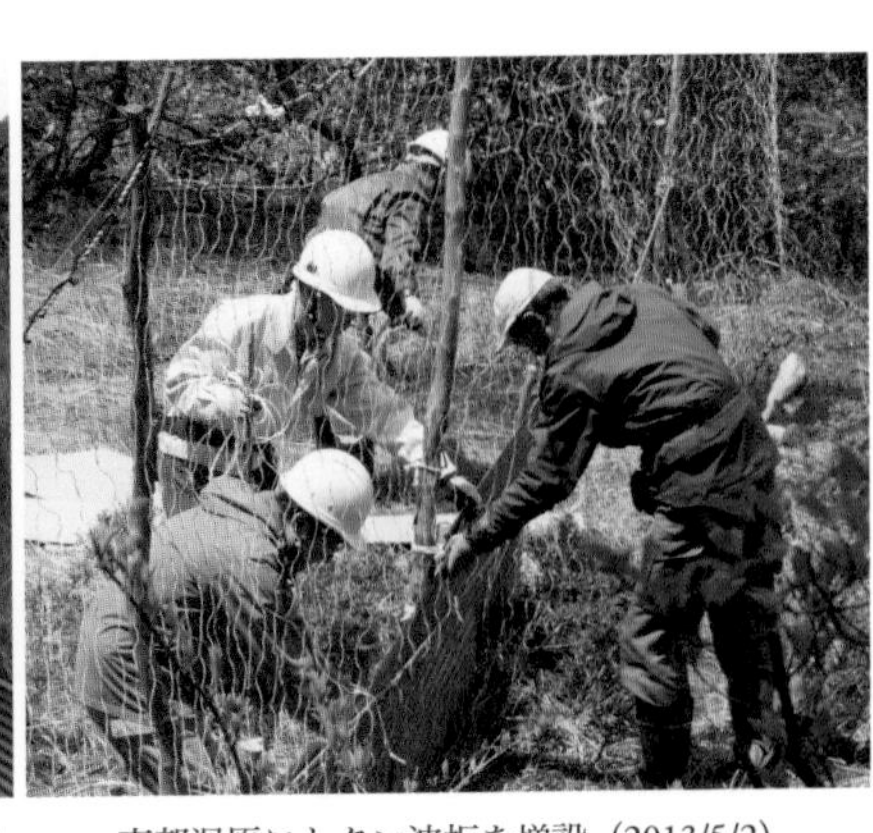

南部湿原にトタン波板を増設（2013/5/2）

が数株という事態になった。

ネット設置のジレンマ

かつては大群落を形成していた、山門湿原を代表する植物のミツガシワ。その開花が数株にまで激減するというショッキングな事態を受けて、翌二〇一一年、南部湿原の外周約二〇〇メートルを防獣ネットで囲うことになった。その結果、ネットを撤収する降雪期までに八頭のシカがネットに掛かった。昼間は姿を見ることが少ないシカだったが、人がいない時間帯には日常的に南部湿原へ入り込んでいることが改めて認識された。シカがネットに掛かることで、その対応や破損箇所の補修をしなければならず、また予防的な日々の見回りも欠かせなくなる。ネットの設置が防獣作業の軽減にはならなかったが、シカの侵入は防ぐことができた。これ以降は今日まで、重点的に保護すべき湿原の区域には防獣ネットを常設している。

初年度の二〇一一年に南部湿原に設置した防獣ネットは、繊維に金属繊維が編み込まれていない安価なネットだった。翌年からはコストは増すが、より頑丈な金属繊維入りのネットに順次交換することになった。また、シカほどではないがイノシシによる被害もあったので、二〇一三年にはネットの下部にトタン波板を設置した。湿地にネットを設置する場合、軟弱な地面にしっかりスソ留めができないのが課題だった。しかし、トタン波板を設置したことで、地面との隙間からシカやイノシシに入り込まれる被害をほぼ完全に防止できた。

こうした南部湿原での防獣ネットとトタン波板の効果が確認でき、またい

第3回狩猟サミット　京都（2015/10/24）

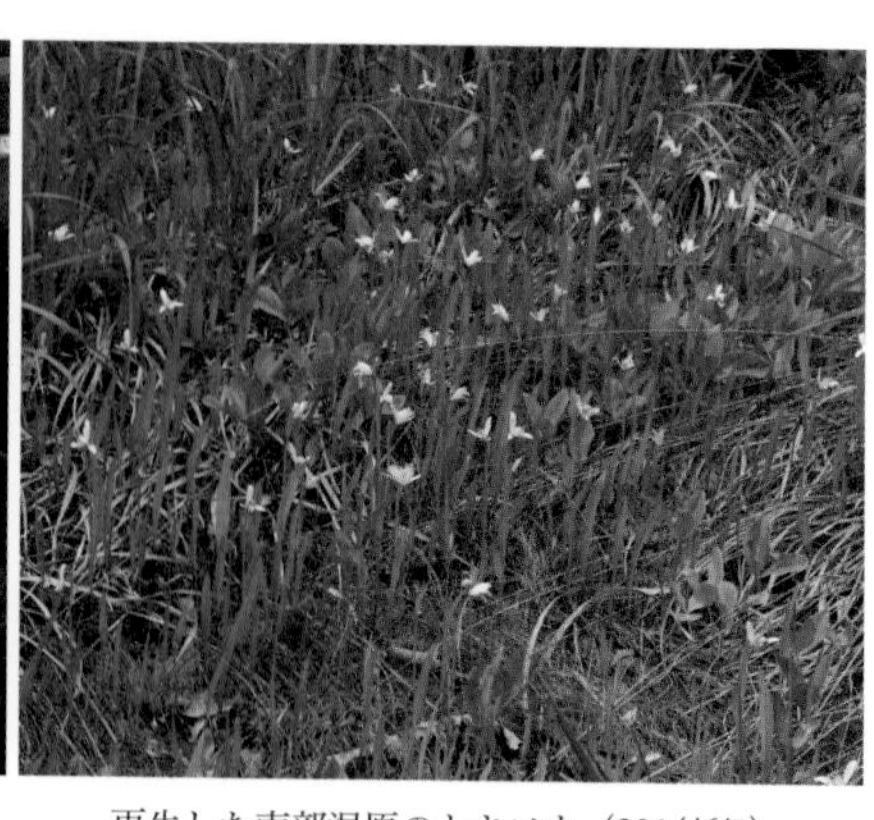
再生した南部湿原のトキソウ（2014/6/7）

くつかの助成金も得られたこともあり、二〇一四年には希少植物が生育する中央湿原と北部湿原にもネットの増設を行った。設置した防獣ネットの外周は中央湿原が二七八㍍、北部湿原が一九八㍍になる。これらの資材費は助成金などで賄えたが、湿原までの資材運搬に車両が通れる道はなく、全て人力で運ばなければならない。保全活動の日などに会員が何日もかけて、これら資材を湿原へ運び上げた。

設置した後は日々の見回りである。二〇一四年当時は会員の他、緊急雇用創出事業で雇用された森林キーパー四名が常駐で活動していた。そうしたことから、毎日誰かが防獣ネットの見回りを行うことができた。日々の見回りでは、トタン波板の破損事例はなかったが、ネットが破られる事例が三回に一回の頻度で発見された。その後もシカと人間の攻防は続いたが、概ね防獣ネットで囲った区画では食害を防ぐことができた。ネットを設置して数年が経過すると、一部ではミツガシワをはじめトキソウなど、湿地の植物の再生が確認できるようになってきた。

保全の結果が目に見え、会員も手応えを感じられるようになった一方で、日々の見回りや管理をする面積は限界にきていた。これ以上防獣ネットの設置を増やしても、管理が十分にできない。しかし、シカ食害は衰える気配がない。そんなジレンマを抱えつつ、ミツガシワやササユリ以外でも保全を要すると思われる場所には防獣ネットを設置していくことになった。

防護ネットをより頑丈に

二〇一五年一〇月、京都で狩猟サミットが開催され、会員のうち二名が参

回復が進む南部湿原のミツガシワ（2021/4/24）

AFネットの設置（2018/3/17）

加した。そのオプションで京都大学芦生演習林の見学ツアーがあり、併せてAFネット（芦生演習林の防獣対策で規格化されたネット）が紹介された。このネットの金属繊維が編み込まれた網は市販のものより太く、網目もより細かい五センチ㍍角の仕様となっている。五センチ㍍角であれば一カ所食い破られても、穴はシカの体が入る大きさにならない。資材は人力で運搬が可能な重さで、積雪時には容易にネットを下げることもできる。しかし、大変高価である。AFネットは垂涎の的だったが、山門水源の森に導入するのは現実的でないと思われた。

　そんな中、二〇一七年一二月、株式会社山久と滋賀県がネーミングライツ協定を結び、山門水源の森での本会の活動が支援を受けられることになった。この資金を活用して、早速AFネット二〇〇㍍分の資材を購入した。二〇一八年、まだ雪が残る早春から順次資材を運び上げ、最もシカのアタックが激しい中央湿原の山手側に設置した。以後、このネットが食い破られたり押し倒されたりした事例は一度もない。AFネットを設置できたことで、その保護区は見回りの回数を減らすことができ、大幅に手間が省けるようになった。そして、他の作業にも少し余裕がもてるようになった。

　二〇二〇年現在、ミツガシワは最盛期とまではいかないが、生育状況は大きく回復している。ここまで、日々の見回りや点検補修に大変な労力を払ってきた。群生して咲き誇る花々を見ると、その労力が報われた気持ちになる。

植林後10年が経過したヒノキ林（1999/11/8）

植林直後の南部湿原脇のヒノキ林（1987/11/15）

ヒノキ　人工林の保全

忘れ去られたヒノキ林

この森の特徴として、アカガシ林とブナ林の両方が見られること、森中央の湿地には多様な動植物が生息・生育していること、一九六〇年代までは薪炭林として地域の人々が利用していたことなどがよく挙げられる。一方で、この森で四割の面積を占めているのはヒノキ林だが、こちらはあまり注目されていない。

かつて全国各地の里山は薪炭林として暮らしに必要なエネルギーの供給を担ってきた。しかし、一九五〇年代の中頃に始まる高度経済成長期に急速なエネルギー源の転換が起こり、家庭で使われていた薪や炭は石油やガスに代わっていった。一方で戦中の荒廃や自然災害などで建築資材の供給が追いつかず、木材価格は高騰を続けていた。そうした中、価値が薄れた里山の薪炭林は価値の高いスギやヒノキに植え替える、いわゆる「拡大造林」が公共事業として実施され、造林ブームとなって拡大していった。ところが、同時期に国内の木材不足を補うべく、安くて安定供給される外国産木材の輸入も始まった。輸入量はその後の円高傾向などもあって年々増大していき、相対的に国産材の価格は下降していった。しかし、拡大造林政策は一九九六年まで見直されず、気が付けば全国の山々には利用の見込みのない人工林と膨大な借金が残ることになった。

以上のような時代背景の中で、この森のヒノキは一九八〇年代の終わり頃に植えられた。そして現在はその価値が見出されずに放置されている。

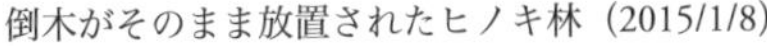

倒木がそのまま放置されたヒノキ林（2015/1/8）

下枝が付いた敷地内のヒノキ林（2016/10/3）

人工林に関わる難しさ

本会がヒノキの樹皮剥ぎを気にかけ始めたのは二〇〇八年頃からである。活動が観察会のガイドに始まり、その後は安全対策としてのコース沿いの草刈りへと発展し、さらに放置された広葉樹林の林床整備や、ササ藪の刈り払いへと活動規模が広がっていった時期であった。

当時、ヒノキ林に関心を寄せる会員は少なかった。まだ獣害は問題化していなかったし、湿原の希少植物の盗掘や山野草の持ち帰りなど、人による問題行為の方が大きな関心事となっていた。同時に、生物多様性を再生するために、放置されて荒れた森林をどのように整備していくかを課題としつつある時期でもあった。しかし、その森林とは広葉樹の天然林が対象だった。

ヒノキ林は天然林と違って伐ることを前提に人が植えた人工林であり、伐採までの期間は間伐や枝打ちなどの育林を行うのが前提の林である。ヒノキを育てるには知識や技術を必要とする。いくら放置されて荒れた森林の整備が課題とはいえ、そうした植林に関する知識や技術もほとんどないボランティア団体がヒノキ林に関わって良いものか、そうしたためらいがヒノキ林に関心を向けにくい要因でもあった。それよりは、多様な樹種が生育する天然林の除伐や林床整備を行う方が、比較的安全で誰でもできる作業が多かったし、生物多様性の再生という意味では作業の成果もすぐに実感しやすかった。そうしたことから、保全作業に参加する人々の意識も天然林に向きがちだった。

ヒノキ林に関心なし

保全作業の視点の一方で、来訪者の視点ではどうだったか。同じ山門水源

枝打ち作業をする会員（2014/1/18）

枝打ちされた隣地のヒノキ林（2008/4/6）

の森の敷地内にありながら、天然林と違って人工林のヒノキ林内は単調で、山野草のように可憐な花を咲かせることはなく、秋には綺麗な紅葉で山を染めることもない。植林されて約二〇年が経過した二〇〇八年当時、間伐や枝打ちは一部分しかされておらず、コース沿いから見える奥の林内は混み合って薄暗く、枯れ枝が付いたままの陰気な林になりつつあった。そうしたヒノキ林の姿は林業政策の失敗の産物、また花粉症の元凶として否定的に見られることも多く、来訪者に人気のある区域ではなかった。会員も来訪者にガイドをする際には、ヒノキ林について語ることはあまりなかった。また、利用されないヒノキ林なら伐って広葉樹に替えていく方が良いのではという意見も少数ではなかった。このような人々の関心の少なさもあり、シカによるヒノキ林の樹皮剥ぎは、人知れず年々拡大していったと思われる。

ヒノキ林にも関心を寄せていく過程

山門水源の森のヒノキ林は、接する隣地のヒノキ林も含めて、コース沿いが主であるが何度か業者による間伐と枝打ちが行われている。二〇〇七年の南尾根での作業では、払った枝が地面にそのまま散在していたため、ササユリの生育に影響が出ることが心配された。当時はシカによるササユリ食害が激化し始めた頃であり、こうした対応には特にデリケートになった。業者側の立場になってみれば、赤字を抱えた造林事業では最低限の作業しか行わないことに一理はあるものの、本会の立場としては林床に散在した落枝はそのままにはしておけず、除去整理を行った。

この当時は保全活動が拡大して多忙になっていた時期であり、こうした落

永原小学校の自然学習（2014/9/29）

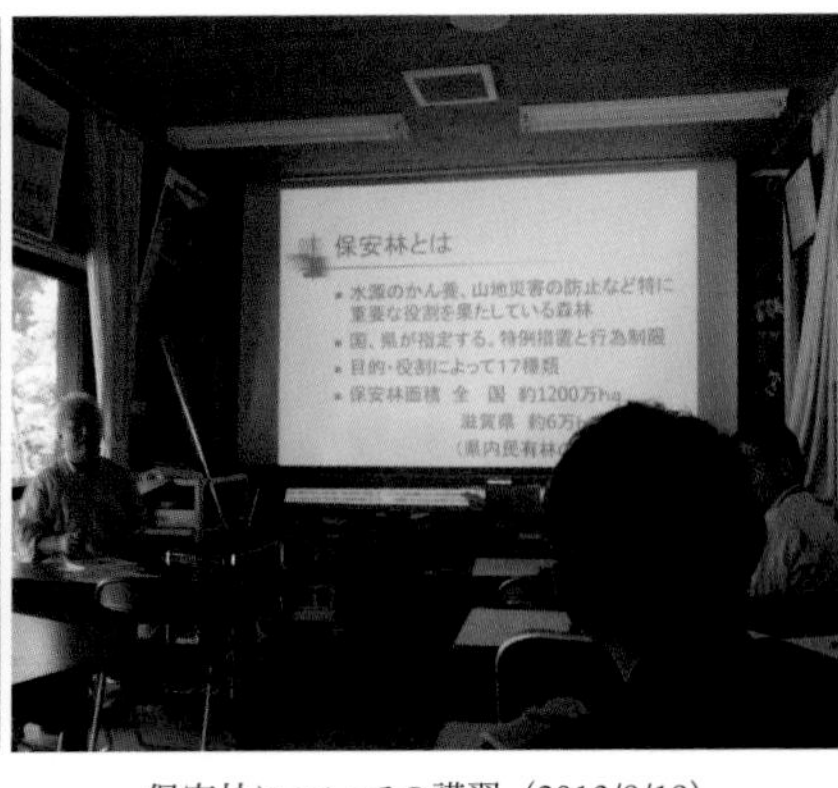

保安林についての講習（2013/9/19）

枝の整理作業は負担が増えることではあった。しかし、悪いことばかりではなかった。ヒノキ林内を通るコースが明るくなり、林間からの眺望も効くようになった。今までのヒノキ林の景色が一変したのである。こうした枝打ちと落枝整理が、ヒノキ林へ関心を向けるきっかけとなった。その後、コース沿いのヒノキ林のみだったが、コース整備の一環で本会でも枝打ちなどの作業を行うようになった。こうしてヒノキ林への関心を深めていく中で、天然林と同じくヒノキ林もシカ食害で重大な被害を受けていることが徐々に実感されるようになった。

関わり始めると、それまで無関心だったヒノキ林にも愛着が湧くようになるものである。数十年前に先人たちが次の世代のためにと苦労して植えたはずの木が、もう価値がなくなったからと放置されて、シカに樹皮を剥がれ放題になっている。こんな本来望まれた姿とはかけ離れた姿のヒノキ林を、何とかできないだろうか。そうした思いから、二〇一三年に県の湖北森林整備事務所に依頼して、会員向けの講習会を行った。その内容は保安林についての解説、間伐の考え方と方法、樹皮剥ぎ防止対策の方法などである。中でも、樹皮剥ぎ防止対策は荷造り用のビニールテープを適切な方法でヒノキに巻きつけるという、簡単で費用も安い方法であることから、早速コース沿いのヒノキ林から順次行うことになった。

一般参加者による防獣作業と、その絶大な効果

ヒノキ林の防獣対策はササユリの金網掛けや希少種を防獣ネットで囲う作業とは、少し意味合いが違っている。実際にヒノキを守るというよりは、会

林内奥のヒノキ（2016/1/18）

中学生にテープ巻きを指導する会員（2014/1/18）

員や保全作業・体験学習などで来訪する人々に、作業を体験してもらう意味合いの方が大きい。ササユリの保全作業では花が咲く前のササユリを他の植物と識別することや、防獣ネットをしっかり効果が出るように設置することなど、初心者には難しく、何度か経験を積んで慣れる必要がある。一方で、テープ巻きは小学生でも高学年くらいならできる作業である。そうしたことから、一般からの作業参加の申し出があった場合は、誰でもできるテープ巻き作業を依頼することが多かった。時期を問わずにできることも理由として大きかった。敷地の約四割がヒノキ林である。急斜面などの危険な場所は除いても、作業場所はいくらでもあった。作業にあたっては、会員が参加者にテープ巻きの目的と方法、効果などについて事前に説明を行い、実際にやり方を見せてから、参加者に作業をしてもらった。

こうして保全作業に多数の一般参加者も加わり、コース沿いのヒノキに樹皮剥ぎ防止用のテープが次々巻かれていった。その面積はおおよそ四ヘクタールになる。そして予想もしていないことだったが、仕上がりが不揃いなテープ巻きではあったけれども、テープが巻かれた後に樹皮剥ぎを受けたヒノキは一本も確認できなかった。これには捕獲対策など他の対策との複合的な原因が考えられるが、テープ巻きは人手を要するものの、低コストで効果が大きいことが確認された。二〇一九年度までで、この作業には延べ二九〇人の参加があった。里山の保全について広く人々に知ってもらう効果は大きかったと考える。

ヒノキ林の今後の課題

二〇一六年に、普段は足を踏み入れないコースから奥へ分け行ったヒノキ

空撮したヒノキの森（2021/4/8）

植林地内へと続く獣道（2015/2/3）

林内で樹皮剥ぎ調査を行った。そうしたところ、八三本中で二七本に樹皮剥ぎが認められた。約三分の一である。コース沿いの人目の付く場所は対策が進んで被害を防げている。しかしながら、普段は足を踏み入れない林内の奥では対策に手が回らないのが実情である。枯死した倒木もそのままで、雑然とした暗い森になっている。こうした人目の届かない暗い林内は日中のシカの滞在場所になっている。また積雪期でもヒノキ林の下は雪の量が少なく、シカの避難場所になっているようで、実際にシカの足跡も多く見られる。テープ巻きなどの防獣対策だけでなく、こうしたシカが滞在しやすい、暗く雑然として見通しの悪い環境を整備していくことも、今後は重要であろう。シカが安心して生息できる環境が近くにあれば、いくら希少植物の防獣対策をしたとしても、周辺地域から継続的にアタックをかけられることに変わりはないからである。

　林野庁の統計によれば、ヒノキ丸太の価格は一九八〇年に一立方㍍単価が七万六四〇〇円だったのが、二〇一八年では一万八四〇〇円まで下落している。植林地が荒れているとはいえ、経済合理性の観点からは手を入れにくい。しかしながら、地球規模では各地の森が乱伐されて砂漠化していることが問題視され、伐採が規制されるようになってきた。こうした状況下で国内産木材も見直されつつある。また、生物多様性や水源涵養の観点で見れば、保全が必要な森林であることに変わりはない。しかし、未だほとんどの人々は木材的価値が低くなった人工林としてヒノキ林を見ている。ヒノキ林に関わる人間の価値観を変えていくことも求められているのではないだろうか。

剥皮されたヒノキ（2007/10/27）

向かってくる放牧牛（1998/11/10）

コラム

ヒノキのテープ巻きとテープ剥がし

藤本　千恵子

止まった車を巨体の彼らが取り囲んだ。「こいつら何者だ」と言わんばかりに、ジロリと私たちをにらんでいた。彼らの方を見ずに山に入れという夫の命令に従い、娘と私はゆるい坂を上った。牛たちは何事もなかったように三々五々放牧地に散っていった。私が山門に初めて入ったのはこの時で、三〇数年前の五月の連休の一日だった。湿原にはすぐに到着し、周りの山は銀色の新緑で輝いていた。

南部湿原と展望台（その時まだなかった）の間の斜面には私の目的であるワラビがにょきにょき出ていた。数年前に草刈りされたのか、三〇センチ㍍ぐらいのヒノキの苗木が目に留まった。後で聞けば造林公社が一九八七年に植林したとのこと。

時は経ち、シカの食害で植林のヒノキの皮が剥がされるようになった。山門も例外ではなく、シカが〇〇の樹皮を食った、△△も、××も……。ヒノキは角研ぎだけでなく食ってもいるなど被害がひどくなってきた。森のシカの食害はヒノキだけではないが、ここではヒノキの被害にしぼってみる。本格的にヒノキに食害防止を目的にビニールテープを巻き始めたのは二〇一三年からだ。ヒノキにピカピカ光るビニールテープを巻くのは、シカが光るものを嫌うからしい。色に好き嫌いがあるのかは分からないが、色分けは何年に何色を巻いたかを区別するためら

西浅井中学校生徒によるテープ剥がし（2020/11/11）

青山中学校生徒によるテープ巻き（2018/6/7）

しい。そういう知識だけを得て、協力してくれる小中学生に巻き方を教えていたのが恥ずかしい。自身がうまく巻けないのに生徒さんがうまく巻けるはずがないということになるが、いやいや上手に巻ける生徒さんもいた。それ以前に、他のボランティア団体の方々が、びっくりするほど美しくほれぼれするような巻き方をされているのを見て、生徒さんに「あのように巻いてください」と教えたことを思い出す。私はテープ巻きの経験は少ないが、テープ剥がしは会員の中で一番多いのではないかと思う。ヒノキの成長でテープがパンパンになって切れている。その端が風でヒラヒラして他の木々にまつわりついているのも見苦しく、早くこういうテープを取り外したい思いで、一人で山に入った時もテープ剥がしをしてきた。結構テープ剥がしもおもしろいものである。しかし、このテープ巻き、テープ剥がしの繰り返しはいつまで続くのかと疑問や不安を感じていた。

「シカがちょっと減ってきた」ということで、とりあえず今巻かれているテープを剥がしたらこの作業は一時休止ということだが、いつかまたシカが増え、テープ巻きやテープ剥がしの繰り返しをしなければならない時が来るのだろうな。

シカやイノシシによる食害が減少し、バランスのとれた森になるのにはやはり人間の手を加えていかなければならないとすれば、本会の活動にかかっているのかな。

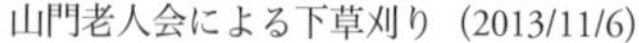
山門老人会による下草刈り（2013/11/6）

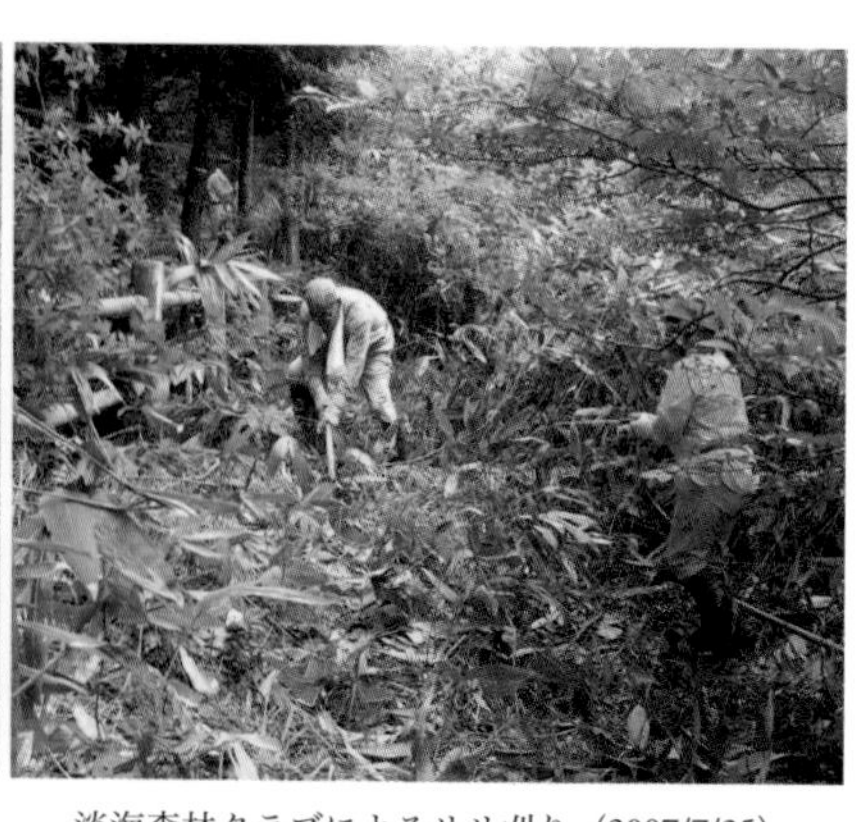
淡海森林クラブによるササ刈り（2007/7/25）

ササ　土壌の保全

ササ藪が一斉に消滅

本会の発足当時、林床や散策コースは広範囲に密生したササが覆っていて、見通しの悪い場所が多かった。来訪者がコースを迷わないようにするためや、この森ではツキノワグマやイノシシなどの大型動物も生息しており、出会い頭の事故を避ける安全対策の意味でも、コース沿いの背丈の高いササ薮を刈り払うことが望まれていた。しかし、本会は山仕事については素人の集まりである。技術も資材も機械もない中、まずは鎌による手刈りでササ藪の刈り込み作業は始まった。その後、湖北ロータリークラブ、淡海森林クラブ、山門老人会など、作業能力の高い団体の協力が得られるようになった。また刈り払い機も導入されたことで作業スピードが増していった。このような草刈りによってコース上の安全が確保されただけでなく、思わぬ効果も実感することになった。鬱蒼とした藪が徐々に刈り払われ、林床に光が当たるようになったことで、ササユリなどの山野草や、希少植物の分布が広がったのである。

二〇一三年は一部でササ枯れが生じていることが認識されてはいたが、おや？　と少し心に引っかかる程度の認識だった。上層のブナ林周辺では依然コース両脇にササが繁茂しており、安全対策上ササ刈り払いを行った。しかし、保全作業でコース沿いのササ刈りを行うのは、これが最後となった。翌年は敷地の全域でササが枯れ始め、ササ刈りをする必要がなくなったのである。この現象について、すでにササユリやミツガシワなど、あちらこちらで

ブナの森コースのササ（2017/6/7）

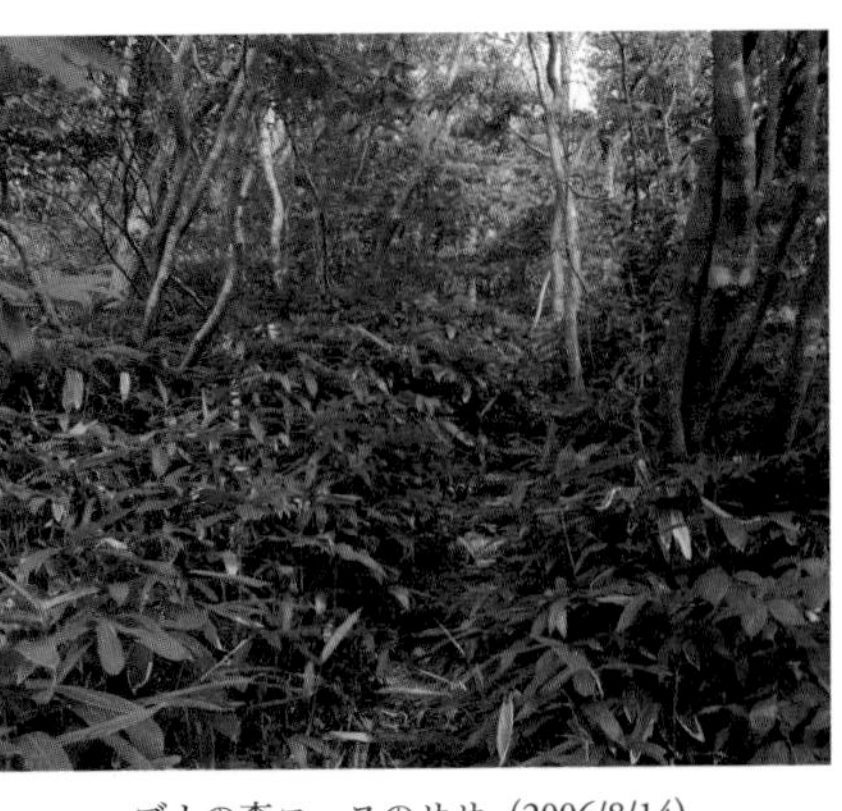

ブナの森コースのササ（2006/8/14）

被害を及ぼしていたシカによる影響が疑われた。しかし、ササが食い尽されたのではなく、一斉に立ち枯れてしまうという状況は、本当にシカによる影響なのかを疑う声も少なくなかった。ササは一斉に花を咲かせた後に枯れる現象があり、その現象ではないかと指摘する者や、何もかもシカのせいにするのは如何なものかと指摘する者もあった。こうした状況で、急激な植生変化を目の当たりにしつつも、どのような対応を取るべきかを考えあぐねている間に数年が経過した。その間、ササ枯れの範囲は敷地の全域に拡大し、緑の葉が残るのはわずかにブナの森から守護岩にかけての一部のみになってしまった。

流れ出す土をどう守るか

山門水源の森で急激にササが消えていくことに戸惑っていた頃、同じような事例はすでに全国各地で報じられていた。県内では、当時シカ獣害が深刻だった霊仙山の山頂付近では地表の植物が食い尽くされ、雨のたびに土壌が洗い流される事態が発生しており、災害の恐れがあるとの新聞報道があった。二〇一五年、こうした県内の状況を実際に確認すべく、問題となっている県内の幾つかの山を会員が実際に登って状況を確かめたり、セスナ機による上空からの観察を行ったりした。そうしたところ、各地でこうした下層植生の衰退や土壌流出の現場を見ることになった。

ササの一斉枯れがシカの食害によるものかはさておき、幾つかの事例で指摘されていたことに土壌浸食の問題がある。ササは地上部が食害を受けても、地下茎が生きていれば再生する。しかし地上部が食害を受け続ければ地下茎

継続して観察している竜ヶ岳（2019/7/30）

食害の進んだ霊仙山（2015/5/14）

も力尽きて枯れてしまう。ササは通常、網目状に地下茎を伸ばして土壌を保持しているが、枯れると保持する力がなくなり、雨が降ると土壌が流れ出す。それが悪化すると土壌の浸食や表層の崩壊に発展する。ササが枯れてなくなった後にはシカが嫌いな植物が茂って地表を覆うこともあるが、そうした植物の全てがササの地下茎のように雨から土壌を守る力があるわけではない。こうしたことは地上面だけを見ていては分からない。

森林の機能、生態系からの恩恵

森林には以下のような、いくつかの重要な機能があるとされている。水を貯めたり、浄化したり、また洪水を緩和したりする機能（水源涵養機能）。また、森林の下草や落葉などは雨で地表が削られるのを抑え、木が根を張ることで土砂崩れを防ぐ機能（土砂災害防止機能、土壌保全機能）がある。森林には陸上動物のおよそ九割と、大変多くの種類の動物が生息しているが、それら動物は森林があることで生き続けられ、遺伝子、生物種、生態系が守られている（生物多様性保全機能）。森林は光合成によって多くの二酸化炭素を吸収し、地球の温暖化を抑えている（地球環境保全機能）。また、森林は木材など私たちの暮らしに必要な材料を与えてくれたり（物質生産機能）、私たちの暮らしの文化、健康、娯楽などにも深く関わっていたりする（文化機能、保健・レクリエーション機能）。このような森林の機能を含む生態系から、私たちは沢山の恩恵を受けている。

こうした機能は横並びにあるのではなく、土壌があってこそ、その他の機能は支えられていると考えるべきである。土壌が保全されることで、植物や

わずかに残ったササ薮にネットを張る（2016/4/12）

資材を背負って山道を登る会員（2016/4/6）

微生物が育ち、綺麗な水が供給される。植物が育つことで酸素が供給され、動物も生きられる。生物多様性や木材生産などの低下は、人の暮らしにも関わる重要な問題であるが、それ以上に、土壌保全機能の低下は他の機能の悪化へと波及するので、より深刻といえる。この森の生物多様性を保全する活動を行ってきた本会にとって、ササ枯れはそうした土壌保全の低下を招きかねない極めて深刻な事態と受け止められた。

ササ薮を防獣ネットで保全する

　このまま傍観しているだけでは山門水源の森でも、他の被害地域と同じようにササが全滅してしまう。そうした危機感から、二〇一六年にササが残っている区域をネットで囲う処置を行った。囲った総延長は八一七㍍、面積は〇・八二㌶に及ぶ。これらの資材は長浜市の市民活動団体支援事業の助成金で購入した。楽舎（まなびや）から現地までの距離は片道約二キロ㍍、高低差は約三〇〇㍍。運ぶ方法は人力しかないので、荷物を背負って何度も往復して運び上げた。

　防獣ネットは設置後も定期的な見回りを行い、シカによるネット破りや倒木による破損など発見次第に補修を行った。冬の時期、湿原のネットでは根雪になる頃を見計らって、破損防止のため毎年ネットを降ろしている。しかし、山頂付近のササの防獣ネットはそうした管理を行う余力はなかった。そのため、雪が積もってもそのまま放置し、翌早春に破損箇所の補修を行った。積雪が少ない年はそれで問題なかったが、雪が多い年の翌春は破損が大きく、復旧に多くの人手と費用を要した。

雪に埋まった防獣ネット（2017/1/22）

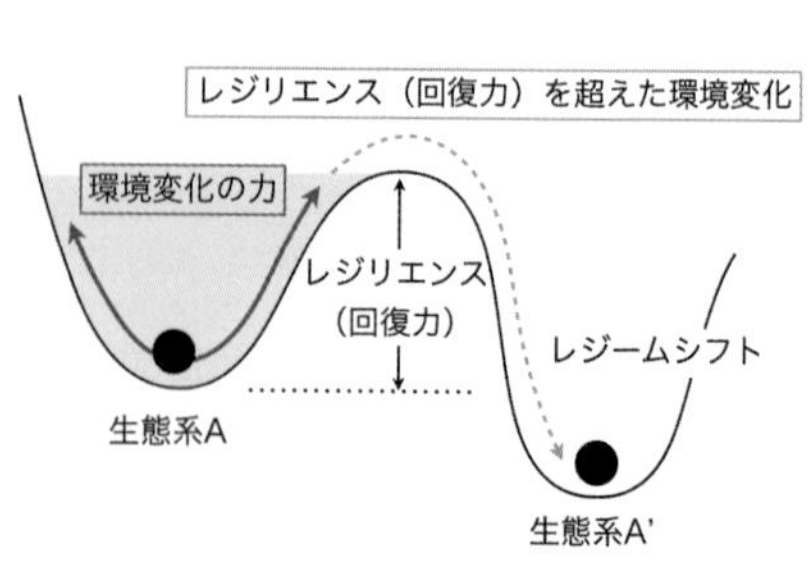

レジリエンス概念のイメージ

ササは回復しないのか

ササを保全する区画は、ブナの森から守護岩付近にかけて、標高が低い区画から四つの区画に区切って防獣ネットを設置している。ネットを設置した二〇一六年当時、標高の低い区画ではササはまだ比較的良好な状態が残っていたが、守護岩付近では裸地が見える状態まで衰退が進んでいた。また、ネット設置後の経過は、標高の低い区画では順調に回復していったが、守護岩付近の標高の高い場所では回復の兆しが見られなかった。苦労して設置をし、管理をしてきたが、初めの数年間はほとんど防獣ネットの効果が感じられない状況だった。以前の青々としたササ薮が戻らない状況を日々見ていると、対応が遅かったのではと焦りを感じることもあった。

二〇一六年に琵琶湖環境科学研究センター主催によるシンポジウムが開催され、枝廣淳子氏による基調講演があった。その中で枝廣氏は「レジリエンス」という概念を示した。レジリエンスとは自発的治癒力、回復力を表す言葉である。環境問題や生態学の分野では、生物多様性の豊かさがその力を支えていると考えられている。生態系は常に環境的な変動にさらされているが、生態系に本来備わっている、そうした変動により受けるダメージから回復するしなやかさ（可逆）がレジリエンスである。しかし人間活動の拡大などによる急激な環境変化には対応できず、回復しない（不可逆）。そうした内容の文脈だった。枝廣氏の話を聞いた後に、守護岩付近のササの回復が思わしくない状況を観察していると、もはや回復しない不可逆の状態になってしまったのではないか。そんな不安を内に秘めながら保全管理を続けた。

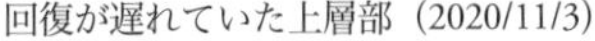
回復が遅れていた上層部（2020/11/3）

下草が全くないブナ林（2019/5/3）

二〇二〇年のササの状況

二〇一八、一九年度は二年続けてほとんど雪は積もらず、ネットの破損もなかったが、二〇二〇年度は数年ぶりの大雪となった。その結果、翌春のネットの再設置に苦労することになった。また、ここ数年はシカの動きが見られなかったが、二〇二〇年度は数頭のシカがネット周辺を移動する様子が何度かセンサーカメラで観察されている。ササが食われることもあったが、幸い大きな被害には至っていない。

二〇二〇年で、ネットを設置して四年になる。設置当初から食害被害が少なかった標高の低い区画では、早くから再生して過密状態と言えるほどササが繁茂している。一方、裸地が見える状態まで衰退していた標高の高い区画では、遅々として再生が進まなかったが、二〇一九年にはようやく再生の兆しが現れ、小さな株の成長が確認できるようになった。そして、翌二〇二〇年の夏には著しく回復した様子が見られるようになった。下層植生の再生によって土壌を保全するという課題については、対策に目処がついた形である。

ネットで保護した区画はササの再生が確認されたが、むしろ繁茂し過ぎた状態になっており、ササ藪が他の植物の成長を抑えている。そうした状況は生物多様性の観点から見ると好ましいとは言えない。一方で、この森の大部分はネットで保護していない。二〇二〇年現在、そうした場所では植生の回復が見られるものの、大半の場所では未だに植生の再生が進んでいない。防獣ネットで保護しないと植生の回復は進まないし、保護しても別の課題が生まれる。このように、防獣対策だけでは問題解決ができない状況が生じている。

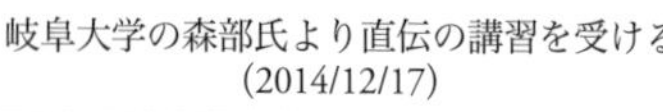

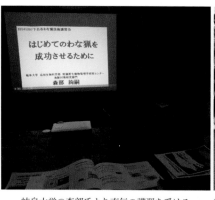

岐阜大学の森部氏より直伝の講習を受ける（2014/12/17）

NPO法人　大ナゴヤ・ユニバーシティ・ネットワークの狩猟イベントに参加（2014/9/27）

コラム

ゼロから始まった有害捕獲

冨岡　明

狩猟免許の取得

二〇一四年当時、防獣対策だけでは労力が増える一方で、シカの数が減らないことには問題解決には至らないと、関係者の多くが認識していました。しかし、誰もシカの捕獲を行っていませんでした。ならば自分でシカの捕獲を始めるしかない。そんな思いで、同じくこの森で活動をしていた二名と一緒に、二〇一四年に狩猟免許を取得することになりました。

しかし、狩猟は狩猟免許試験に合格すれば、自由に行えるというものではありません。まず、一年の内で狩猟が可能な期間は決まっています。そして、その期間に滋賀県内で狩猟を行う場合は、滋賀県に狩猟者登録をしなければなりません。その申請条件の一つに損害保険加入の義務があります。「滋賀県に在住している者の狩猟者登録の取扱いについて（令和三年度）」によれば、「当該年度の（一社）大日本猟友会の共済事業の被共済者であることの証明書、あるいは損害保険会社の損害保険契約の被保険者であることの証明書（補償額が三〇〇〇万円以上）または資産に関する証明書」となっています。

猟友会の会員の場合は、通常猟友会が保険の加入や狩猟登録の代行を行うとのことなので、個人の申請手続きは大幅に軽減されます。そうで

サントリーフォーラム・野生動物保護管理事務所のポスターセッション（2015/11/13）

第3回狩猟サミットにて
獣道の見方講習（2015/10/25）

ない場合は、個人で損害保険会社と保険契約を行うか、資産の証明をしなければなりません。しかし、個人で保険に入ろうにも、そうした狩猟関連の保険を取り扱う保険会社は身近にないので、探すのは簡単ではありませんでした。そうしたことから、狩猟を行うには猟友会に入会するのが一般的なのだろうと考えていました。しかし、私は結論から言えば、猟友会に入らずに狩猟登録を行いました。

趣味と保全

二〇一四年当時、私は猟友会に入ることに若干の戸惑いがありました。猟友会というより、自分が行おうとしていることと、狩猟という考え方の間に溝があると感じていました。猟友会の歴史は古く、戦前に遡ります。またその活動は狩猟の歴史と、それに関連する法律と密接に関連しています。滋賀県が狩猟者登録を済ませた人に配布している資料に『狩猟者必携』という狩猟に関する冊子があります。それには「滋賀県で狩猟する人のために」と題し、以下のようなことが書かれています。「皆さんは『鳥獣の保護及び狩猟の適正化に関する法律』をよく理解されている人ばかりです。狩猟に際しては細心の注意をはらい、事故の起きない楽しい狩猟ができるようお互いに努めましょう。」つまり、狩猟者の目的は楽しい狩猟をすることであり、そのためには法律で定められた保護すべき鳥獣が狩猟の対象にならないことが重要とされていました。しかし、その後の社会や環境の変化もあり、この法律に特定鳥獣保護管理計画というのが加わり、獣害対策としてのシカの狩猟も目的の一つにな

湖北森林整備事務所による捕獲推進講習（2015/12/13）

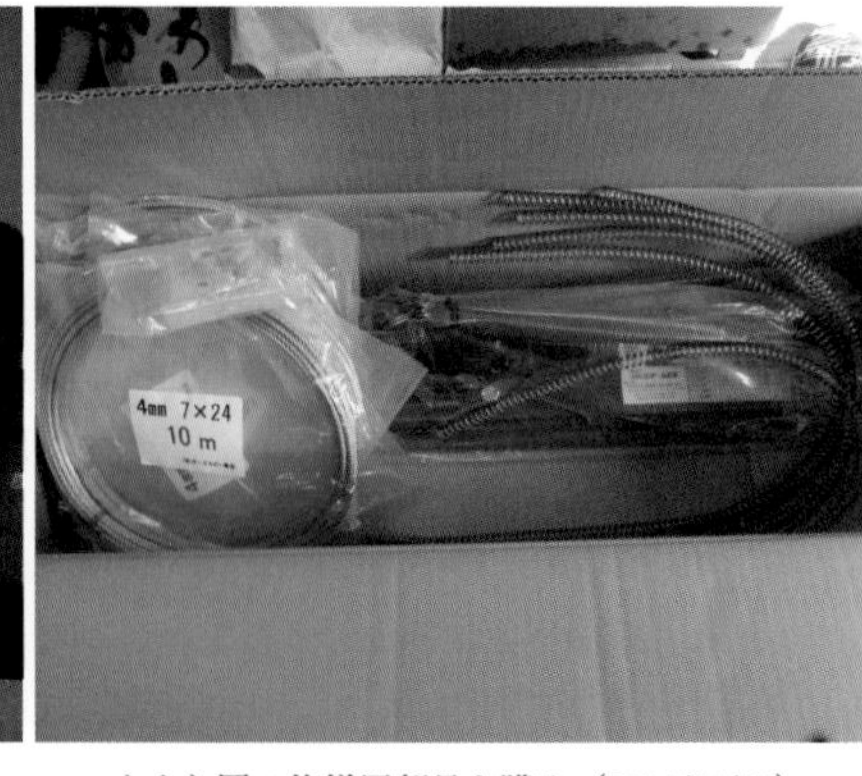

くくり罠の修繕用部品を購入（2015/11/19）

りました。特定鳥獣保護管理計画とは、一九九九年の鳥獣保護法改正によって設けられた制度で、ニホンジカやツキノワグマなどの個体数が増え過ぎたり、減少し過ぎたりしている「特定鳥獣」を定め、その科学的な保護管理を集中的に進めるために各自治体が策定する計画です。

私が狩猟免許を取得した目的は、山門水源の森の生物多様性を保全していくことです。そのために増え過ぎたシカの数を少しでも減らしたいということでした。ですから、趣味としての狩猟と、鳥獣保護管理計画によって増えすぎた鳥獣を捕獲することが、同居したような制度にはスッキリしないものを感じていました。実際に猟友会に所属する人にも話を伺う機会があり、「シカが増え過ぎたからとドンドン獲って、逆に減り過ぎてしまったら、狩猟の楽しみが減るかもしれないから困る」と心配しながら話す人もおり、そうした気持ちをもった人々と同じ組織でやっていけるだろうかという不安もありました。以上のようなことから、既存の猟友会の活動の輪に入らず、山門水源の森の敷地内だけの活動として、捕獲を行えればと考えたのです。そう考えていたところ、幸いなことに同じような活動をしているグループから、個人でも入れる保険を紹介してもらえました。それで個人として狩猟者登録を行うことができたのです。

狩猟者登録はできたけれど

シカの捕獲を行いたい山門水源の森は年間通して数千人の入山者があります。入山者の安全を考えると、捕獲方法は銃ではなく罠による捕獲

地元の猟師の協力を得て道路近くに設置した箱罠
(2015/10/26)

地元の猟師を招いて行った現状報告と懇親会
(2015/5/9)

になります。しかし、冬期は積雪が多く、罠による捕獲は難しい状況でした。シカの頭数を減らそうとすると、雪が降らない期間に捕獲を行う必要があります。しかし、狩猟期間以外の時期は狩猟が許可されません。長浜市では、そうした期間は市が認めた団体だけに有害鳥獣捕獲として捕獲を認めており、二〇一六年までは猟友会に委託していました。つまり、猟友会に所属しないと狩猟期間外の捕獲はできないという状況でした。

シカの数を減らすには猟友会に入るしかない。そうしたことから、本会は猟友会との組織的な交流はありませんでしたが、個人的に猟友会メンバーに入会の相談をしたことがありました。滋賀県猟友会の支部は長浜市内の旧地域ごとに三つあり、捕獲を行いたい山門水源の森は伊香支部の地域となっていました。しかしながら、二〇一四年当時、伊香支部では旧伊香郡在住者しか入会を認めないということでした。私の住所は旧伊香郡地域ではないので入会はできませんでした。

割に合わない手間

そうなると、猟友会の会員に依頼して捕獲してもらうしか方法はありません。頭数を減らすことについても相談したところ、山門水源の森での希少な動植物の保全については理解を示してもらえたのですが、この森は捕獲を行うには手間がかかり過ぎる現場であるとして、積極的に関わってもらうまでには至りませんでした。その理由としては、人の往来がある森で銃を使う猟は難しいことや、罠をしかけるにも湿原周辺まで

誘引餌を食べるシカ（2017/8/13）

NPO法人湖北有害鳥獣対策協議会の罠講習に参加（2017/8/8）

は駐車場からかなりの距離を歩く必要があることなどがあったようです。また、重量のある箱罠は車両が通れない山の中へは設置が困難ですし、くくり罠にしても日々の見回りだけで半日手間は必要でした。当時、滋賀県の湖北地域では急激にシカが増えていて、もっと容易に捕獲ができる場所はいくらでもありました。そうしたことから、山門水源の森は魅力的な猟場とはならなかったようです。以上のようなこともあり、年間通した捕獲は進みませんでした。一方で、狩猟期間内の雪が積もらない五〇日程度で、私は少しずつではありますが狩猟捕獲を行いました。とは言え、全くの素人からのスタートでもあったので、捕獲は遅々として進みませんでした。二〇一五年七月からは、住まいが比較的近い猟友会の会員が捕獲を手伝ってくれるようになりましたが、年間の捕獲数は五頭程度でした。

NPO法人湖北有害鳥獣対策協議会に入会

そうした中、二〇一七年度より、長浜市では有害捕獲が二団体による参加型の事業に変更になりました。一団体は猟友会であり、もう一団体はNPO法人湖北有害鳥獣対策協議会でした。このNPO法人は長浜市内であれば入会が可能とのことで、私も入会することができ、年間通した捕獲が可能になりました。その後の数年は年間一五～二〇頭程度の捕獲を行いました。

夜になると周辺の森林から出てくるシカ（2017/5/20）

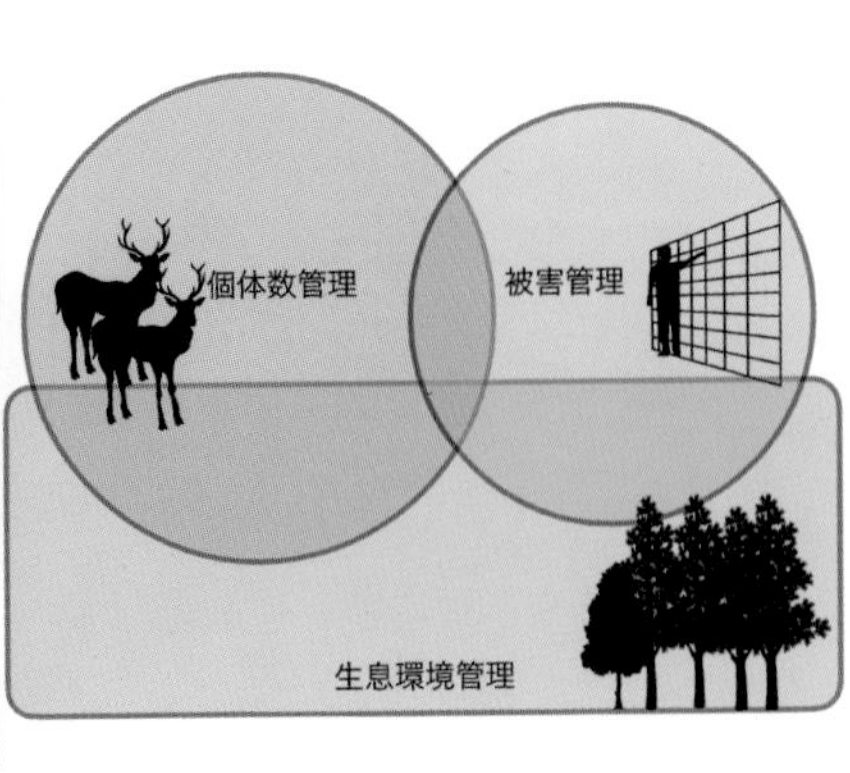

野生動物管理のイメージ

野生動物管理という考え方

今後の課題　防獣対策の外側

ネットで保護した区画は、動物を中に入れないという防獣管理だけでなく、一部の植物だけが繁茂し過ぎないように、適正なバランスを考えて管理していくことが必要となる。山門水源の森の生態系のバランスを保ち、生物多様性が維持されるためには、何をどう行うかを常に考えなければならない。一方で、ネットで保護していない区画はシカの数を抑えることが望まれる。その際、山門水源の森の中で生息するシカの数はどのくらいが良いのかを考え、その望ましいと考える数に近づけていく管理が必要である。

こうした管理はそれぞれ生息環境管理、個体数管理と言われている。また、今まで述べてきた防獣対策は被害管理と言われている。これら三つの管理を調整しながら行うことが望ましいとされている。この三つを組み合わせた総合的な管理が野生動物管理（ワイルドライフ・マネジメント）である。

個体数管理の必要性

この森の中でシカの狩猟捕獲を始めた二〇一四年当初、本会会員は野生動物を管理するという考え方はまだなく、防獣対策だけでは十分な生物多様性の保全ができないという焦りだけがあった。増え続けるシカの食害に対して、希少植物などを守るために防獣ネットで囲う対策を行い、その効果は確認できた。しかし、防獣ネットで囲っていない場所は、いつまで経っても再生は進まない。希少種を保全していくためには、その植物が生育している環境を含めた保全が重要であったが、敷地六三・五㌶の全てを防獣柵で囲うのは現

数年で植生が激変した山頂付近（2016/8/24）

湿原で子育てをするシカ（2015/6/9）

実的ではない。やはり、現場のシカの数を少しずつでも減らすしかないと思われた。

生物多様性を保全する人々の獣害対策

こうして、本会では何とかしてシカの数そのものを減らせないかと考え、その方策を探るべく活動を行うことになった。そうは言いつつも、生物多様性の保全のためにシカを捕獲するという取り組みは、全くの素人である。素人が行き当たりばったりで事を進めるわけにもいかない。どのような心構えで、どのように取り組むべきかを考えておく必要がある。そうしたことから、生物多様性や環境の保全をうたい、先進的な取り組みを行っている団体などの講演会やシンポジウムがあれば、出向いて聴講する日々が続いた。

しかしながら、そうした場では、里山がなぜ荒廃してきたのか、どのように保全していくべきかなどの話題はあっても、シカ問題について触れられることは少なかった。また、獣害対策について質問や相談をすると、自分たちではどうすることもできない、行政や猟友会にお願いするしかない、という返事が一様にかえってきた。どこのフィールドでも増え過ぎたシカの食害に困っていて、シカの数が減らないことには生物多様性や環境の保全が困難であることは認識されていた。しかし、自分たちがシカの駆除に関わることはない、とのことであった。

その理由は主に以下のようなことであった。自分たちは生物多様性や環境を保全する団体であって、シカの捕獲や駆除は猟友会などが行うことだと考えていること。そもそも、殺すという活動には心理的に抵抗があること。ま

本会主催のフォーラムに登壇する高柳氏（2016/10/8）

琵琶湖森林づくり県民フォーラムに登壇する八代田氏（2014/5/24）

た生物多様性保全や環境保全をうたう団体がシカの捕獲や駆除を行うことはイメージの悪化につながる懸念があること、などのようであった。たとえ有害とされても、動物を殺す行為に心理的な負担を感じる人は多い。また、野生動物の捕獲は法律によって規制されており、許可なく捕獲することは禁じられている。捕獲の許可を得るには幾つかの手続きをふむ必要があり、そうした手間や時間を掛けてまで自分たちがすべきことだろうか、行政や猟友会に任せた方が良いのではないか、という判断もあったと思われる。

こうしたことから、生物多様性や環境を保全する団体からはいろいろと話を伺ったが、増え過ぎたシカを減らす取り組みについては、何らかの助言や支援が得られるということはなかった。

学びと試行錯誤、そして人の縁に助けられる

野生動物管理の考え方について、具体的に聞くことになるのは、会員が二〇一五年に京都で開催された狩猟サミットに参加したことがきっかけである。その基調講演で京都大学の高柳敦氏が野生動物管理の考え方を紹介した。高柳氏は京都大学芦生演習林などで森林被害の防除や管理に関わっており、山門水源の森で進行している獣害にどう対処していくか悩んでいる本会会員にとって、大変興味深い内容だった。しかし、実際に山門水源の森で野生動物管理に基づいた取り組みをしようとした時に、どのように進めれば良いのか全く分からなかった。

現在の取り組みが始まった大きなきっかけは、二〇一四年に森林総研関西支所の八代田千鶴研究員と知り合ったことである。以後、八代田氏から何か

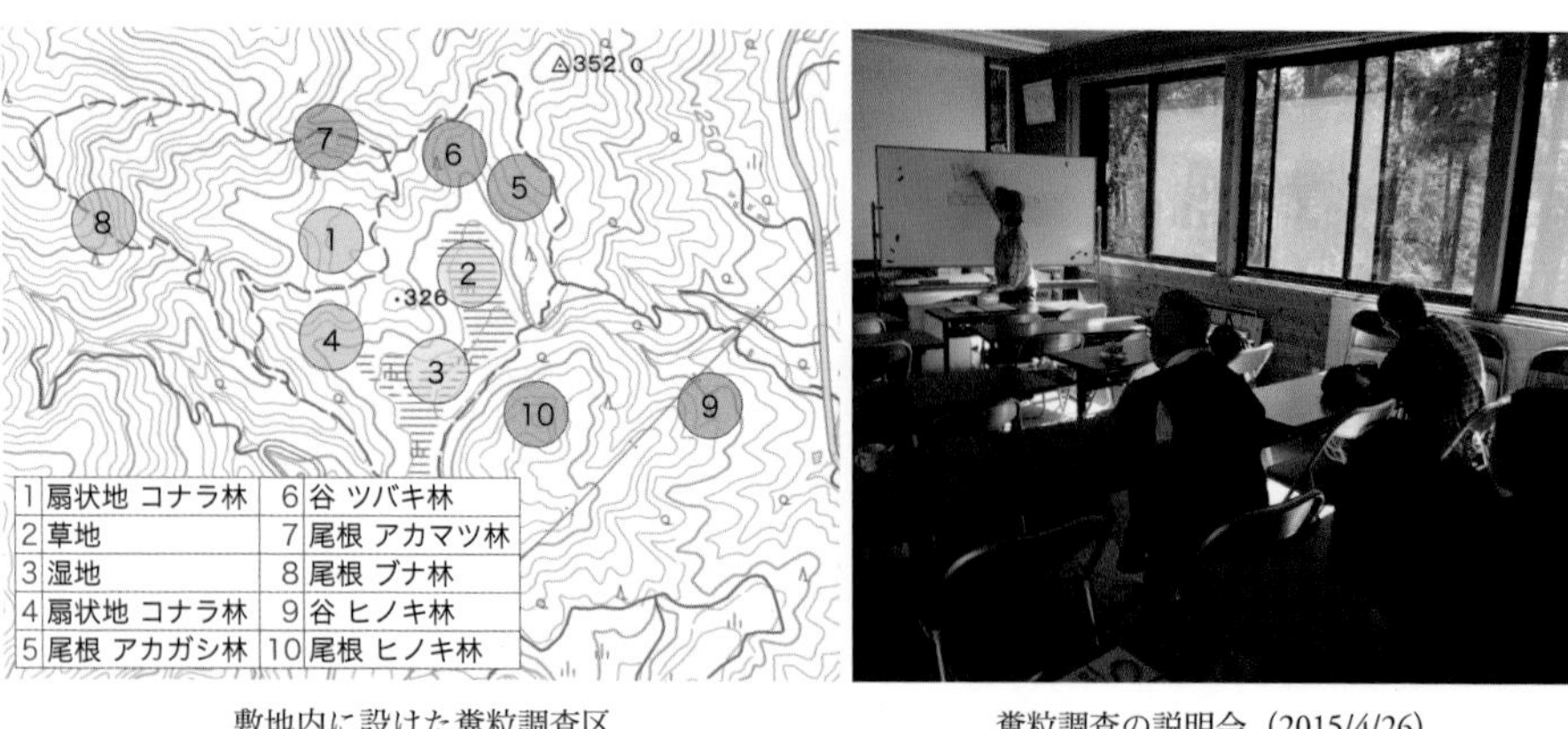

敷地内に設けた糞粒調査区

糞粒調査の説明会（2015/4/26）

と協力を受けることになった。彼女からは「野生生物と社会」学会を紹介され、本会会員一名が会員として参加することになった。これが野生動物管理の考え方や取り組みを、さらに学ぶきっかけになった。この学会は「野生生物と人との問題解決のために、野生生物と社会に関する自然科学、社会科学、人文科学あるいはこれらを横断する学術研究ならびに実践的な知見や議論の成果を、速やかに学界のみならず広く社会に示す」ことを役割としてうたっている。また、この学会の研究者が岐阜大学や兵庫県森林動物研究センターなどでも、シンポジウムや公開講座を開催しており、そうした場に出かけて学ぶことも多かった。また、八代田氏を通して滋賀県琵琶湖環境科学研究センターの研究員を紹介され、以後、当センターからも調査研究の面で協力を得られることになった。

生息環境を調査する

この森のシカの数はどのくらいか

山門水源の森の中で生息するシカの数はどのくらいが良いのか考え、その望ましいと考える数に近づけていく管理（個体群管理）を行おうとした場合、現状では何頭ほどのシカが生息しているかを把握するする必要がある。滋賀県は種特定鳥獣管理計画の中で頭数密度の推定値を出しているが、これは五平方キロ㍍を範囲とする推定値となっている。もう少し身近な現場感のある、狭い範囲の推定ができないか。そうしたことから、八代田氏の支援を受け、二〇一五年からシカの糞粒調査を行い、山門水源の森周辺の個体数密度を推

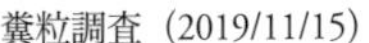
糞粒調査（2019/11/15）

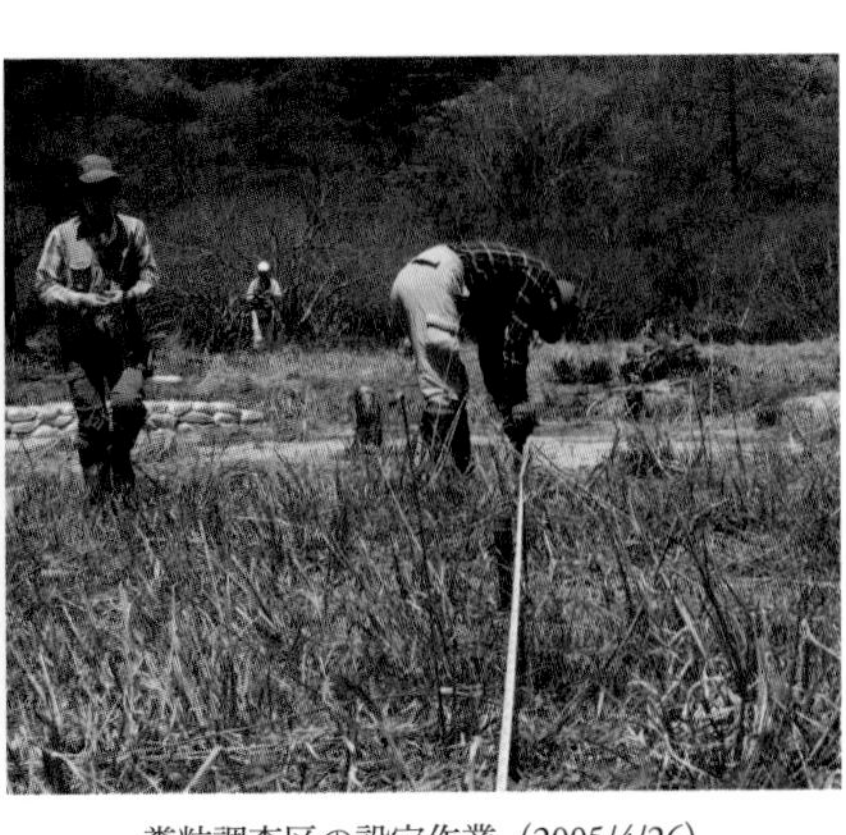
糞粒調査区の設定作業（2005/4/26）

定している。

一定地域内で出たシカの糞は、糞虫やバクテリアの活動などによって分解され消失していく。しかし同時に常に新しい糞が出るため、シカの生息頭数が安定していれば、ある時点での糞粒数は安定していると考えられる。糞粒調査は、このことを利用して個体数密度を推定しようとする方法である。実際の調査では、山門水源の森六三・五ヘクタールの敷地の中に一メートル四方の調査区を一一〇カ所設け、糞虫の活動がおさまる一一月中頃に調査区全ての糞数を数え、その数値を八代田氏に伝えてシカ個体数の推定密度を計算してもらっている。

調査を開始した初年度の個体数密度は一平方キロメートルあたり九八・六頭であった。希少植物が生息する森の環境にダメージを与えないシカの頭数について、環境省が二〇一〇年に出した「特定鳥獣保護管理計画作成のためのガイドライン」では一平方キロメートルあたり数頭（二〜三頭）以下との目安を出している。山門水源の森のシカの個体数密度は環境省の示した目安の数十倍であった。この調査結果を踏まえ、防獣ネットを設置するなどの防獣対策と並行して、個体数密度の差を埋めるべくシカの捕獲を進めた。また、センサーカメラによる定点観察や、二〇一六、一九、二〇年は捕獲した個体にＧＰＳ発信機を取り付けて、シカの行動調査を行った。こうした調査によって、この森周辺でのシカの行動を観察し、捕獲効率の向上に努めた。以上のような取り組みもあって、二〇二〇年度のシカ個体数密度は一平方キロメートルあたり八・〇四頭まで低下した。

GPS発信機によるシカの行動調査

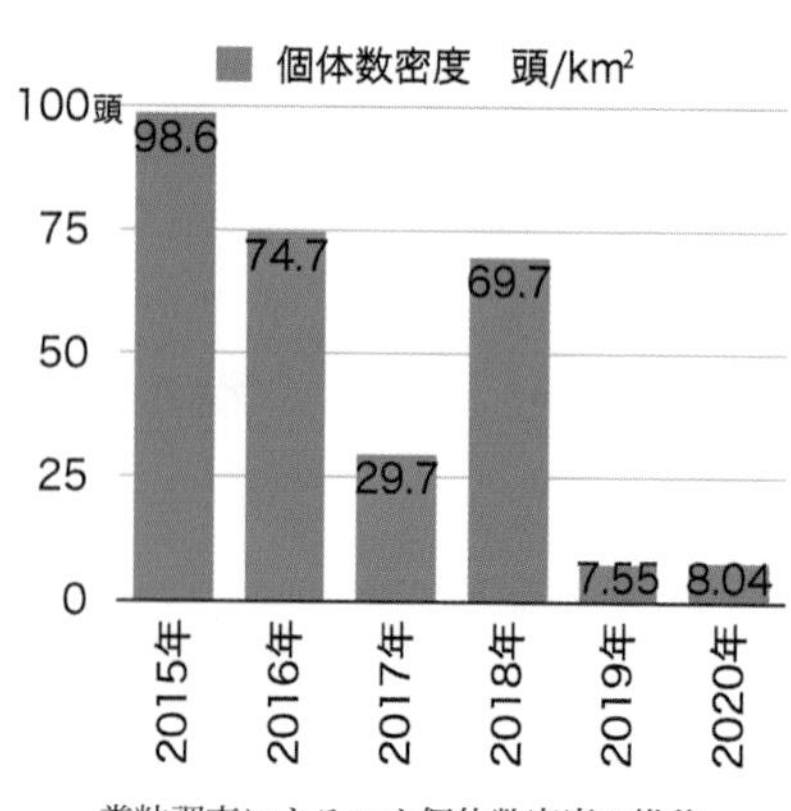

糞粒調査によるシカ個体数密度の推移

調査結果とその数値の捉え方

ここで気を付ける必要があるのは、この数値はあくまで推定値であり、この数値に囚われ過ぎないことである。数値は一旦記録されると独り歩きしてしまうことがあるが、そうしたことは好ましいことではない。八代田研究員からは、シカが湿原に滞在する時間が長いと実際の頭数より高い数値が出る可能性がある、との指摘があった。センサーカメラやGPS発信機によるシカの観察では、朝夕はよく移動するがその間の昼夜はあまり移動しないこと、また夜間は湿原で滞在することが多いこと、などが傾向として見られた。湿原での滞在時間が長いと、一頭のシカが出す糞は湿原でより多くなると考えられる。そうしたことから、糞粒から推定される数値は実際の頭数より高くなることも考えられた。個体数密度が二、三頭よりも多くても、植生の回復が見られれば、目標数値に固執する必要はないし、二、三頭以下の数値でも植生の回復が見られない場合は、一旦〇頭にする対策も考えなければならない。重要なことは、シカの個体数密度の増減の傾向と、植生の回復など現場の状況変化の両方を把握しつつ、柔軟に対応していくことだと考えている。

天然更新試験地による観察

二〇一二年から、天然更新試験地という区画を設け、植生の調査を行っている。この試験地は、皆伐による森林再生を観察するために設定した区画である。

近年、広葉樹林で問題になっていることにナラ枯れがある。二〇一〇年代にもナラ枯れが全国的に発生したが、山門水源の森でも多数のコナラ、ミズ

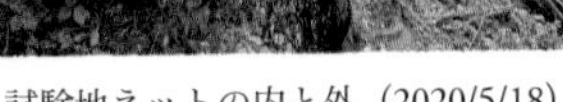

試験地ネットの内と外（2020/5/18）

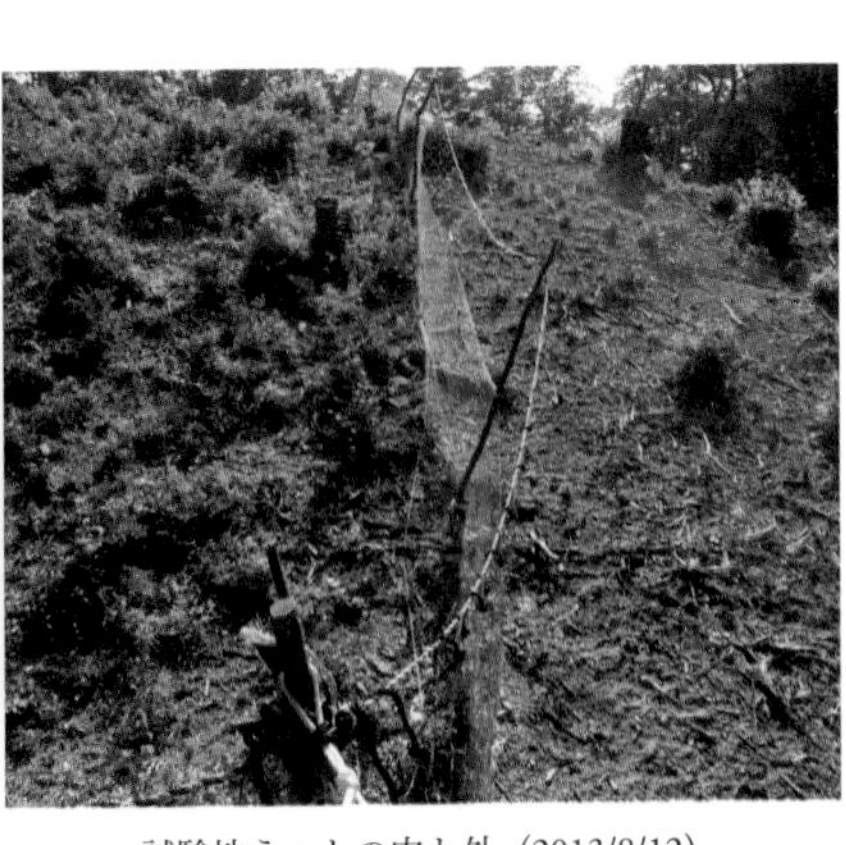

試験地ネットの内と外（2013/8/12）

ナラが被害を受けた。こうした被害を受ける木は、樹齢の高い大径木の木が狙われやすいと言われている。薪や炭を生産する里山利用は何百年と続けられてきたが、昭和三〇年代以降のエネルギー革命によって利用が止まってしまった。その結果、伐られずに残ったコナラ、ミズナラなどが大きく成長した。ナラ枯れを発生させる病原菌を運ぶカシノナガキクイムシはそうした大径木を好むとされている。ナラ枯れは色鮮やかな夏緑林に赤茶けた木が混じる景観的な問題にとどまらず、コース上の枯死木の倒壊や、被害を受けた枯死木に猛毒のカエンタケが発生するなど、来訪者の安全確保が大きな問題となっていた。

本会ではこうした事態を森林の若返りによって改善できないかと考えた。かつての里山では、広葉樹が人の腕の太さほどに成長すると皆伐し、炭や薪に利用していた。そのため、高齢木が増えるということはなかった。木は伐られても切り株は生きている。切り株から芽が出て成長し、二〇年程度で炭として利用しやすい人の腕ほどの太さになる。そしてまた炭や薪に利用される。かつて里山薪炭林ではこうした循環的な皆伐更新が行われていた。それを再現し、森林の再生過程を観察するのが天然更新試験地である。

試験地はコナラ林内に五〇平方㍍の区画を設定した。また試験を開始した二〇一二年当時は、すでにシカ獣害が問題化していたので、皆伐区画のうちの半分をネットで囲い、もう半分を囲わない区画として、比較しながら経過の観察を行った。皆伐後の経過は、ネットで囲った区画では、萌芽更新や実生の成長によって順調に植生の回復が進んだ。特に先駆樹種といわれるカラ

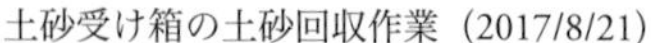

土砂受け箱の土砂回収作業（2017/8/21）

急速に広がったナラ枯れ（2020/8/18）

スザンショやアカメガシワなどがよく成長し、その他の落葉広葉樹や山野草なども多数観察できた。一方、ネットで囲っていない区画では、シカの食害を受けて、しばらく回復は進まなかった。そうした環境でも、シカが好まないアセビ、ヒサカキ、アカガシ、ソヨゴやアカマツなどの常緑樹が萌芽更新や実生から成長したが、その成長速度は遅く、土壌の全体を覆うまで成長するには七、八年の年数が必要だった。

さて、肝心のナラ枯れであるが、二〇一〇年の発生以降はしばらく被害がなかったが、二〇二〇年には再び被害が発生した。森林の若返りは適切なシカ対策を行えば可能なことは分かった。しかし、森林の若返りによってナラ枯れが起きる環境を改善したいとの目論見は未だ達成されていない。

土砂はどの程度流出しているのか

二〇一七年からは天然更新試験地で、土砂移動量の比較調査も行っている。これは天然更新による土壌保全の機能と、シカの食害との関連を調べる調査である。土壌を保全するためには雨による土壌の流出をいかに抑えるかが重要である。ササ薮で地下茎が重要な役割を果たしているのと同様に、地表を覆う落ち葉や背丈の低い草木も、土壌の流出を抑える効果があると言われている。

二〇一七年度の調査では、ネット内に比べ、ネットの外側では一〇倍以上の土砂移動量があったが、二〇二〇年度の調査ではほぼ同等程度にまで減った。こうしたことは、シカに食われずに生き残った常緑樹が、加速度的に成長して地表を覆うようになったことが影響していると考えられる。特にアカマツの成長が著しく、年々落ち葉の量も増えて地表を覆うようになっている。

カラスザンショウに産卵するクロアゲハ
(2020/9/2)

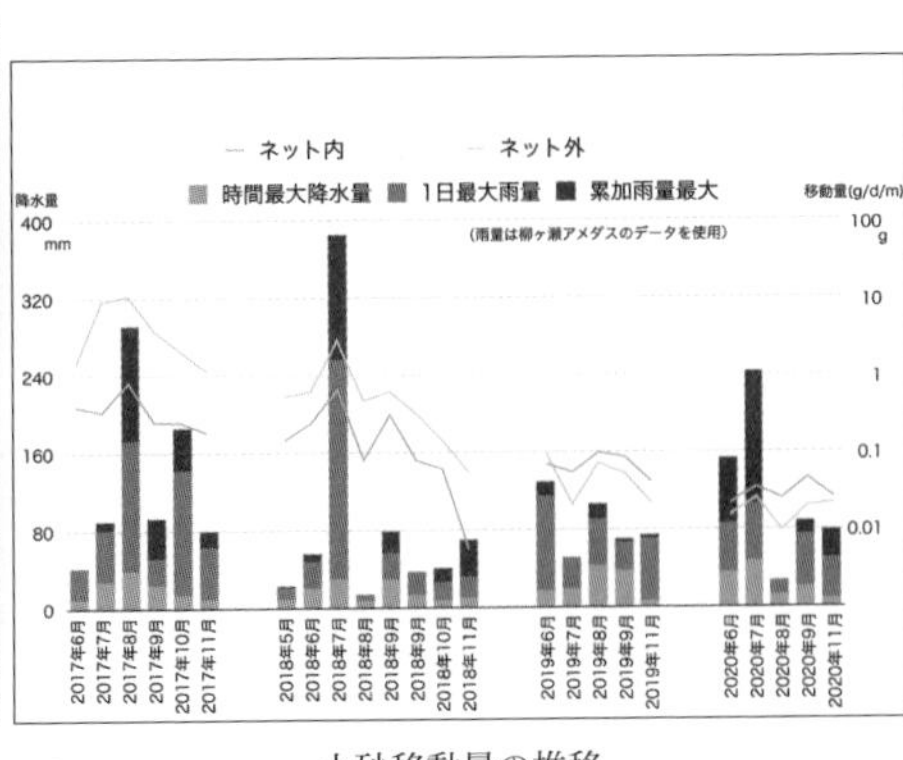

土砂移動量の推移

しかも、アカマツの落ち葉は大雨でも流れ去らずに斜面に留まっていることが多く、地表を覆うアカマツの落ち葉の量が増えることで、雨による土砂移動が抑えられていると考えられる。

生物多様性の回復は難しい

天然更新試験地の防獣ネットの外側は、常に食害を受け続ける環境だった。しかし約一〇年の年数を経て、主にシカが嫌う常緑樹が成長した。こうした植物が、食害を受けないネットの内側と同等程度に、雨による土壌流出を抑えるようになった。こうしたことはシカ捕獲による個体数密度の低下の影響もあると考えられるが、シカの捕獲を行わずに、二〇一五年当時と同等の個体数密度のままだったら常緑樹は成長しただろうか、この点は不明である。

ただ二〇二〇年現在では、ネットの内側と外側で生育している植物の種類は大きく違っている。ネットの外側では落葉広葉樹の発芽はあるが、全くと言っていいほど成長せずに消えてしまう。例えばカラスザンショウはネットの内側では五㍍を超える高さに成長しているが、ネットの外側では三〇センチ㍍を超えるものは一本も見られない。こうした落葉広葉樹が十分に成長できない状態は、特定の植物に依存している昆虫に影響を及ぼしている。山門水源の森ではカラスアゲハ、モンキアゲハ、クロアゲハなどのアゲハチョウ科のチョウが観察できるが、これらのチョウの幼虫が食べる植物は主にミカン科と決まっている。山門水源の森で見られるミカン科の植物はカラスザンショウ、キハダ、ツルシキミなどであるが、こうした植物はシカの食害にあいやすく、防獣ネットで保護していない区画では、次の世代が上手く育たな

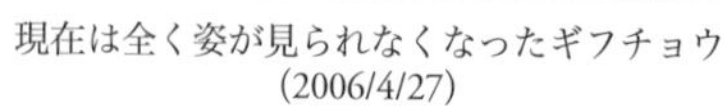
現在は全く姿が見られなくなったギフチョウ
(2006/4/27)

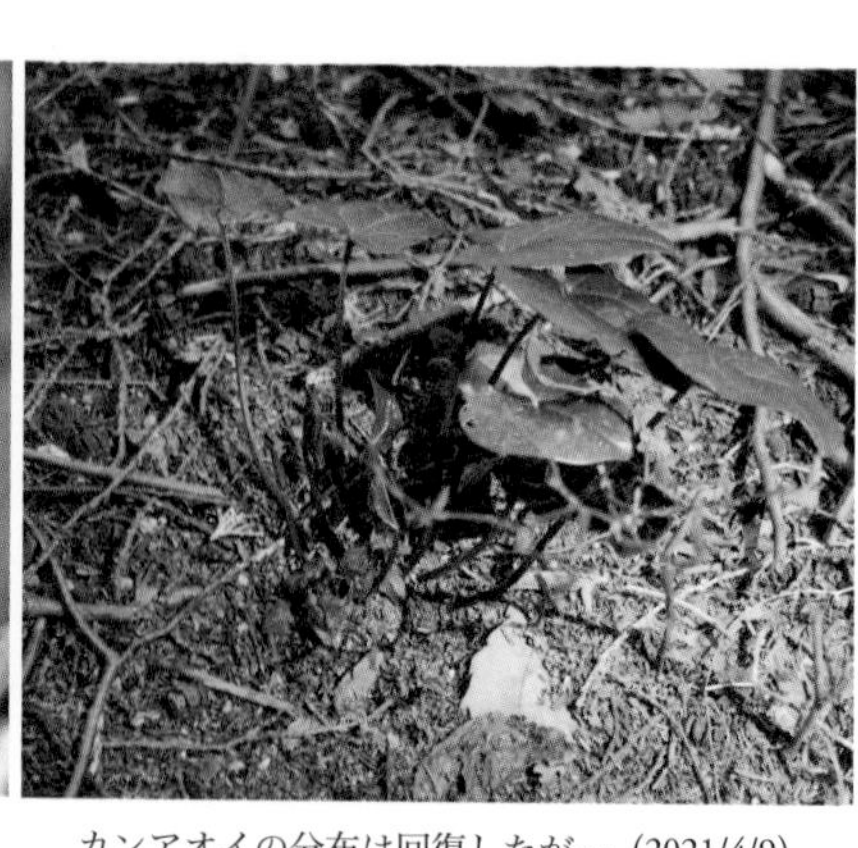
カンアオイの分布は回復したが… (2021/4/9)

かった。皆伐による森林再生を試みてはみたが、防獣ネットなしでは生物多様性が豊かな森にしていくことは困難だったと言える。

ギフチョウは戻らず

またアゲハチョウ科のチョウでは、ギフチョウが以前は見られたが、二〇一一年以降は全く観察されていない。ギフチョウの食草はカンアオイであるが、これもシカが好む植物で二〇一〇年代前半に激減した。しかし、シカの捕獲が進んで個体数密度が低下していくと、ネットなどで保護していない区域でも食害にあわずに生き残り、二〇二〇年では大きく分布域を回復している。このようにギフチョウが産卵する植物は回復したが、ギフチョウはまだ一頭も飛来していない。一度断ち切られた植物と昆虫の関係を回復するのは、単に植物が回復しただけでは元には戻らないようである。

シカとの関わり　今後

個別と全体

以上、シカ食害の発生から、それをどう認識し、どのように対応してきたかを述べた。また、後半は野生動物管理という考え方を学びながら、行ってきた取り組みや調査を述べた。

今回、二〇年間の獣害対策を振り返り、改めてその活動の全体を見渡してみると、本会の活動は極めて帰納法的であったと感じられる。帰納法とは特定の観察に基づき一般的な結論を導き出す思考法の一つとされている。それに対し、ある一般的な仮説から特定の結論が引き出されることを演繹法とい

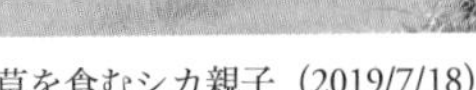

草を食むシカ親子（2019/7/18）

ススキの間に開花するササユリ（2018/6/12）

う。数学でよく用いられる用語である。私たちは地球環境がどうであるとか、日本中でシカの増加が問題になっているとか、そうした普遍的な事柄から活動を始めたのではない。シカの食害で数株にまで減ってしまったミツガシワを目前にしてどう対応するのか、そうした現場で起きた具体的なことに対して具体的に対応する、その繰り返しの二〇年であった。現場ごとに起きた出来事を観察し続け、何か一般的な結論が導き出せたかと言えば、そうした手応えを感じるまでには至っていない。

　例えば、ササユリだけを見て保全をしても、うまく行かないことがある。台風の時など、金網の中のササユリはむち打ち状態になって傷む事があるが、他の植物と共にあるササユリは共に揺れて強風の衝撃をやり過ごしているようである。そうした姿を見ると、自然の中でササユリは他の植物と競合すると同時に、支え合って生育しているのだと感じる。緊急的な保護は重要だが、長期的な保全活動には、保全したい植物が生育している環境を含めた、生態系の保全の視点が必要であると感じる。しかし、生態系といってもササユリとその周辺の植物、昆虫との関係、土地の形状、気象条件など複雑で多層的であり、簡単にこれ！　と答えが出るようなものではない。日々現場を観察し、悩み、考えながら続けるしかない。

自然と社会

　また、獣害対策はシカという野生動物の対自然の関わりであると同時に、法律や地域の人々、活動する他団体などの対社会との関わりでもある。特に対社会という面では、様々な問題が絡み合っていて、その全貌を理解するこ

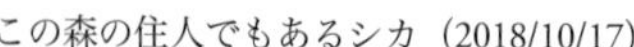

この森の住人でもあるシカ（2018/10/17）

岐阜大学の公開講座（2019/6/8）

とは難しい。山門水源の森でシカの数を減らそうと考えた時に、まず狩猟免許が必要とのことで会員数名が免許を取得した。それをきっかけに狩猟とは何かを学ぶことになった。

法律一つとっても、環境省が管轄する「鳥獣の保護及び管理並びに狩猟の適正化に関する法律」（いわゆる鳥獣保護管理法）が一元的に生物多様性と獣害対策を管理しているのではないことを知るようになる。環境省関連の予算は少なく、効果的な策定と実施が難しい状況がある。一方で二〇〇七年には「鳥獣被害防止特別措置法」（いわゆる特措法）が成立した。これは農水省が所管する法律で、長浜市が行っている有害鳥獣捕獲事業も特措法関連で予算が出ている。現在はこうした二つの省庁による二つの法律の元に、鳥獣保護管理に関する計画（環境省）と実行（農水省）があるのが実態である。こうしたことは、小さな現場の活動とは程遠い場所での出来事ではあるが、確実に現場とつながっている。そうした背景も理解しつつ、今後も活動を続けていかなければならない。

二〇二〇年現在では、シカの個体数密度は減少傾向であるものの、個体数密度は環境省が示した数値までは下がっていない。しかし、深刻な獣害被害を及ぼす状況からは脱しつつあり、劣化した植生が一部で回復傾向にある。この二〇年間の取り組みの経験からは、簡単にシカとの共生ということは言えない。しかし、今後も今までと同様の取り組みを継続していくことが前提だが、山門水源の森の希少な動植物を保全しながら、シカとの共存も可能であると考えている。

ツクバネソウ　日本固有種　花弁のない花
中央の4本は四裂した花柱　中段は雄蕊（2008/5/11）

コアジサイ　日本固有種
見事な群落が食害で一時は激減（2015/6/1）

5　注目植物の保全

植物は生き物の生命を支える基礎となるものであり、山門水源の森では生物多様性を維持するため保全・維持に努めている。この森では四六三種の植物が確認されており、特に重要度が高いと思われる種について、獣害や周辺環境の変化に対応して積極的に保護を行っている。保護すべき注目植物種としての着眼点を次のように整理してみた。

①環境省や、滋賀県レッドデータリストなどで絶滅や減少が危惧される、いわゆる「希少種」あるいは「貴重種」などと位置づけられるもの。
②日本固有種や地域固有種など、分布上大きな特徴を有するもの。
③昆虫の食草として重要な種。
④形や生態に大きな特徴があるもの。
⑤一九九二年の山門湿原研究グループの報告で確認されている種の保全・再生。

この着眼点に基づいて、現在保護している主な注目植物を表5−1に示した。これら注目すべき植物の保全のあり方として、自生地の保全と、自生地での何らかの原因による衰滅の危機をバックアップする種の保全とが考えられる。自生地の保全はシカなどによる獣害を防ぐ防獣ネットの設置、また日照確保のための除伐・草刈りなどを行っている。

防獣ネットは、二〇〇八年、ササユリの再生作業でシカ害を防ぐための金網かごをスタートに、ミツガシワが獣害で絶滅の危機に瀕した二〇一一年に

表5-1　山門水源の森の主な注目種と保全理由

滋賀県　ＲＤＢカテゴリー
■絶滅危惧種　■絶滅危機増大種　■希少種　■要注目種　■分布上重要種　■その他重要種

和名（生態保全種）	種の保全（付属湿地）	保全理由
アカガシ		文化的利用・暖温帯分布
アギナシ	●	滋賀県条例保護種
オオイヌノハナヒゲ		分布・日本海要素
オオニガナ	●	環・絶滅危惧（VU II）
クサレダマ	●	滋賀県条例保護種
コアジサイ	●	日本固有種
ササユリ		里山象徴野草
サギソウ	●	滋賀県条例保護種
サクラバハンノキ	●	環・準絶滅危惧（NT）
サワシロギク	●	分布・日本海要素
サワラン	●	滋賀県絶滅危惧
サンインカンアオイ		ギフチョウの食草
セイタカハリイ		滋賀県絶滅危惧
タブノキ		分布・滋賀県最北
ツクバネソウ		日本固有種・特異な形態
トキソウ	●	滋賀県条例保護種
トクワカソウ		日本固有種・日本海要素
ヒツジグサ	●	滋賀県条例保護種
ヒメコヌカグサ		環・準絶滅危惧（NT）
ヒメタヌキモ		滋賀県条例保護種
ヒメミクリ	●	滋賀県条例保護種
ブナ		日本固有種・冷温帯分布
ホクリクムヨウラン		分布・日本海要素
ミカヅキグサ		滋賀県条例保護種
ミツガシワ	●	滋賀県条例保護種
ミヤコアザミ	●	滋賀県絶滅危惧
ミヤマウメモドキ		分布・日本海要素
ムラサキマユミ		分布・日本海要素
ムラサキミミカキグサ	●	環・準絶滅危惧（NT）
ヤチスギラン		滋賀県条例保護種

保護ネットの副産物であるツクバネ果実
(2019/9/21)

南部湿原全体をネットで囲い、その後ミヤコアザミやササなどの保護に拡大し、今日に至っている。防獣ネットは広範囲に設置したことから、その中では保護対象以外の種の再生や増殖も見られる。例えば湿原内ではトキソウ群落の再生やサギソウ、ヒツジグサ、アギナシなどが増え、山地のササユリやササ保護ネット内ではリンドウ、センブリ、スミレ類、アツミカンアオイなどの野草やツクバネなどの低木が再生する副産物があった。一方、種の保全は、自生地での獣害や環境変化に起因する消滅の危機に対応するため、人為的に管理された施設で保全を行うものであり、この森では、「山門水源の

再生したミツガシワ（2021/4/25）

森・森の楽舎（まなびや）」（以下、楽舎）付属湿地において自生地からの移植または播種によって保全を図っている。この付属湿地は、本会発足とほぼ同時期に造設されたもので、約二〇年間にわたってその役目を担ってきた。その結果、表5−1中の黒丸印（●）で示した注目植物種のほか、コバギボウシやキジムシロ、モウセンゴケなどの生育が確認されるようになった。

ミツガシワ——絶滅の危機からの救済

ミツガシワは氷期の遺存種とも言われ、山門湿原を代表する植物である。しかし、山門湿原のミツガシワも氷期からずっと生き残ってきたのかは大きな疑問であった。二〇一一年にボーリング調査を行い、琵琶湖博物館の山川千代美氏にその試料調査を依頼した。その結果、およそ三万年前の地層からミツガシワの種子が検出され、それ以降の地層からも断続的に種子があることが確認された。山門湿原で見られるミツガシワは紛れもなく「生きている化石」である。この時に検出されたミツガシワの種子は、琵琶湖博物館の展示室で見ることができる。

山門湿原の南部湿原は、かつてはゴールデンウィークの頃になると、遠目にはソバ畑と見間違うほどのミツガシワの花で被われていた。一九九〇年代のことである。ところが二〇〇〇年代に入ると、シカとイノシシの食害が発生し始め、二〇一〇年には湿原の脇に数株が開花するだけという状態になった。防獣対策に関しては、前述したため割愛するが、一度失われた自然を元に戻すのがどれほど大変なことか会員は身をもって体験している。

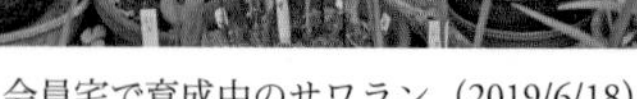

会員宅で育成中のサワラン（2019/6/18）

自生地のサワラン調査（2006/8/12）

サワラン――絶滅の危機からの回生

サワランは、滋賀県付近が国内分布のほぼ南限ということもあり、「県内では西浅井町に分布し、比良山、日野町に記録がある」とされ（滋賀県レッドデータブック二〇二〇年版）、滋賀県レッドデータリストの絶滅危惧種にランクされている。鮮やかな紫紅色の花は野草愛好家の目を引くところとなり、サギソウやトキソウとともに採集の対象となった。その結果、一九九〇年代末には一六株の確認までに減少し、絶滅の危機に瀕していた。

本会では、滋賀県唯一の自生地で、国内分布のほぼ南限という重要性から増殖を図ることとし、各方面と検討を続けてきた。幸い滋賀県農業技術振興センター（以下、農技センター）の協力を得ることができ、二〇〇六年から増殖を始めた。増殖方法は農技センターの指導により、人工授粉による種子形成→無菌培養→育成という手順を採用し、種子採取から発芽までは農技センターの設備と技術で行っていただいた。無菌培養株の育成は農技センターで行い、馴化は楽舎（まなびや）で行った。その後の育成は付属湿地と本会会員宅で行い、増殖を図った。

その結果、二〇一八年には会員宅で株数約一五〇株、開花約七〇株まで増殖できた。また、楽舎（まなびや）では約一〇〇株まで増殖でき、付属湿地および自生地への移植も行った。一方、会員宅での増殖株を自生地へ戻すことを検討したが、植物の専門家から「自生地外で長期間育成されたものは遺伝子レベルで性質が変わっている恐れがある。培養株は自生地のものと交雑し、自生地株の性質が変わってしまうことも考えられるので移植するべきではない」との

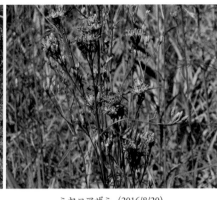

ミヤコアザミ増殖のための育種（2016/8/5）

ミヤコアザミ（2016/8/20）

指導を受け、断念した。楽舎から自生地へ移植した株は活着し、絶滅の危機は脱した。その後、付属湿地で育成を試みた株の成長が思わしくなかったため、二〇二〇年に、会員宅で増殖した株を生育ゾーンが管理できる形で付属湿地へ移植した。

ミヤコアザミ――既存種の再生

二〇〇九年九月、観察コース沿いの林床整備を終え、帰路再生作業を行っている北部湿原の状況を確認して回っていた。その時、一〇年以上前に見た覚えのあるミヤコアザミが再確認できた。この種の存在は早くから分かっていたのだが、二〇〇〇年代に入ってからは、それを最初に確認した人からも「今でもあるか」と確認を催促され、シーズンには確認に出向いたもののこの日まで見ることがなかった。再生作業を行うまでに遷移が進み姿を消していたものが、二〇〇八年に刈り払い作業を行った結果、日照条件が改善し再生を果たしたものと思われる。とはいえ数株の再生である。滋賀県では絶滅危惧種とされており、何とか株数を増やしておきたいと考え、種子が完熟するのを待って分布地の横に播種した。

発芽率は高く、翌年多くの実生が生えた。この苗の植え替えも行い分布域を広げ、以降晩秋に草刈り、春には苗の周辺の除草も行い、株数を増やすことができた。一カ所では心許ないので、近くにもう一区画同様の作業を行って保全している。しかし、この種も周囲の草本や木本類が成長すると減少する傾向があり、保全の難しさを感じている。いずれにしても現存する山門湿

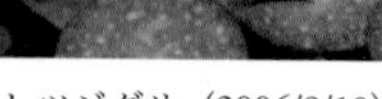
ヒツジグサ（2006/9/10）

トキソウ（2014/6/8）

原に分布する草本類は、遷移の中で偶然見られるものであり、現在見られる種を将来ともに存続させようとすれば、何らかの人為的行為が必要であるように思われる。

トキソウ・ヒツジグサ――滋賀県保護条例対象種

かつて滋賀県には大小の湿原があちこちにあった。しかし、高度経済成長期を中心に道路工事や宅地開発、公共施設建設などの埋め立て、山林放置による植物遷移が進行し、残っている所が減少した。そうした湿原には、トキソウやサギソウ、カキラン、ヒツジグサなどの湿地植物が分布していた。山門湿原は、一九九〇年代にゴルフ場計画がもちあがり消滅が危ぶまれたが、この計画が頓挫し、その後滋賀県が公有化し、消滅の危機をのがれた。ここには山門湿原研究グループの調査でこれらを含む貴重な植物が分布していることが明らかになっており、二〇〇八年滋賀県は「ふるさと滋賀の野生動植物との共生に関する条例第二一条第一項」の規定により、ここを「山門湿原ミツガシワ等生育地保護区」に指定した。

ところが、こうした植物を自然状態で保全することは容易ではない。湿原も日々遷移する。ヒツジグサは湿原内の池塘に分布しているが、池塘の周囲は、主にオオミズゴケに囲われている。オオミズゴケも日々水平方向にも垂直方向にも成長し、池塘の面積が狭められていく。さらに年月が経つとそのオオミズゴケの上には他の植物が分布するようになり、ヒツジグサの生育条件を維持することができなくなる。ヒツジグサの生育条件を長期にわたって

アカガシ林（2009/6/26）

ブナ林とアカガシ林の分布（2009/4/24）

維持することは、湿原内では難しいと考え、麓の楽舎(まなびや)付属湿地で、ヒツジグサの生育環境を維持して保護している。

湿原内でのトキソウの保全も、生育環境こそヒツジグサとは異なるが、トキソウの周囲の植物の遷移が進行し草丈が伸びると、トキソウへの日射量が減じるため、いつしかその場所からは消える。そのため湿原の一部で毎年草刈りと除草を繰り返す部分を設け、その維持に当たっている。もちろん周囲の植物の遷移によって姿を消したトキソウも、刈り払いを行えば埋蔵種子が発芽する。

ブナ・ササ・アカガシ――冷温帯と暖温帯の接点

ブナ科の植物としては、ブナ、ミズナラ、コナラ、クリ、アカガシなどがある。ブナは主に寒い地域に分布するのに対して、アカガシは温かい地域に分布する。ところが、この森ではブナ林とアカガシ林の両方が分布している。これはこの地域が、冬には季節風によって日本海側の気候の影響を強く受け、夏には太平洋側の高温多湿な気候の影響を受けるという、寒・暖気候の接点に位置することによる。この森ではブナとアカガシが枝を接して生育する姿も見られ、この地域の気候状況を象徴する貴重な姿と言える。

ブナは冷温帯に分布し、日本海側・太平洋側双方に分布するが、日本海側の多雪地に多い。太平洋戦争からの復興期、建材用のスギ・ヒノキの植林政策により、ブナの伐採が急速に進められた。ブナは水分が多く、乾燥時に狂いが生じやすいことから、建材や加工材には向かないとされていた。また、

アツミカンアオイ（2018/3/13）

紅葉のブナ林（2007/11/9）

薪炭材としての利用価値も低くみられていた。しかし、近年では水源涵養としての機能や、生物多様性保全における役割の重要性が見直され、ブナ林の保護が重要視されるようになってきた。

ブナ林はササ類と共生するとも言われ、クロモジ、マンサクなどの樹木や豊富な野草を伴い、それによって昆虫をはじめ多様な生き物を育んでいるとされる。幸い山門水源の森には「ブナの森」と呼ばれる区域で、豊かな生態系が維持されてきた。ところが、前述したように急激に増えてきたシカによる食害が深刻となって、ササを含む下層植生が大きく被害を受けるようになった。そうしたことから、現在は防獣ネットを設置して、食害防止対策を行っている。

一方、アカガシは暖温帯に分布し、主に九州・四国地域に生育している。材質は硬くて強いため、古くから農機具の柄や船の櫓、また炭の原材料として利用されてきた。しかし、エネルギー事情の変化などによって、その価値観は大きく変わってきている。

この森のアカガシに関して、滋賀県と大津祭保存会とが協定を結ぶことが検討されている。長い歴史をもつ大津祭の資材として活用するためである。そのアカガシの育成は本会が担っているが、一〇〇年単位の長期の見通しをもった保全活動が求められている。

トクワカソウの群生地（2020/4/6）

アツミカンアオイ——ギフチョウの食草

この森のカンアオイは、アツミカンアオイ（ウマノスズクサ科カンアオイ属）である。カンアオイの同定は専門家の間でも難しいらしく、この森のものはサンインカンアオイと言われた時期もあったが、現在はアツミカンアオイとされている。ギフチョウの食草でもある。

調査を始めた二〇〇二年頃には森のほぼ全域に分布しており、その葉に多くのギフチョウが産卵した。しかし、前述したようにシカの食害が増え始め、一時期はアツミカンアオイが見られるのは稀な状態となった。その後、有害駆除によってシカによる食害は減少し、アツミカンアオイはあちこちで再生してきている。しかし、二〇一〇年を最後にギフチョウは確認ができていない。

トクワカソウ——日本固有種・日本海要素植物

「トクワカソウ」とはあまり耳慣れない名前であるが、イワウメ科イワウチワ属の常緑多年草で、北陸から近畿北部の日本海側に分布する。トクワカソウは主にランナーで増える。一種のクローン繁殖であり、開花は四月中旬頃に集中し、その期間は短い。一見して知名度の高いイワウチワとよく似ており、「別名」として扱われている図鑑もあるほどである。

この野草は、二〇〇〇年の観察コースの完成後、北尾根の中ほどの北斜面で群生しているのが見つかっていた。ただ生育地点が急斜面で、観察しにくいという難点がある。開花期には見事なピンクの絨毯となることから、適宜

クサレダマ（2004/7/7）

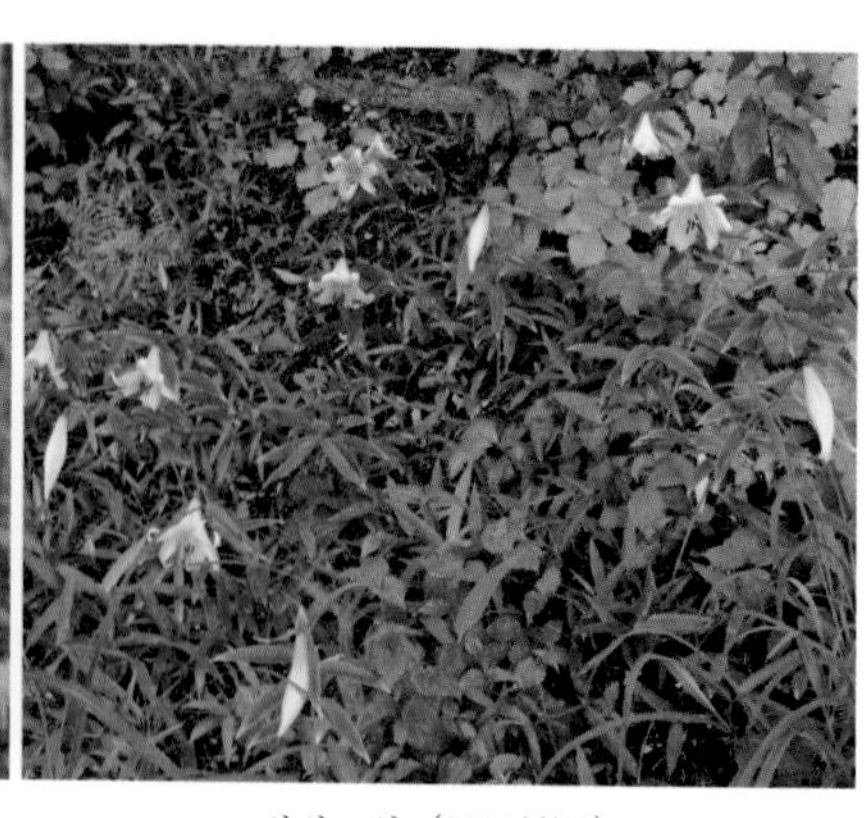

ササユリ（2020/6/12）

日当たりを確保するための刈り払いを行うなどの保護を行ってきた。ところが二〇一〇年頃から減少傾向が見られ、シカによる食害の進行が危惧された。そこで二〇一六年四月に保護ネットを設置した。その後は保護ネットの効果が現れて回復したが、よく見ると食害を受けた株も見つかり、ウサギなどの小動物による食害回避が課題である。

なお、本会が管理を委託されている山門水源の森は県有地である。しかし、この生育地は県有地の外側であり、県有地内での生育地を探索していたところ二カ所で小規模の群生地が見つかり、少しずつ整備を進めている。この二カ所を含めて全ての群生地が北向き斜面に広がっているのが興味深く、今後の観察が楽しみである。

ササユリ――里山植生の象徴

中部地方以西の山には、かつて山仕事に通う道の側には何処にでも生えていた日本を代表するユリである。今では絶滅危惧種に指定されている府県もある。山門水源の森では、前述したようにシカの食害にあい、防獣対策が欠かせない。

クサレダマ――滋賀県絶滅危惧増大種

地中海沿岸原産のレダマ（落葉低木）の花に似ている草本類であることから、クサレダマ（草連玉）と名付けられている。日本では北海道から九州まで分布している。滋賀県では山門湿原以外に、伊吹山、今津町、近江八幡市、

付属湿地のサギソウ（2011/8/22）

サギソウの距と蜜（2011/8/20）

安土町に分布していることが知られているが、減少傾向にある。

山門湿原では、種子を採取し増殖に努めているが、定植後の生育は必ずしも順調ではない。

サギソウ――滋賀県希少種

環境省カテゴリーでは準絶滅危惧種にランクされている。滋賀県下には比較的広範囲の湿地に分布しているが、湿地の減少や人による採取によって減少が著しく、希少種にランクされている。

花の形が羽を広げたサギに似ているところから命名されている。花の下に距というストロー状のものが垂れ下がり、この中に蜜がある。長い口吻をもつスズメガ類が吸うことで受粉が行われる。

山門湿原には湿原の全域に散在しており、観察コースからも見ることができる。ただサギソウの周囲は草丈の長い草本類に囲まれており、観察しにくい。この難点を避けるため、二〇〇一年に湿原で一〇数株採取し会員宅で増殖し、二〇〇四年に付属湿地に植栽し、二〇一〇年頃から夏の付属湿地の花形となっている。

サギソウの球根は、自家栽培で毎年球根の植え替えをすると、一年で球根が二～三倍にふえるが、付属湿地では原則植え替えを行っていないためか勢力が劣化している。

ボーリング試料の記載（2011/12/6）

南部湿原のボーリング調査（2011/11/14）

コラム

氷期の植物が残る山門湿原

山川　千代美　（琵琶湖博物館）

福井県との県境にある野坂山地の南部、琵琶湖北方約五キロ㍍に位置する山門湿原には、ミツガシワが生育することが知られている*1。

ミツガシワはミツガシワ科ミツガシワ属の一種で、北半球の温帯や亜寒帯に広く分布している。日本では南千島・北海道から本州、九州に分布し、主に高地の湿原や沼に生えている*2。ミツガシワはこのように寒冷な気候の下で生育しているため、以前から気候を示す指標種とされている。また、日本では局所に点在した分布状況になっていることから、氷期に広域分布していたミツガシワが、間氷期になって限られた環境条件で残されてきた「氷期の遺存種」とも呼ばれている。しかしながら、現在の生育地で、最終氷期の堆積物から現在生育しているミツガシワについて、氷期の遺存種の解釈がされてきていたが、証拠となる化石記録がなかった。

山門湿原では、その形成過程や植生の変遷を明らかにするために、過去二回のボーリング調査が行われてきた。高原（一九九三）は湿原の南部で採取されたコア試料による花粉分析を行い、最終氷期亜間氷期以降の植生変遷を明らかにしている*3。この研究では、最終氷期の堆積物からミツガシワの花粉は検出されておらず、現在認められているミツガシワにつながる証拠は得られなかった。二〇一一年に〃山門水源の森を

ミツガシワ種子の化石

分析試料の採取（2011/12/6）

次の世代に引き継ぐ会〟によってコアが採取され、最終氷期最盛期（約二万三〇〇〇〜一万七〇〇〇年前）を含んだ堆積物から葉や果実、種子などの大型植物化石による植生変化を検討する機会を得た。その結果、始良Tn（AT）火山灰層（約三万年前）の上下の堆積物からミツガシワの種子化石が確認でき、山門湿原には最終氷期にミツガシワが生育していたことが証明された＊4。

最終氷期最盛期直後の堆積物からは、ミツガシワのほか、常緑針葉樹モミ属、ツガ属、トウヒ属の種子や葉、五葉マツ系の葉や、落葉広葉樹カバノキ属、ハンノキ属の果実が産出しており、また、草本類のスゲ属の果実が多産している。当時の山門湿原は、トウヒ属、モミ属を主体にツガ属、ネズミサシ属といったマツ科常緑針葉樹と、ダケカンバやミズメなどのカバノキ属の落葉広葉樹が優勢な冷温帯性針葉樹林が形成されていた。また、林床にはスゲ属など湿性植物が生育していたと考えられる。これらの植物は、ミツガシワとともに植物群落を形成していたことになるが、現在の山門湿原周辺では分布していない植物が多い。このことも踏まえ、山門湿原で現存しているミツガシワは氷期からの遺存種であるという検証は、今後の課題として残されている。

＊1山門水源の森を次の世代に引き継ぐ会編、二〇一一、山門水源の森
＊2大橋広好、二〇一七、日本の野生植物5、ミツガシワ科
＊3高原光（一九九三）：滋賀県山門湿原周辺における最終氷期以降の植生変遷。日本花粉学会会誌39：一—一〇
＊4山川千代美・林竜馬・里口保文・藤本秀弘・橋本勘（二〇一七）滋賀県北部山門湿原AT火山灰包含堆積物から産出した大型植物化石群集。日本植生史学会熊本大会講演要旨

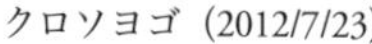

クロソヨゴ（2012/7/23）

天然更新試験地での調査（2013/9/26）

コラム

山門水源の森──植物の学びの場

森　小夜子

私は二〇〇七年六月入会で、同年一一月に付属湿地の調査依頼を受けたようです。当時、山門は自力で行ける世界ではなく、藤本秀弘氏に自宅近くまで迎えに来て頂きましたが、湿地の植物など判るはずもなく、中途半端なまま月日だけが過ぎてしまいました。年を経て、村長昭義氏の退職を機に二〇一六年から二年がかりで全域の植物相調査が実現できた時は肩の荷を下ろした思いがしましたが、今は亡き村長氏のご尽力に感謝の念が堪えません。また、二〇一二年から始まった天然更新試験地における芽生えの全個体数カウント作業は、調査の役には立ちませんでしたが、筆者にとっては初めて経験する学びの場となりました。獣害防止ネット内で年々繁茂するサルトリイバラやクマイチゴ、カラスザンショウ、キリなどの先駆植物に対して、柵外で強度の食害に耐える強靭な植物も目の当たりにしました。その他、大谷一弘氏との植生調査（二〇一三）では湖東地方との植生の違いを知ることができ、橋本勘氏の調査に同行した集福寺（二〇一二）や深坂古道（二〇一三）では、山門との植物の違いを再認識できました。振り返ると保全活動に参加することなく、植物を楽しむだけの関わりだったことを反省する機会となりました。今後は保全にも携わりながら、希少種や日本海要素と呼ばれる当地ならではの植物を通して、森の魅力を次の世代に引き継いでいかねばと痛感した次第です。

管理棟工事が本格化（2003/11/13）

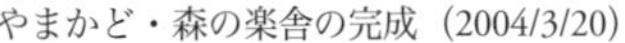

やまかど・森の楽舎の完成（2004/3/20）

6　やまかど・森の楽舎と付属湿地

やまかど・森の楽舎ができるまで

本会の活動拠点は、森の入口にある「やまかど・森の楽舎」と名付けた管理棟で、保全・ガイド関係者の事務所と、多目的に使える研修室がある。また、敷地内にはバイオトイレも併設されている。

この森は一九八七年から山門湿原研究グループで研究や観察が行われており、一九九九年からは「（仮称）山門水源の森を次の世代に引き継ぐ会」と称して活動が進んでいた。まだその当時は活動拠点がなかったが、発足以前から全面的な支援を受けている西浅井町（現長浜市）の、近隣諸施設を利用しながら、当会の活動は本格化していった。

二〇〇一年には森の一般公開が始まり、一般来訪者や各種団体の来訪が増加した。そこでようやく滋賀県に要望していたトイレが、二〇〇二年に森の入り口にバイオトイレとして完成した。

二〇〇三年、西浅井町が農水省の助成事業「むらづくり維新森林・山村・都市共生事業」に「水源の森学習拠点施設」を申請し、この森の入り口に待望の管理棟を建設することになった。施設の規模は決まっていたものの、会の必要としている設備、備品、観察園の設計など細部にわたり要望が聞き入れられた。工事は二〇〇三年秋に開始され、併せて、役場では施設名称の募集を実施、本会も一〇件の応募を行った。

二〇〇四年三月、予定どおり事務所と研修室を併設した管理棟が完成し

新装の研修室で行った総会（2004/3/27）

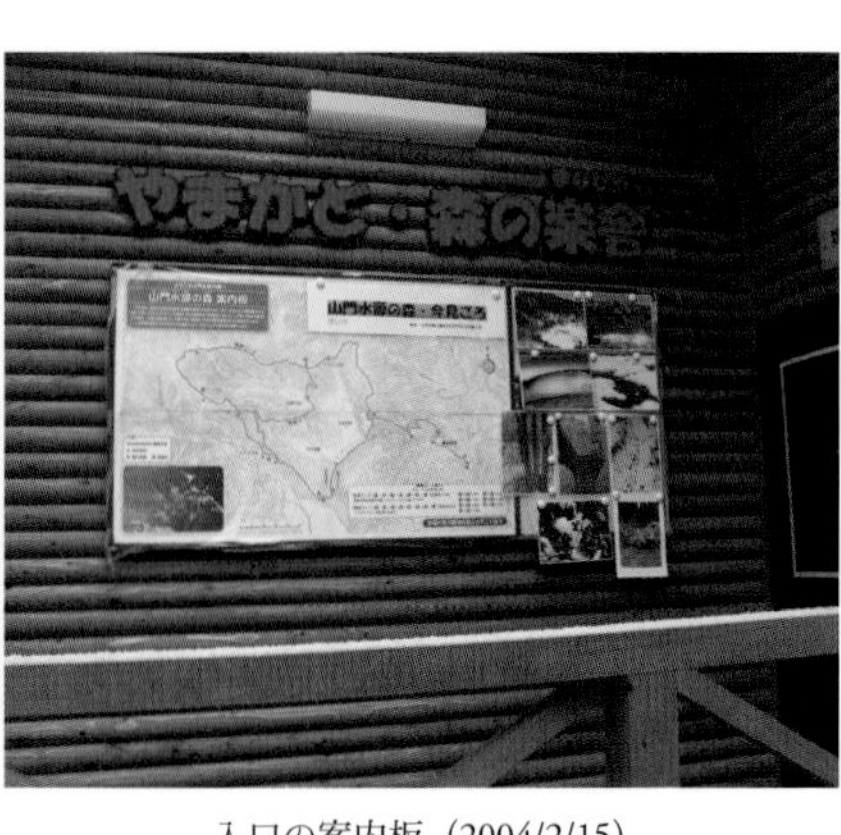

入口の案内板（2004/2/15）

「やまかど・森の楽舎」（やまかど・もりのまなびや）と名付けられた。三月二七日には真新しい研修室で総会を開催した。この管理棟は、設置されたバイオトイレと併せて拠点となり、活動の幅が徐々に広がっていった。

活用

やまかど・森の楽舎（まなびや）の入口では、外来種を森へ持ち込まないために、来訪者に靴底の土砂を洗い落としてもらう。この行動は、来訪者が「森に入るんだ」という気持ちの切り替えにもなっている。

研修棟の壁には案内板を設置した。案内板には、その季節の植物の名前や注意事項などを記入し、森の様子が分かるよう観察コースの案内をしている。

研修棟は手前が事務所で、来訪者を迎える窓口がある。窓口には、来訪者が記帳する入山ノートや、森のパンフレットなどを置いている。そして、保全活動への協力金も呼びかけている。奥の部屋は研修室となっている。正面には湿原の生態系と四季の変化を表現した大パネルを設置し、「山門水源の森」の自然を表現している。他にも剥製やジオラマなどの展示をしている。この研修室は会員の利用をはじめ、来訪者の学習の場や、憩いの場などとして次のように活用している。

①本会の会議

毎月の理事会をはじめ、保全活動の事前打ち合わせ・振り返り、本会が刊行する出版物の編集委員会などに利用している。また、年度末に開催する総会・活動報告会を一般公開する前は、研修室で行っていた。なお、現在は参

保全作業後の懇談会（2008/11/1）

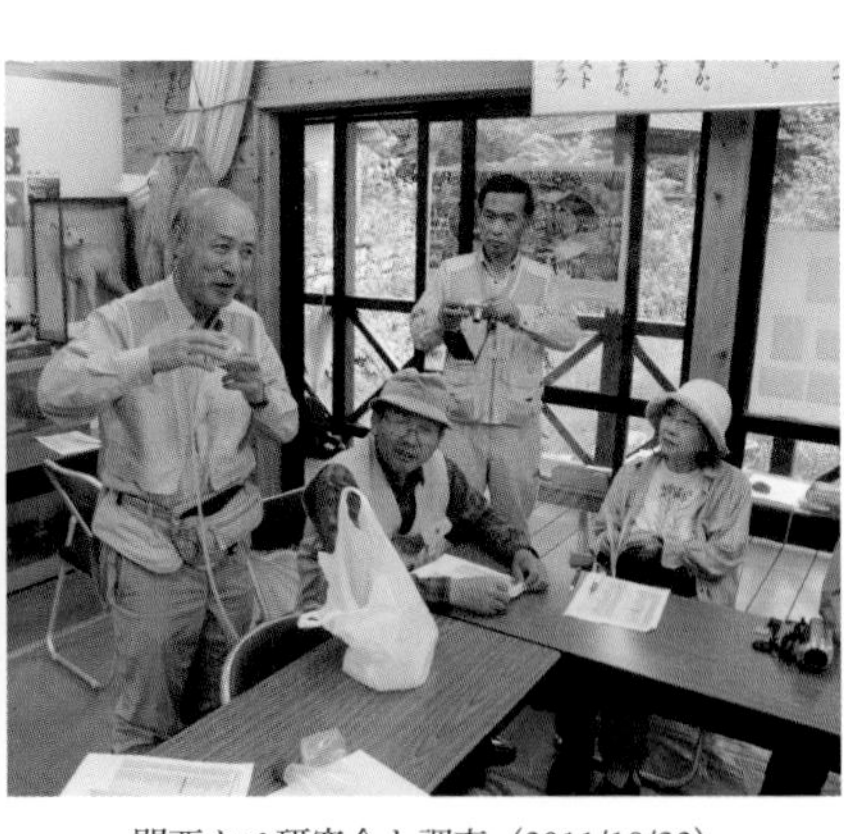

関西クモ研究会と調査（2011/10/23）

加者も多くなり、西浅井まちづくりセンターで実施している。

②調査・研究

本会が実施する調査（付属湿地の調査、土砂移動量調査の分別作業、ササユリの種子数調査など）・研究の作業および検討会議や、他団体との共同研究を進めるうえで活用している。クモ・トンボ・ユキバタツバキ調査では、研究者と会員とがその調査方法や結果について議論・検討を行っている。獣害対策については、専門家に依頼し調査・対策の方法の指導を受けている。大学の学生・院生などの森での調査・研究の方法などの相談も行っている。

③連携団体との会議

山門水源の森連絡協議会・滋賀県・長浜市との会合や、保全活動に協力してくれる諸団体との会議を行っている。

④会員の講習会

生物多様性の保全活動や現地ガイドを実施してゆく上で、会員自身のスキルアップをする必要があり、各種専門家を招いての研修会や救急・救護のための講習会を実施している。また、本会の運営に関わる諸問題について専門家の助言を受けている。

⑤来訪者へのガイダンス

ガイダンスは来訪者には適宜、この森の自然環境や保全活動の経過とその必要性についての解説を行っている。このことが来訪者の地域の自然環境の保全につながればとの想いからである。

一方、来訪団体は多様であるため、その団体の要望に合わせたガイダンス

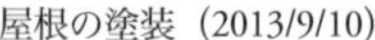
屋根の塗装（2013/9/10）

会員のための写真撮影講習会（2012/4/22）

にも応えるようにしている。

⑥研修

地域の小中学生や教員、自然保護団体、自然愛好家、自治会活動、大学など様々な団体から依頼され、要望に応じてこの森の自然環境や保全活動について研修を行っている。

⑦講座開催

トンボやホタルの観察会など、四季折々の森で自然の魅力を感じてもらえる観察会を実施している。また、夏休み期間には、自由研究相談会として植物や昆虫などの研究のサポートを行っている。

⑧地域の方との交流の場

この森の保全作業には、当初から地域住民の協力を得ている。そうした行事の度に、地域の歴史や生活・かつての森の様子などを聞かせてもらうなどの交流を行っている。このように、やまかど・森の楽舎（まなびや）は、人と人をつなぐ場、また森と人の関係を学ぶ場づくりの拠点として活用している。

本会の活動拠点である本施設の維持管理も重要であり、毎年建物の木質部には防腐剤を塗装し、屋根の塗装作業は五年ごとに行っている。

当番

やまかど・森の楽舎（まなびや）では、土日・祝日は原則として会員の当番が来訪者を迎えている。当番は、来訪者があるといち早く靴底洗いの協力をお願いする。これは、外から植物の種子を持ち込まないための対応である。説明で話かけ

記念写真のシャッターを切るのも当番の仕事（2006/4/29）

入山は靴底洗いから（2011/6/9）

ることからふれあいをはじめ、壁の案内板を見ながらコースや来訪時の動植物の説明をし、記帳を促し協力金の呼びかけもする。また、森に潜む危険についての注意を促している。ツキノワグマやスズメバチが、どのあたりで目撃されているかの情報を伝えている。そうして来訪者を森に送り出し、入山者の数を把握する。新緑や紅葉のハイシーズンは次々に迎え送り出し、来訪者が森から戻ってくることを確認する。

また、本会の販売物のPR、湿地の除草や植物の水やりなどの管理など当番の一日の役割はたくさんあり、あっという間の一日である。来訪者の中には違う季節の森を楽しみに来るリピーターも多い。鳥の観察や写真撮影を楽しむ人もいる。当番をしていると、そのような来訪者の目的も分かり、会話が弾む。他にも当番は、付属湿地の管理やトイレの清掃なども行う。これらも重要な役割である。

付属湿地の造成と管理

二〇〇三年の管理棟の建設と同時に池の造成が計画された。森の中にある山門湿原に生息分布する生物は多種多様であるが、盗掘防止と踏み荒らしをしないために二〇〇一年から立ち入りを制限している。このため湿原内の観察は、会員も含め不十分になっていた。そこで、管理棟前に、山門湿原のミニチュア版の湿地を造成することにした。山門湿原は一部が高層湿原である。造成する池の底面には全面的にピートモスを敷き詰め、年中水がある部分（池塘）・降雨時に水に被われる部分・年中水で被われることのない部分とい

ミツガシワの植栽（2004/3/27）

付属湿地の微地形（2004/3/20）

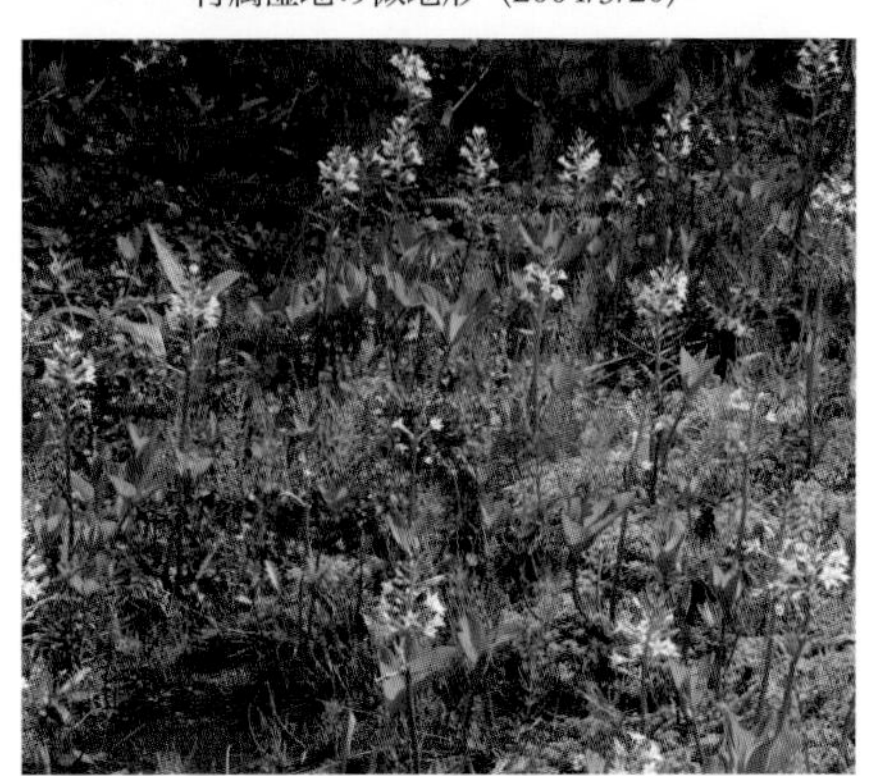

分布を広げるミツガシワ（2021/4/19）

う凹凸のある地形を造った。

湿地の周囲には、自然植生の樹木を残すとともに、森に分布しているコアジサイ、ヤマツツジ、ササユリ、ナツツバキ、ヤマボウシ、ツバキなどを園芸業者が植栽した。しかしこれらは園芸種であり、課題を残すことになった。

二〇〇四年三月には思い描いた地形の湿地が完成し、「付属湿地」と呼んでいる。完成した付属湿地の一部に湿原際からオオミズゴケを採取し植栽するとともに、前年から準備していたサギソウとノハナショウブを植栽し、湿原からヒツジグサとカキランを移植した。また、過去に山門湿原から採取して地元で栽培されていたミツガシワの株をもらい受けて植栽した。

未完成の付属湿地にも四月に入るとホソミオツネントンボが、続いてシオヤトンボ、アサヒナカワトンボ、ヤマサナエ、オオシオカラトンボ、クロスジギンヤンマ、カラスアゲハ、イチモンジセセリ、ルリタテハ、キチョウが飛び交うようになった。また、アカハライモリ、トノサマガエル、モリアオガエル、ニホンヒキガエル、シマヘビが次々と訪れるようになった。これで、湿原の動植物を間近で観察するという初期の目的が達せられると期待が高まった。六月には湿地内全面にオオミズゴケを植栽した。

放棄田でのオオミズゴケの採取（2004/6/26）

オオミズゴケとサクラバハンノキの植栽（2004/6/26）

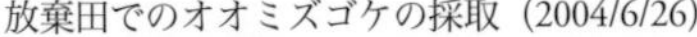

成長したサクラバハンノキ（2013/8/19）

水田雑草に被われる湿地（2007/8/25）

このオオミズゴケは、湿原の保全のことを考えて湿原から採取せず、山門集落の放棄田で採取し植栽した。このオオミズゴケの中に多くの水田雑草の種子や実生が含まれており、この時以降の湿地管理に大きな課題を残すこととなった。

この植栽時にオオミズゴケ以外に、山門湿原には分布しないが新設湿地にアクセントを付けるためサクラバハンノキと湿原にも分布するサワギキョウを移植した。

この森には、ハンノキとケヤマハンノキが分布している。老人会の方の話では、若い頃ハンノキを湿原に植栽したとのことであるが、その種が何であったかは分からないとのことである。当時滋賀県下では、あちこちにハン

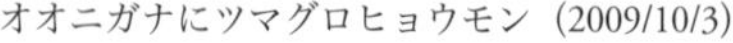

オオニガナにツマグロヒョウモン（2009/10/3）

除草された付属湿地（2015/7/19）

ノキとケヤマハンノキを植林したとの記録が残っているが、山門水源の森にどの種を植林したかの記録はない。

サクラバハンノキは、国のレッドデータブックで準絶滅危惧種、京都府で絶滅危惧種、滋賀県では希少種となっていることもあり、他の二種との比較と保護のため付属湿地に植栽した。

一方、オオミズゴケに含まれていた水田雑草の種子や実生が生育し、その整理に悪戦苦闘しているが、オオニガナ、ミソハギ、コオニユリなどで地域的に意義があったり、花の少ない時期の美観という観点から残しているものもある。

オオニガナは、二〇〇七年版の環境省レッドデータブックでは、準絶滅危

ミソハギ（2013/8/18）

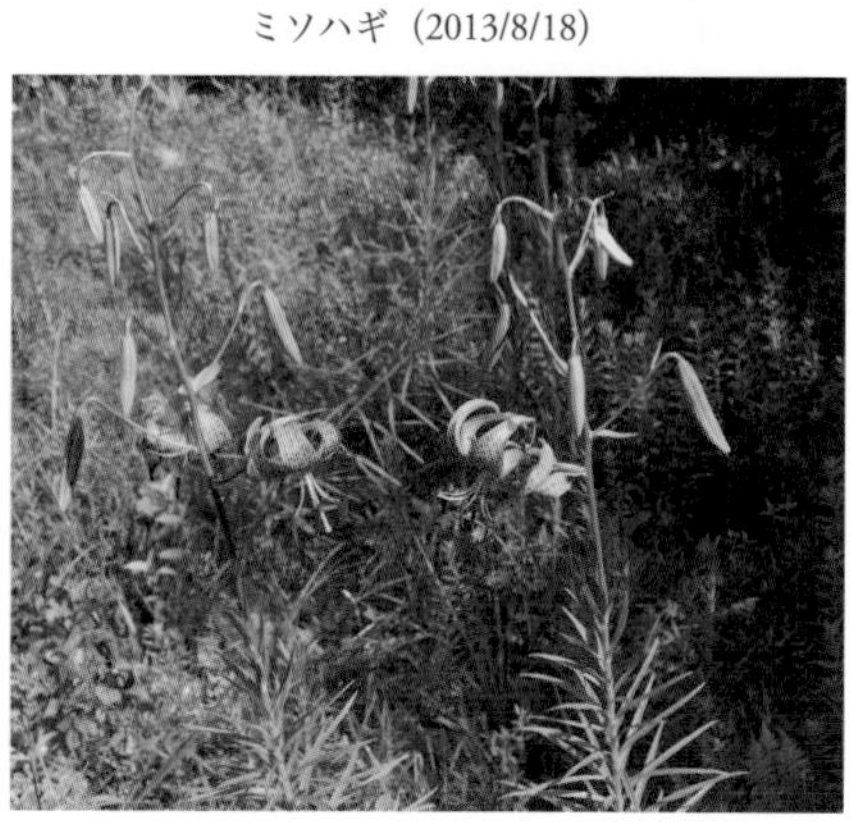

コオニユリ（2010/7/28）

付属湿地の除草（2017/6/3）

ギンヤンマの産卵（2010/8/25）

惧種にリストアップされていたこともあり残した。二〇一二年には個体数が多いということでリストから除外された。しかし森に多いニガナとの比較や、訪虫が多い花であることから、昆虫観察という観点も含めて残している。ただ大量の種子が飛散することと、根が深くまで伸びるため、観察用として株数をコントロールするのに苦慮している。

ミソハギ（禊萩）は、盆花として地域で栽培されていることもあり残している。この湿地では年々群落の位置が、比較的乾燥している部分にわずかずつ移動している。

コオニユリは、花の少ない時期に開花するため残しているが、種子が多く分布を広げるため、朔果の段階で除去するようにしている。

以後、今日に至るまで、付属湿地に移植するものは、山門湿原で種子採取を行い、やまかど・森の楽舎（まなびや）で育苗後に付属湿地へ植栽している。付属湿地の構造は会員によって現在も工夫され続けている。建設当初は付属湿地のまわりに木柵と、観察のための橋が設置された。こうした付属湿地も、イノシシやシカに荒らされることが増え始めた。そこで、二〇一〇年に木柵沿いにトタン波板を設置し、動物の侵入を防いだ。その後、トタン波板だけでは足りず、防獣ネットで囲んでいた。二〇二〇年現在は、高さ二メートルのガーデンフェンスで囲うことに変更した。

付属湿地での動植物に見られる変化は、森の中でも起こっていることである。この付属湿地の環境の変化を観察することは森の変化の目安になる。

二〇二〇年現在、動植物の種の数も年々増加し、湿原で確認されている種

産卵するモリアオガエル（2013/6/19）

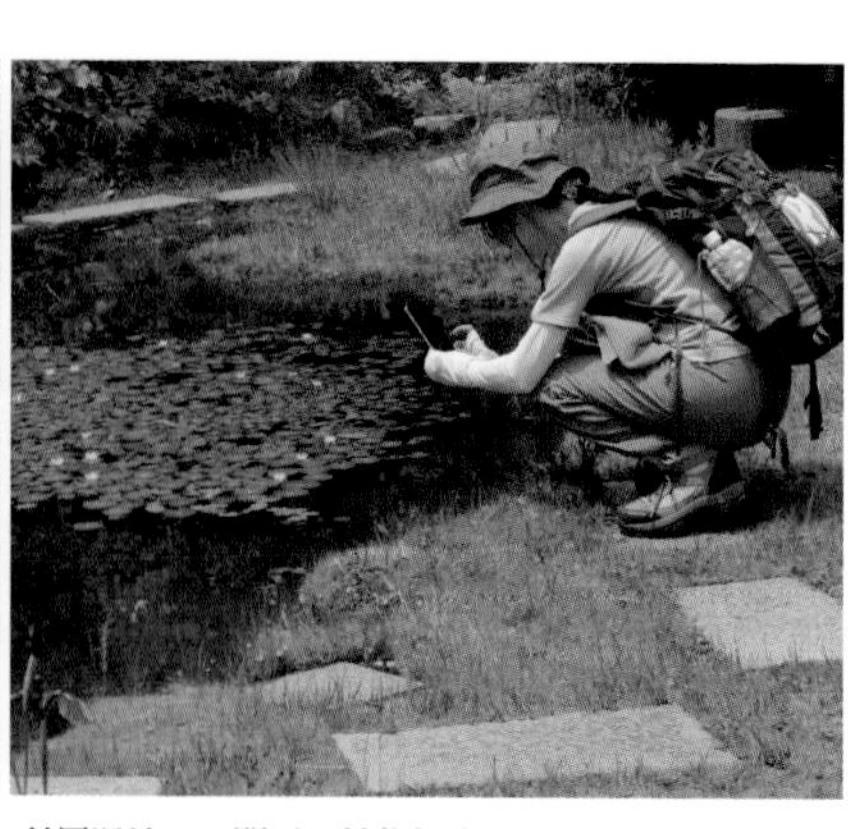

付属湿地では間近で植物観察ができる（2016/6/21）

の八割程度が観察できる状態になった。しかし、来訪者が間近で観察できる状態を維持するためには、分布を広げる植物の適宜な間引きや湿原にはない植物を絶え間なく除去する必要がある。また、トノサマガエルが過剰に増え、特にトンボが捕食されるため、生物多様性と言いつつも、この付属湿地では、カエルを捕獲して他の場所に移動をさせる作業も欠かせない。

付属湿地の活用と種の保全

先にも記したが、湿原には保全作業や調査以外では、むやみに立ち入らないようにしている。しかし、湿原には観察を行いたい動植物が生息・生育している。そこで、湿原に生育する植物の種子を採取し、育苗後、付属湿地に植栽している。また、繊細な管理が必要なものについては専門家や本会会員が持ち帰り管理し、付属湿地に移植をするなどし、種の保全と管理を続けている。

特に、サワランの植栽は何年もかかった。山門湿原のオオミズゴケやサギソウ、トキソウなどは盗掘され、サワランにおいては一九九〇年代末には一六株しか確認されず絶滅に近い状態であった。二〇〇六年に人工授粉の方法を、滋賀県農業技術振興センターに指導を受け、二〇〇九年には付属湿地に植栽した。一方、二〇〇九年に森の湿原に植栽したサワランは、シカの食害によって育たなかった。

現在付属湿地では、およそ一二〇種の植物が観察できる。

ミツガシワの花芽が見られるようになると春の訪れである。ヒツジグサが

モリアオガエルを捕らえたシマヘビ（2009/6/22）

見られるようになると夏、ジュンサイやサギソウ、ミミカキグサ、ノハナショウブも見られる。トンボは、三〇種ほどで、日本で最小といわれるハッチョウトンボを間近に見ることができる。付属湿地の木にもモリアオガエルが産卵する。運がよければオタマジャクシが卵塊から水面に落ちる様子が観察できる。水中には、アカハライモリがいてオタマジャクシを待ち受ける、カエルは蛇が狙う。秋はアキアカネ、サワキギョウ、リンドウも見られる。やがてみぞれから真っ白な雪景色になる。そんな雪の中でも、成虫越冬するキチョウやオツネントンボが見られる時もある。

このように、現在付属湿地では多様性と食物連鎖を観察できる。動植物の様子が間近に見られることで、来訪者の中には付属湿地に終日とどまる人もいる。

山門湿原（2003/5/5）

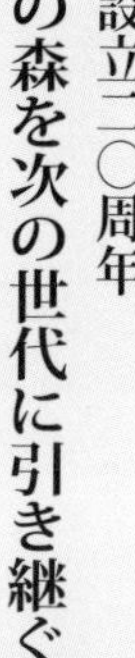

コラム　祝・設立二〇周年

「山門水源の森を次の世代に引き継ぐ会」設立二〇周年に寄せて

元西浅井町長　熊谷　定義

地域の至宝

地元西浅井に生を受けて高校を卒業後、一時近隣の企業を経て西浅井町役場に奉職して現在に至るまで早いもので七四年が経過しました。この間、一度もこの地域を離れることなく、周りの情景や文化財、祭事などは普段の生活の一部として当たり前のように過ごして来ましたが、藤本秀弘先生をはじめ山門水源の森を次の世代に引き継ぐ会の活動に触れてからは、何かが変わった気がします。

昭和四六年に人事異動で土地改良係を命ぜられ、山門・中地区の第二次構造改善事業で上の荘（庄・山門・中）生産森林組合が所有する山林に肉用牛を飼育する牧場の造成工事に携わり、この隣に湿原地帯があり、仕事の合間に見に行ったりしました。今思うとミツガシワをはじめ植物や水量も豊富で、付近の山々にはササユリやリンドウも群生していましたが、その風景を当時は特別なものとは思いませんでした。

二〇年ほど経過し、この地域一帯にゴルフ場の計画が持ち上がりました。山門湿原研究グループの適切な提言やバブル崩壊などで計画は頓挫し、滋賀県は湿原を含む森林を県有地としました。

県有地化された水源の森を広く一般に開放すべきか否かを、滋賀県と

西浅井町主催の観察会（2005/5/1）

やまかど・森の楽舎の竣工式（2004/3/24）

西浅井町、引き継ぐ会で協議し、公有地である以上公開すべきとなりました。

この会議に参加させてもらったのをきっかけに山門湿原のもつ希少な価値と、貴重な資源を保全する重要性に改めて気づかされ、このことがなければかけがえのない地域の至宝を見過ごしてしまうところでした。

藤本先生をはじめ会員の方とともに、それこそ一身を捧げて活動される後ろ姿から、常に地元の者として、このことに皆が早く気付くべきだと思いつつ、何もできないことに苛立ちを覚えていました。しかし、幸いにも平成一六年に農水省の補助金で「やまかど・森の楽舎（まなびや）」を建設する機会に恵まれました。

今までの行政であまり取り組みのなかった事業に着手するため、費用対効果ということで議論もありました。しかし引き継ぐ会のこれまでの地道な活動と実績がこれを押し切り、着工の運びとなりました。一抹の不安も正直ありましたが、その後森の楽舎（まなびや）は地に足をしっかりと据えて保全活動をされてきた引き継ぐ会によって今も輝き続けていることに、ここを訪れる度に感慨深いものを感じ、改めて二〇年の活動の重みを感じさせられます。

また引き継ぐ会は保全活動だけでなく、「山門水源の森2050」に向けての新たな取り組みを始められていますが、この中で課題を解決するためには「目の前の事業（積み荷）をこなすための運営する組織（船）の必要性」という問題意識をもって向かっていると以前会の広報誌でお伺

國松滋賀県知事を案内（2005/5/4）

いをいたしました。

当たり前に日常生活に追われ、ついつい地域資源や自然風景、貴重な文化財や、伝統的な行事など地域の至宝についても等閑になり、簡素化や廃れていくことが多く、自分自身もその中に身を委ねていることに無力感を覚えます。

引き継ぐ会の二〇年に及ぶ壮大な活動に、改めて敬意を表しますとともに、我々が今置かれている組織や、地域活動の中でその活動と運営組織を如何に引き継ぐかを考えながら、また山門水源の森を訪れたいと思います。

植栽作業（2020/6/6）

8月の付属湿地（2020/8/21）

コラム

付属湿地で学び、生き物との共存を考える

九岡　京子

二〇一九年三月から保全活動に加わり、主に付属湿地除草に関わってきました。付属湿地内には、山門湿原に分布している植物の七割位が植栽されており、絶滅危惧種・希少種などが一九種、湿原でシカの食害などで減少した植物などを中心に管理しています。全体で約一二〇種の植物があり、植生表と照らし合わせながら、植物の名前を覚え、除草すべきものを確認しながらの試行錯誤の日々でした。

二〇二〇年は天候に左右される

二〇二〇年の付属湿地は、天候に左右された一年でした。四月は雨続きで、ミツガシワは花の輝きがなく、花びらの上で息絶えた昆虫が多く見られました。ところが、五月は雨がほとんど降らず、湿地に見えない程、乾ききった状態になりました。六月は再び雨が続き、八月に入りようやく雨が上がったものの、クサレダマは虫害で全滅しました。

悩ましいヤマイ

付属湿地のオオミズゴケは地域の放棄田から移植しました。そのため山門湿原には少ないカヤツリグサ科のヤマイが大繁殖します。茎が硬く、除草作業で一番悩まされる植物です。夏期に猛烈な勢いで増えたので除去作業に集中しました。クサレダマ周辺は、台風で倒れこんだスギの種子が飛散し、大量に発芽したのを取り除くのも一苦労でした。

アケボノソウ（2020/9/26）

クサレダマを食う虫（2020/7/20）

クサレダマが、新芽を出す

九月に入ると、クサレダマが再び新芽を出しました。この植物は、虫害で全滅かと思っていましたが、地下茎で増えるため、この時期に新芽を出すことが分かりました。一一月に入ると、この葉も枯れました。来年、黄色の玉のような花が蘇るかどうか期待と不安が入り混じっています。

絶滅の危機と、復活の難しさ

クサレダマ同様に、絶滅が迫っている植物が何種かあります。そのうちの一つがアケボノソウです。アケボノソウは二年草です。昨年開花したものからは、約一九〇〇粒の種子を確認しましたが、今年秋に確認した新芽はわずか一〇数株。日陰と水気を好む植物で予期せぬ場所に芽生えるものが多く、綱を張ったり、周辺雑草を取り除いたりとできる限りのことはしましたが、越冬後、何株が生き残るか解りません。これが咲かなくなれば、山門水源の森では全滅ということになります。

天候に左右された今年の付属湿地の管理を通して、一度なくなりかけたものを復活させるのがいかに難しいかを痛感しました。他の希少植物もこの先、どのような手立てをすればいいか、多くの課題があります。

付属湿地は大切な場所

付属湿地は、希少な植物や動物を目の前で観察することができます。野生の生き物の一瞬の輝きは、何物にも代えがたい魅力があります。シュレーゲルアオガエルの鳴き声に癒され、モリアオガエルにもつい話しかけてしまいそうになる不思議な場所を今後も守り続けたいと思います。

本会最初の観察会ガイド（2000/5/7）

7　森への誘い

山門水源の森のガイド

本会の設立目標に「この森の保全の必要性を広く知らしめるための啓発活動」というのがある。一般市民に、この森の生物多様性を将来ともに維持してゆく必要性とその維持に必要な活動に参加してもらうため、この森の実態を案内するガイドを行ってきた。

案内を行った団体には、①小・中・高・大学の児童・生徒・学生、②全国の自然保護団体、③山岳関係者、④自然観察グループ、⑤海外の大学生、⑥高齢者大学、⑦公民館関係者、⑧行政組織、⑨旅行社企画団体、⑩海外の行政機関、⑪生物関係学会、⑫山門水源の森での調査希望者、⑬散策希望来訪者などがある。

本会のガイド条件

現在こうした各団体のガイド依頼に対応しているが、このガイドの最初は二〇〇〇年五月、この森が限定的に公開されることになり、西浅井町と本会との共催で最初の観察会を実施したことに始まる。

当時本会は未だ正式発足をしておらず、「(仮称)山門水源の森を次の世代に引き継ぐ会」をつくり、六〇余名が活動を始めていた。メンバーの多くは滋賀自然観察指導者連絡会にも所属していた。この最初の観察会のガイドは、前年秋にガイド予定者が下見を行い、何処で、何を、どのように解説するか

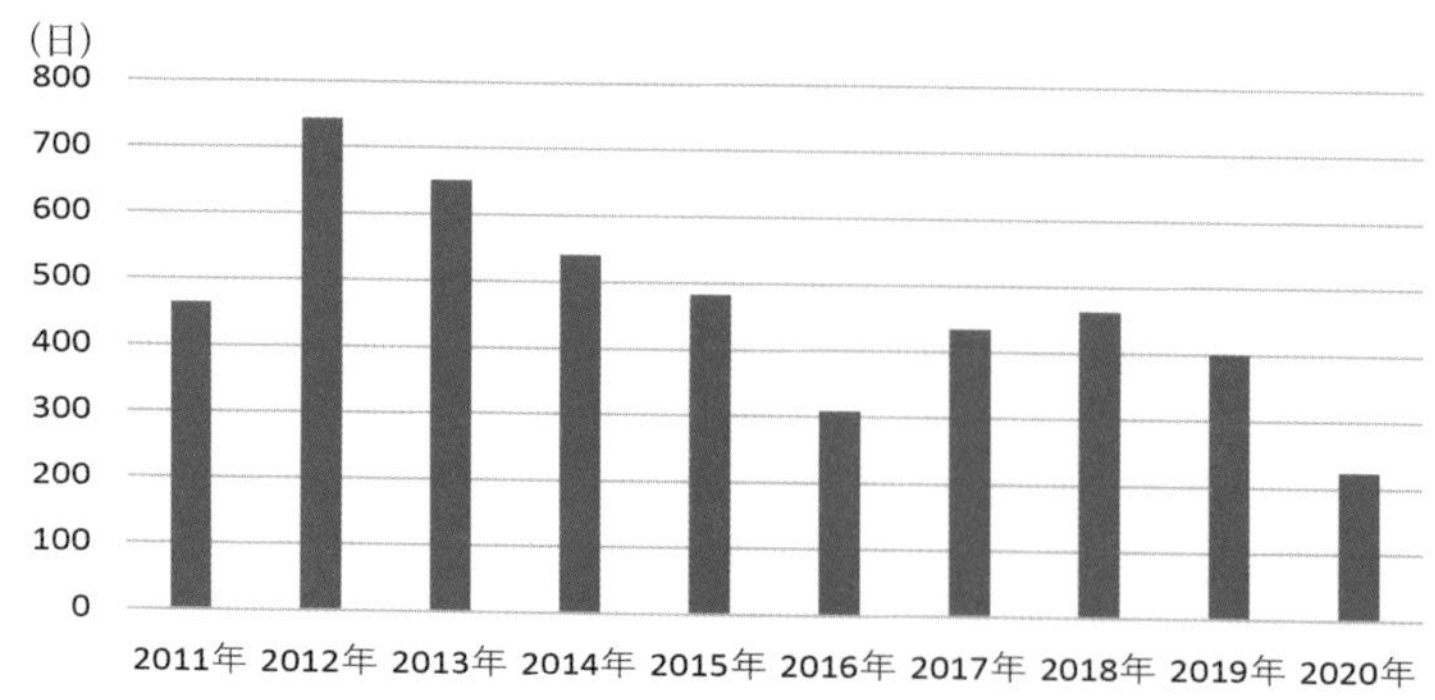

年度別ガイド延べ日数

を話し合い実施した。この手法は、日本自然保護協会の自然観察指導者講習会で習得し、滋賀県下各地で実施していた観察会の手法でもあった。

本会のガイドを担当するには、単に動植物に詳しいというだけでなく、この森で保全活動を行っていることが条件となっている。それは、本会の設立趣旨である「森の生物多様性を次世代に引き継ぐ」ことが最重要課題であるためである。単に美しい・不思議な・心地よい……の自然を紹介するだけではこの趣旨を叶えることはできないとの考えからである。各種の保全活動を行うことで、自然の中での生物同士の関係や人の関わりの必要性が理解できるようになり、ガイドに説得性が生まれる。

年間ガイド日数の推移

二〇〇〇年に実施した最初の観察会には一五〇人を超える参加があり、その様子が報道され、二〇〇一年の一般公開を機に多くのガイド依頼が舞い込む契機となった。このような状況になった裏には、本会発足前後に実施した観察会について、西浅井町当局が開催の度に多方面への広報に努力されたことがあった。

二〇〇三年には、ＪＲ西日本とタイアップした「ふれあいハイキング」が近畿一円にＰＲされ、人気を博するようになった。このハイキングは、年五回催行され、本会がガイドを行った。このＰＲ効果で二〇〇三年から日本各地（北は北海道から南は福岡）の旅行社のツアーのガイド依頼が入るようになった。二〇一二年には一般訪問者を含め、ガイド日数九五日、延べガイド

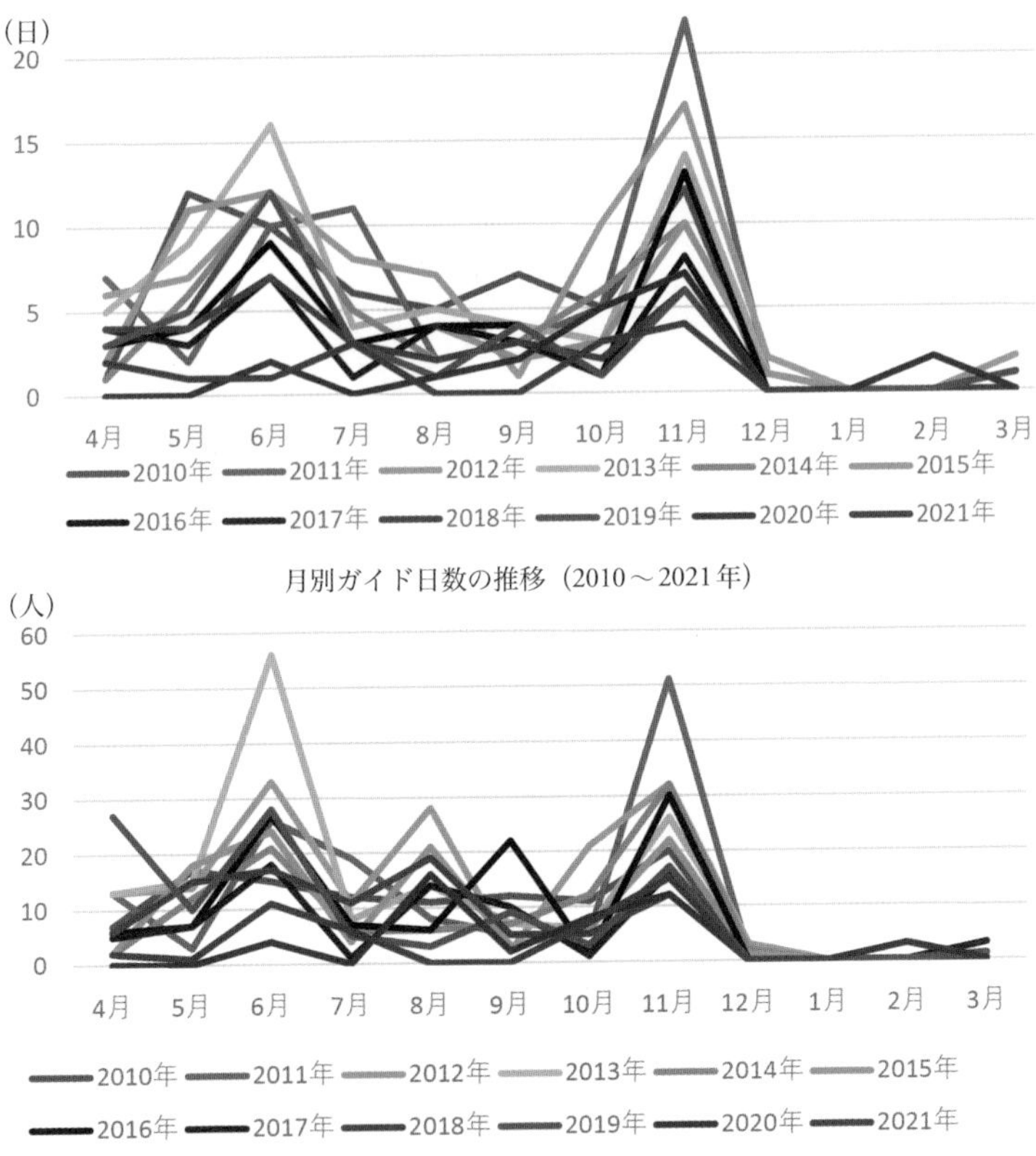

月別ガイド日数の推移（2010～2021年）

月別ガイド担当人数の推移（2010～2021年）

数二四六人とピークを迎えた。

最近一〇年間のガイド日数を見ると二〇一二年が最も多く、このうち半年は毎月二日に一回のペースで実施している。一方二〇二〇年は、新型コロナ禍の影響で三〇日のみとなっている。

ガイド依頼数を月別に見ると、四月後半から五月にかけて増加し始める。これはトクワカソウ・トキワイカリソウ・ミツガシワ・カスミザクラと開花が変化してゆくことと、ブナからコナラへの新緑の色合いの変化を楽しむ来訪者が多いためである。ピークとしては、六月と一一月の二つのピークがある。この要因は、六月がササユリ・コアジサイ・モリアオガエルの産卵が見頃ということによる。また一一月は、中旬がブナの紅葉、中旬から下旬がコハウチワカエデ・コナラの燃える紅葉だからである。

最近では、積雪期にスノーシューで

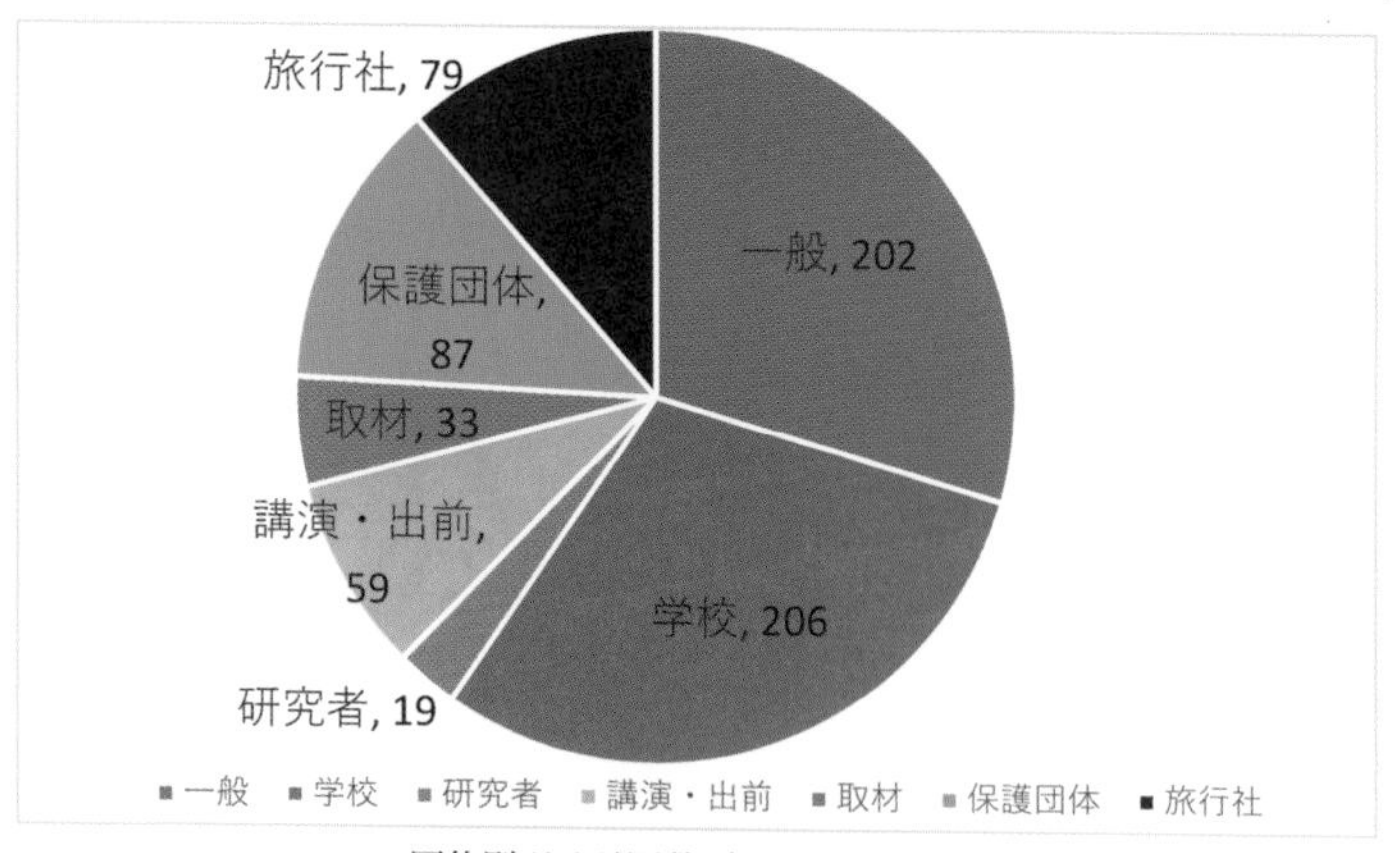

団体別ガイド回数（2011～2020年）

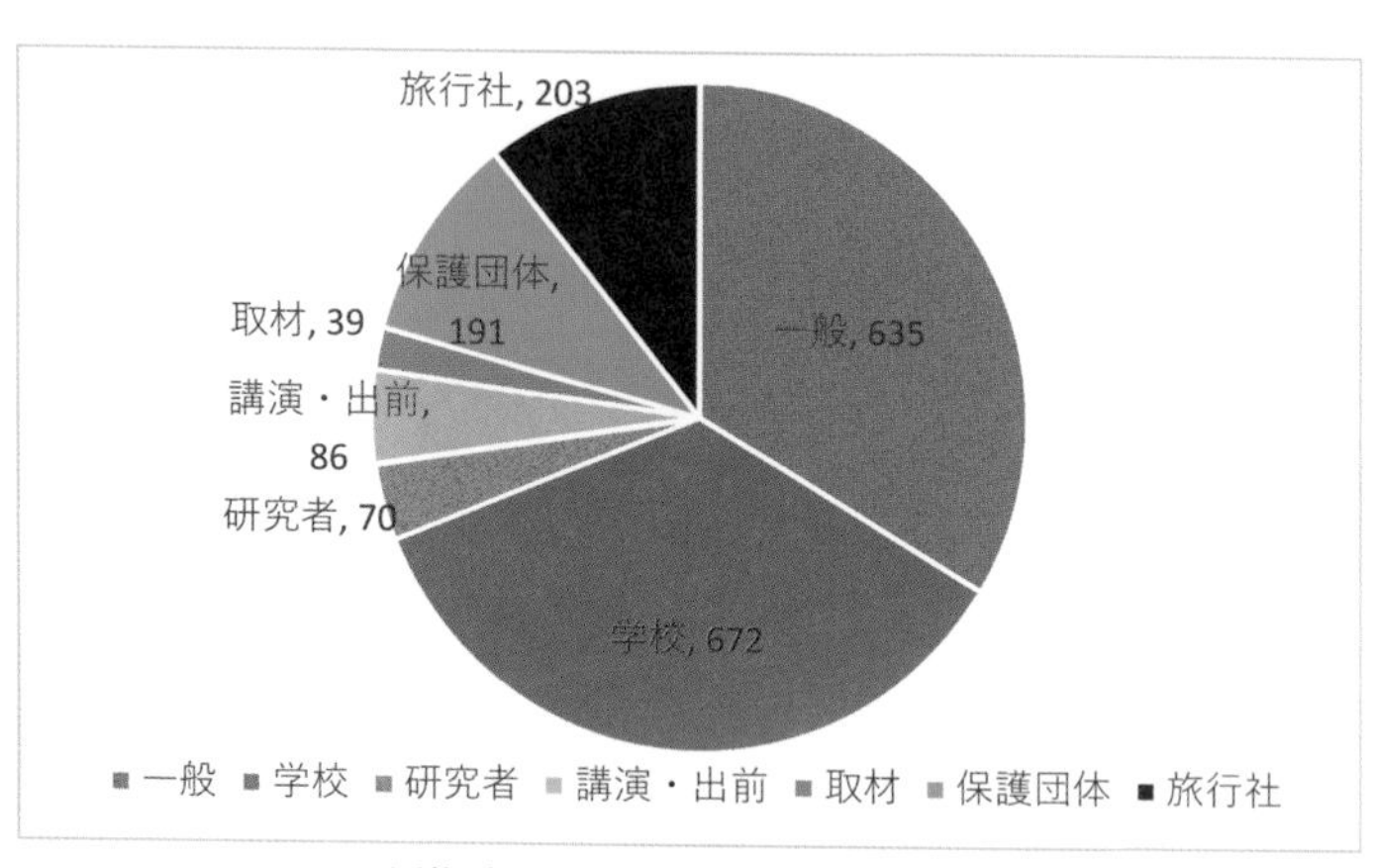

団体別ガイド担当人数（2011～2020年）

のトレッキングを楽しむ来訪者が少しずつ増加しているが、この時期のガイドは冬山の経験者が少ないことからガイドは引き受けていない。

近年ガイドを必要としない雪解け直後の早春の来訪者が急増している。その多くは他府県からの来訪者で、キタヤマオウレンやトクワカソウ、ユキバタツバキといったこの森特有の植物の開花を目当てにしてのことである。積雪による倒木などの観察コース整備を急がされる時期でもある。

年間ガイド担当者数の推移

ガイド日数が増加するのと並行して、ガイド担当者数も増加した。特に旅行社の場合は、バス利用で一回に四〇人前後の団体となる。山道の観察コースで、参加者に満足してもらう解説をするため一グループを一五人未満でガイドすることにしている。このため旅行

大人数のガイド（2012/4/27）

少人数のガイド（2012/4/27）

社主催のツアーが多い年はガイド人数が多くなる。また小・中・高等学校の保全作業を伴うガイドでは、作業の安全を考え同伴ガイドを付けている。このため、このガイドも人数が多くなる。ちなみに来訪者数が最も多かった二〇一二年度のガイド状況を見てみると、四月一四日の佛教大学紫風会から始まり、一二月二七日の中日新聞取材まで一〇五件を受け入れた。もちろん森にはガイドを必要としない多くの来訪者があったことを付記しておく。

来訪団体の違いによる対応

来訪団体は、親子連れから研究者まで、様々な層がある。それぞれの来訪者に合った対応ができるかどうかが、ガイドの手腕の見せどころである。当然のことながら研究者はテーマをもっての来訪であるため、ガイドはもっぱら道案内と森の保全作業の状況の説明が主になる。こちらは、逆に研究者の研究内容を教えてもらうということになる。この時得られた情報を会員が共有し、次のガイドに役立てることとしている。

家族連れや小グループのガイドは、ガイドの申し込みがあった段階で、どのような内容のガイドをすれば良いかを聞き、それに対応するようにしている。

「幼児を含む子ども二人と両親に加え祖父母を含む六人で行くが、ガイドは幼児に合わせて行ってほしい」「ササユリの保全活動をしているが、この森でやっている作業手順等をガイドしてほしい」「モリアオガエルの卵塊が一番多い時に行きたいので、その時期とモリアオガエルの生態についてガイ

2012年度の来訪団体一覧

一般

20120414	佛教大学紫風会山の会合同ハイキング
20120427	レイカディア大学
20120430	奥びわ湖観光協会ハイキング
20120509	ｼﾆｱ自然大学校 京おおみ自然文化ｸﾗﾌﾞ
20120517	レイカディア32期生ボランティア活動
20120519	三重大学自然保護研究会ＯＢ会
20120521	ロイヤルコミュニケーション倶楽部
20120523	西宮自探クラブ
20120527	八逢会
20120603	猪名川町里山倶楽部
20120603	みんぱく有志
20120608	滋賀県イベント打合せ
20120613	さらいの会
20120614	みどりの会
20120616	奥びわ湖観光協会ハイキング
20120627	奥琵琶湖観光協会理事会
20120701	自然大学やんちゃ仲間同窓会
20120723	しがＮＰＯセンター打合せ
20120723	レイカディア大学
20120724	湖北森林事務所打合せ
20120804	滋賀県『山門水源の森現地交流会』
20120813	奥びわ湖観光協会ハイキング
20120826	参天製薬野外活動部
20120907	シニア自然大学下見
20120920	木之本町ボランティア連絡協議会
20121013	長浜市生涯学習課観察会
20121017	山門老人会保全作業
20121017	ウォーク28
20121021	兵庫県たつの市里山保全ボランティアグループ「櫟の会」
20121025	しがNPOセンター打合せ
20121027	奥びわ湖観光協会ハイキング
20121104	フォレスターうじ
20121113	シニア自然大学校19期緑組
20121123	奥びわ湖観光協会ハイキング
20121202	佛教大学紫風会

学校

20120415	岐阜市青山中学校下見
20120512	大阪大学グローバルコラボレーションセンター下見
20120607	岐阜市青山中学校
20120608	西浅井中学校自然学習
20120608	西浅井中学校事前打ち合わせ
20120622	塩津小５年下見
20120705	西浅井中学校３年生保全活動
20120707	塩津小５年「ひびきあい」
20120710	ミシガン州立大学連合日本センター
20120713	成城学園初等５年生
20120714	成城学園初等５年生
20120714	永原小６年自然学習下見
20120715	成城学園初等５年
20120718	永原小６年生「自然学習」
20120718	ミシガン州立大学連合インターンシップ
20120719	ミシガン州立大学連合インターンシップ
20120723	ミシガン州立大学連合インターンシップ
20120724	ミシガン州立大学連合インターンシップ
20120725	ミシガン州立大学連合インターンシップ
20120726	永原小自由研究
20120727	永原小自由研究
20120730	永原小自由研究
20120730	ミシガン州立大学連合インターンシップ
20120803	西浅井中学校教員研修会
20120820	滋賀大学「環境教育実習」
20121009	永原小６年保全学習
20121031	塩津小地層学習湿原＆露頭下見
20121107	塩津小６年地層学習
20121120	永原小６年地層学習保全活動
20121208	西浅井中学校陸上部保全作業

研究者

20120601	クモ調査下見
20120602	クモ調査
20120603	琵琶湖博物館「里山の会」
20121025	ナツツバキ葉採種(東大院生２名)
20121025	ヒメミミカキグサの分布地調査
20121117	阪大大学院生調査下見

講演出前講座

20121023	西浅井中学校道徳授業
20121031	阪大講義（吹田キャンパス）
20130211	未来ファンドおうみフォーラム展示

取材

20120404	中日新聞ガイドブック取材
20120604	長浜み～な取材
20120718	京都新聞取材
20121227	中日新聞取材

保護団体

20121119	福井県自然保護センター研修会下見打ち合わせ
20121123	日本ﾋﾏﾗﾔﾝｱﾄﾞﾍﾞﾝﾁｬｰﾄﾗｽﾄ関西支部

旅行社

20120418	クラブツーリズム関西
20120425	クラブツーリズム関西
20120502	クラブツーリズム関西
20120503	クラブツーリズム関西
20120513	トラベル日本
20120609	クラブツーリズム名古屋
20120613	クラブツーリズム名古屋
20120615	遠州鉄道
20120616	遠州鉄道
20120617	遠州鉄道
20120618	遠州鉄道
20120811	穴吹トラベル
20120815	穴吹トラベル
20120819	穴吹トラベル
20120826	サンケイ旅行会
20121030	クラブツーリズム名古屋
20121107	クラブツーリズム関西
20121109	クラブツーリズム関西
20121114	クラブツーリズム関西
20121116	クラブツーリズム関西
20121118	トラベル日本
20121119	クラブツーリズム東京
20121121	クラブツーリズム関西
20121124	クラブツーリズム関西
20121125	クラブツーリズム関西
20121127	トラベル日本
20121128	クラブツーリズム関西
20121201	クラブツーリズム関西

旅行社団体のガイド（2012/6/15）

小学生の受け入れとガイダンス（2012/7/17）

生徒の保全活動には複数のガイドが付く（2012/6/7）

研究者のガイドは1対1で対応（2012/5/7）

ドしてほしい」「キノコの発生が一番多い時に、キノコのガイドをしてほしい」「ハイキング仲間で行くが、多少の保全作業を体験したい」等々、多様な要望が寄せられる。

　しかし、要望の全てに誠実に対応するのは難しい。例えば、キノコのガイドなどがそれである。森には約三〇〇種のキノコが発生する。毎年多発するキノコであれば問題ないが、希にしか発生しないものについては「すみません、このキノコは分かりません。麓の『やまかど・森の楽舎（まなびや）』にある図鑑で一緒に調べることにします」というような場面もしばしばである。

　ガイドの実力アップを行うため、二〇一二年には、講師を招いて一〇回のガイド講習会を行った。また、毎年幾つかの研究団体や研究者が調査に訪れた時、会員が同行して、その調査方法や調査の意義を学ぶ機会にしている。

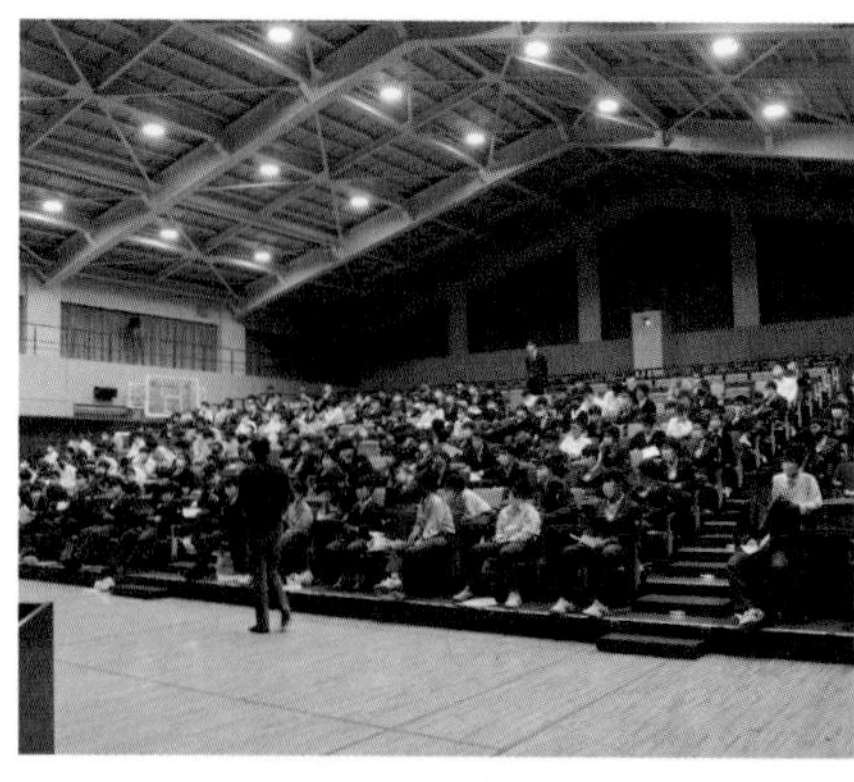
京都・東山中学校での出前講座（2020/11/7）

土木研究所の植生調査（2003/9/6）

徳島・生態系フォーラム（2007/3/3）

天然更新試験地の植生調査（2014/7/24）

本会独自で行っている植生調査などの各種調査は、調査経験者と未経験者がペアになって調査をするため、未経験者にとってはまたとない実力アップの機会となっている。

出前講座・講演

山門水源の森での調査や保全活動によって得られた成果を、要請に応じて各地で講演や出前講座を行っている。

これまでに要請を受けた団体は、小中学校・大学・高齢者大学・大学の公開講座・自然保護団体・自治会や老人会・公民館・ライオンズクラブやロータリークラブなどである。

いずれの講演や出前講座でも、ベースは「山門水源の森の生物多様性」「保全作業とその必要性」「琵琶湖の水源の森としての意義」について対象に合わせた話をしている。

こうした場で出される質問は多岐に

山門老人会の皆さん（2019/11/6）

雪中での防獣ネット撤収（2013/12/21）

わたるが、中でも多いのは、①ボランティア団体でありながら、なぜ長年保全作業が続けられるのか、②活動資金はどうしているのか、ということである。

①については、会員がとにもかくにも自然が好きということと、森を歩くことで得た稀有な生態系を次の世代に引き継ぎたいという情熱をもつものが多いこと。加えて地域住民の協力があることが大きい、②については、後述の財政で述べるように、多くの助成団体や行政の理解と協力があることと応えている。

課題

森での活動で最も重要なことは、言うまでもなく保全活動である。保全活動を後回しにしたガイドは主客が逆転する。そんな中で要請されるガイド数を確保することは容易ではない。会員は自身の仕事が最優先であり、その余力でこの森の保全に関わっている。

ところがガイドの要請は、必ずしも土日・祝日に限ったことではない。ウィークデーのガイド要請となると、担当できる会員が限られてくる。

事実、多い年は、一カ月の半分をガイド担当した会員もいる。しかも、本会のガイド担当者は、保全活動の経験があることという制限も加わる。かかる事情で、ガイド数が不足しているのが実態である。この苦境を乗り越えるためには、森の保全に関心のある会員数を増やす必要がある。

モリアオガエルの卵塊

渓谷に咲くササユリ

コラム

JRハイキングツアーのガイド——二〇一九年六月八日参加者一八名

嘉瀬井　豊

　JR永原駅から歩いて山門水源の森へ。県道沿いの看板のところで、山門水源の森のあらましと入山にあたっての注意事項、そして今日の見どころを説明する。森の楽舎（まなびや）の手前で、靴の泥を落として入山。ここでは山門湿原のミニ版である付属湿地の意義と、本会が行っている様々な保全活動を説明し、昼食。休憩の合間に付属湿地を観察した後は、いよいよ四季の森コースへとハイキング開始。時計回りにまずは沢道へ。渓谷に初夏の明るい日差しが緑越しに入り、ササユリが水しぶきに輝いている。山門水源の森で私が好きな光景の一つである。やがて炭焼き小屋に到着。もともとはアカガシやコナラを薪炭林とした里山であったことを紹介する。そこから湿原沿いのササユリ群落地へ入ると参加者の皆さんから「ウワー」と歓声が上がる。「こんなにたくさんのササユリを見たことがない！　すご〜い」。南部湿原付近に来ると木々にぶら下がっているモリアオガエルの卵塊にまたまた「ウワー」というどよめき。そして展望台付近のコアジサイの大群落にもう一度「ウワー」。南尾根上にある看板の案内に基づいて、ミツガシワなどの山門湿原の植生の魅力を紹介する。

　その後は南尾根を登り南分岐から谷筋へ入る。ラブラブソヨゴを過ぎてまもなく四季の森へ到着。山門湿原の周りの地質は花崗岩なので、大雨が降ると土砂が湿原に流入するため、砂防や浚渫などの保全作業が絶

付属湿地での案内

コアジサイの大群落

えない苦労話をしながら休憩。渓流を見ながら説明する。四季の森から北尾根までは急登。北尾根で一息入れながら、山門水源の森は位置的に寒地性植物と暖地性植物のぶつかりあうところであることから、尾根を挟んで北側にブナ、南側にアカガシが見られる場所があることを説明。またこの先にはユキツバキとヤブツバキの中間雑種であるユキバタツバキの大群落があることも説明する。北尾根を下り始めると、森の中が暗くなるほどのアカガシの大樹林帯が待ち受けている。アカガシといっても参加者の皆さんはそれほどご存じないが、「これほどアカガシを見たので今晩は夢の中に出てきますよ」と茶化す。七曲がりのところではダメ押しするかのようにササユリ群落が迎えてくれる。快適な尾根歩きを下るとほどなくして森の楽舎（まなびや）である。参加者の皆さん大満足の一日だった。

私が、山門へのＪＲハイキングを始めた頃は、近江塩津駅から歩いて山門水源の森までを往復していたが、国道八号線に歩道がない部分があり危険で、ある時期から近江塩津駅から上沓掛までを往復バスの利用をしていた。しかしそれもバスが減便され、午前のバス利用ができなくなった。やむなく現在は永原駅から約七キロを歩いて山門水源の森へ、帰りは上沓掛～近江塩津駅間のバスがなんとか利用できている。

以前はカスミザクラ観察（四月）、ササユリ観察（六月）、トキソウ観察（八月）、紅葉観察（一一月）など年四回程ＪＲハイキングを実施していたが、山門までのあまりにも長い距離を歩かねばならないことを考えると、ササユリと紅葉の時期の二回が精一杯である。

積雪の湿原（2020/2/7）

モリアオガエルの産卵（2018/5/31）

コラム

山門水源の森を訪ねて

近江兄弟社中学校一年　勝瀬　颯馬

僕が初めて水源の森を訪れたのは二〇二〇年の二月でした。そのあと何度も水源の森に足を運びました。森は、行くたびに姿を変えていて、春にはキタヤマオウレン、梅雨時にはモリアオガエルの卵塊、秋にはリンドウが見られました。冬の湿原が、初夏には青々として、違う場所のようになっていたことにとても驚きました。この冬は雪深い中を南部湿原まで歩きました。雪が眩しくて目がチカチカするほどでした。

水源の森では、まるでカレンダーをめくるように、季節の生き物や植物と出会えます。いつ行っても、静かで居心地がよく、心が落ち着きます。

もうひとつ、水源の森で印象深いのは、整備のことです。間伐材を利用した橋は、刻みを入れたり縄を巻いたりして滑りにくくしてあります。来訪者の協力で割木を下へ運ぶしくみや、植物保護の工夫がしてあります。たいていボランティアの方が作業していて、森のことや生き物や植物のことを教えてくれます。僕は小さな頃から山仕事に興味があり、今は土山で「くぬぎの森」という遊び場作りをしています。人の手がほどよく入ることで、森は森として生きてきます。人が通うことで、光が差し込み、人が集まる憩いの場になります。自分たちで整備した場所には愛着が生まれます。整備する人たちの丁寧な仕事や、森への想いが、水源の森の居心地のよさを創り出していると思います。

琵琶湖博物館のパネル展示（2016/10/1）

コアジサイの群落（2015/6/2）

コラム

アンケート調査からわかる森への期待に思いをはせて

中野　栄美子

山門水源の森で私が一番好きなのは、六月の湿気の中に漂うコアジサイの香りです。初めて訪れたのはかすみ桜を見に来た五月、そして次々にめぐる季節を訪ねました。その中でも一番楽しく思えたのが、雪解けのあとの散策コースの整備でした。柵を起こすと道が歩きやすくなる、目に見えて変わっていき、保全活動に参加するとコース以外の景色も見ることができました。

森の魅力の感じ方は人によって違います。二〇一六年には琵琶湖博物館と森の来訪者に「山の意識」調査を行い、環境学習支援士課題研究で『山門水源の森』の魅力とその取り組み」としてまとめました。抜粋します。

アンケートから山門水源の森への「来訪者」は六六％が女性、また五五％が六〇歳代であること。その目的は、「自然散策」が六六％、他「健康づくり」「自然観察」と続きます。森の魅力は「景色を見ること」七六％、「歩くこと」六六％、「動植物の観察」四五％などでした。また、琵琶湖博物館への来訪者では、八〇％が「山登りや山歩きが好き」と答えています。しかし、「好みの森」については三四％が「雑木林」、二八％は「遊歩道など整備された森」という結果も出ました。

「保全活動への参加」は、どちらも六〇％前後が関わりたいと答え、男女とも里山保全への関心が高いことがわかりました。とはいえ、実際

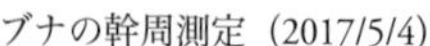

ブナの幹周測定（2017/5/4）

もりづくり交流会展示（2016/10/1）

には交通手段がない、山門水源の森が遠いなどの理由で参加に至らないのが現状です。また、森の利用を制限することよりも、保全の大切さや環境啓発へ活かしてほしいとの期待の声もありました。来訪者は、やすらぎやリフレッシュを求め、ガイド依頼者でも、動植物の観察が一番の目的でない、ということもわかりました。

森には目的別の来訪者があり、対応は丁寧に行っています。ですがこの調査結果から、私はガイドをするうえでの留意点として、「急がせない、疲れさせない、学ばせない」を心がけることにしました。

一九八二年林野庁提唱の「森林浴」では健康のために、その後森林セラピーや森林療法では疲労回復効果や生活習慣病の予防・治療に、森林の活用が言われました。二〇〇〇年以降いわれるストレス社会、二〇二〇年からのニューノーマルといわれる時代、森林は、ますます健康への効果やくつろぎの場所として期待されると感じます。

しかし、期待の一方で、日本の森林は様々な課題を抱えています。人が森林に効果を求めるのであれば、人は森林を活用し健全な状態が保てるよう働きかけていかなければいけません。

二〇一五年以降、世界が目指すＳＤＧｓ（持続可能な開発目標）目標の15「陸の豊かさも守ろう」では、「森林の持続可能な管理」と謳っています。管理する、すなわち人の関わりが必要なのです。

森が豊かで、生物の多様性が保たれ、人と動物が共存でき、水が清らかでありますように。わたしたちの心身が健やかでありますように。

天然更新試験地での伐採木整理（2011/11/30）

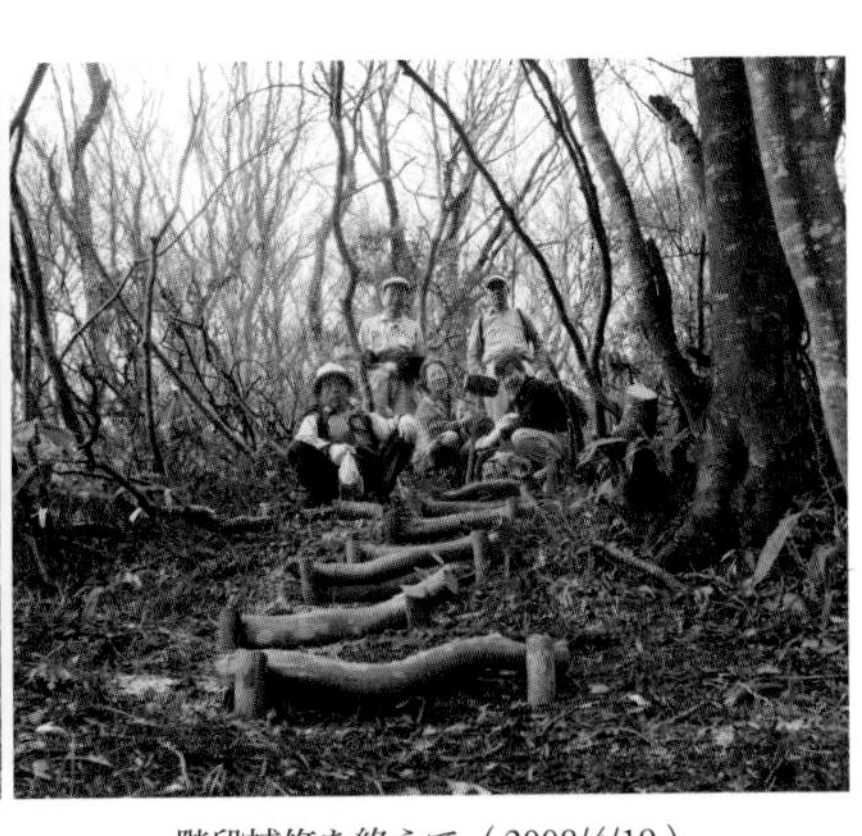

階段補修を終えて（2008/4/19）

コラム

六〇の手習い

藤本　和子

二〇〇四年、念願のログハウスに薪ストーブをゲットし、マキノ町の雑木林に移住、悠々自適の生活を始めました。一年後、自然保護に取り組んでいる当会に出合いました。風景の一部に過ぎなかった森に分け入ったのです。森の中は多種多様で何もかも新鮮。六〇の手習いの始まりです。ここでは森の主役、木からの学びに絞ります。

光を求めて葉を広げ、水を求めて根をはっていく木の姿。花をつけ実を結ぶ雌雄の営み。動けないのにウン十（百）年というスパンで生きながらえる生命力。今まで気にとめなかった木の生態を垣間見て、その奥深さに畏怖の念を強めざるを得ませんでした。中でも、木は自分を守るために自ら化学物質を放出しているという。それは人間にも免疫力を高める効果があるというので森林浴・森林セラピーが推奨されているという事実。納得の思いを強くしました。自己免疫力をつけ健康寿命を伸ばそう、私に生きる術を与えてくれました。

かつて、私は、秋の枯れ葉の散る季節は、寂しくて人生の黄昏を重ね好きではなかったのですが、木の生態を知ってから変わりました。落葉樹は、来年の準備を怠りなく休眠の態勢に入るのです。あの小さな冬芽にどれほどのエネルギーを秘めているか、五月溢れんばかりの新緑の輝きを想像してみてください。

万緑の森、今年もまた生き抜くぞ！　一本一本が主張しています。それに応えて、ようし私も頑張るぞと深呼吸をします。六〇の手習いは八〇の手習いになるまで続くでしょう。

そそり立つブナの老樹（2011/5/2）

ブナの森に緑の空気漂う（2009/6/26）

大地をつかむブナの樹根（2016/11/30）

滋賀県・西浅井町と本会合同のコース整備（2006/4/24）

西浅井町主催の観察会で島脇町長が挨拶（2001/11/10）

8　他団体とのつながり

山門水源の森と行政の関係

一九九九年「（仮称）山門水源の森を次の世代に引き継ぐ会」設立前後の行政と本会の各種折衝については、「はじめに」で記した。

滋賀県による一般公開が諸般の事情で二〇〇一年に延期されたものの、本会としては二〇〇〇年から本格始動を始めた。しかし自力での活動は限られており悪戦苦闘の中で、各種施設の利用・財政的な支援・広報など西浅井町（現長浜市）の全面的な支援があり今日に至っている。具体的には、西浅井町主催の観察会の広報・参加者輸送の確保・町民対象の各種催し、シンポジウム開催への支援などを得て活動が始まった。

二〇〇一年「山門水源の森を次の世代に引き継ぐ会」として正式発足した後も、西浅井町の支援が続いたからこそ、今日の本会の活動基盤ができたと思われる。

特に二〇〇四年に竣工した「やまかど・森の楽舎（まなびや）」も西浅井町の計らいで建設され、本会の活動拠点となっている。この施設は、西浅井町が長浜市と合併後も長浜市が管理し本会に便宜を図ってくれている。また二〇〇一年に山門水源の森が一般公開されると同時に発足した「山門水源の森連絡協議会」の構成員として、森の運営分担金を拠出してくれている。

一方滋賀県は、観察コースの維持管理や森の整備を山門水源の森協議会に委託しており、その業務を本会が、協議会に諮りつつ実施している。

森林レンジャーの研修会（2009/6/18）

COP10名古屋会場で展示（2010/10/20）

委託業務を遂行する中で発生した諸問題については、協議会に諮った上で事業化し実施している。

二〇〇二年には灌木林化が進行した北部湿原を湿原に再生できるかどうかの試行を滋賀県と共同で実施し、再生可能との見通しが立ったため以降一〇年を要して現在の湿原に再生した。また本会発足当初は、春先の観察コース補修にも県や町の職員が参加して作業を行うなど、協調した活動を行っていた。こうした保全活動と並行して、滋賀県主催の様々な事業にも本会が関わってきた。

二〇一二年から滋賀県主催の山門水源の森現地交流会では、西浅井町・有限会社西浅井総合サービス（二〇一九年からは、長浜市マッチングセンター）とともに、企画段階から参画し、毎回一〇〇名を超える参加者を迎えている。

二〇一〇年名古屋で行われたCOP10では、滋賀県のブースに山門水源の森の展示を行った。また、後日行われたこの森でのエクスカーションでは、海外の多くの参加者を森に案内し討論を行った。

他に県が主催する各地でのイベントにも参加し、出前講座にも講師として会員を派遣している。

森林レンジャー

二〇〇九年、琵琶湖森林レンジャー活用事業「ふるさと雇用再生特別基金事業」（厚生労働省）が立ち上がった。滋賀県は、森林政策課管轄でこの事業を行い、県下の四カ所に五名の森林レンジャーを配置した。このうち山門水源の森には二名が配属された。

森林レンジャーの報告書

滋賀県主催の山門水源の森現地交流会（2015/8/9）

水源の森で行っている保全活動をはじめとする諸活動は、新しく導入された森林レンジャーの見本となるということで、五名の研修をこの森で実施した。山門水源の森に配属された二名には、慣れない森での作業に加えて、毎日の活動報告書を提出してもらった。それを年度末にはまとめ、一冊の報告書ができあがった。このような報告書が県へ提出されたのは、水源の森に配属された二名だけであった。このやり方は、その後の山門水源の森での森林キーパーにも引き継がれ、会としても大きな財産となっている。また、この二名の人のつながりで、県下のいろいろな団体とのつながりも拡大した。

二〇一七年には滋賀県との協働事業として、資材運搬用の作業道を開設し、以後その延長には生活協同組合コープしがの助成金を得て現在も作業を継続中である。

二〇一八年には滋賀県と大津祭保存会とが将来のアカガシの利用について話し合った。山車の材であるアカガシがこの森に分布しているため、将来の山車の修理資材にするべく、アカガシ林の中に保存木を指定することとなり、その育成に本会が携わっている。

前述した通り西浅井町には、本会発足当時よりこの森が地域財産だとする考えから、様々な支援を受けている。長浜市との合併後も、この森に対する考え方は変わらず時宜を得た広報を行ってくれている。現在本会の活動拠点となっている「やまかど・森の楽舎（まなびや）」の維持管理に対しても、建設当時と変わらず今日まで継続されている。また、食害対策として毎年設置と撤去を繰り返している防獣対策の経費も、同市のボランティア協会から助成を得ている。

シンポジウムで 山門自治会長の挨拶（2004/5/8）　　山門自治会館でのガイダンス（2003/3/30）

地域との連携

本会の活動舞台である山門水源の森は長浜市西浅井町山門にある。本会は、発足当時から地域との連携を図ってきた。

ア．山門自治会

本会が発足当時、滋賀県および西浅井町とは度々協議する場もあったが、本会と山門の住民とのつながりは皆無であった。しかし、「会長には地元の山門の人が就くことがよい」と考えていた。いわゆる地元以外の人々が森に来て、何か解らないけど活動している、というのでは会の活動趣旨が地域へ広がらないと考えたからである。幸い発足間もない時期に入会した会員に山門の竹端康二氏がいた。そこで、会長への就任を依頼した。

二〇〇三年三月三〇日、自治会長に依頼し山門自治会館で説明会を開催した。この森の生物多様性は県下有数である。そこで、山門水源の森がどのような森なのか、本会がなぜ保全活動を行うのか、加えて本会の活動趣旨はどういったものかを説明した。一方で住民からは、先祖がこの森で炭や薪を生産していた時の話や、終戦直後湿原にハンノキを植栽したことなど、貴重な話を聞かせてもらい、収穫の多い会となった。

その会の終わりに本会から「将来は山門自治会が中心となる保全活動がなされることが私たちの希望である」ことを挨拶とした。この集会を契機に自治会員の多くが会員登録してもらえることとなった。

この年の五月、西浅井町と滋賀県共催で「山門水源の森シンポジウム」が開催されたが、この時の参加者の接待には、山門自治会あげての協力があっ

伊香郡JRCの活動（2005/8/2）

シンポジウム参加者の弁当（2004/5/8）

た。例えば、参加者に提供した弁当は、婦人部がつくった山門産コシヒカリのおにぎりと豚汁であった。こうした交流により地元との輪が広がっていった。

同年六月に「やまかど・森の楽舎（まなびや）」の付属湿地に植栽作業を行った際には、西浅井町山門以外の住民の協力もあり、会員数も増えていった。

このようにして、地域との交流機会が増え、山門老人会の新年会にも招かれるようになった。その場で、森の現況や保全作業の人手不足を話したところ、老人会の協力が得られることとなった。この年の秋から始まった各種の保全作業協力は、今日まで続いている。

イ．永原小学校・塩津小学校

二〇〇五年六月、永原小学校に勤める会員から、山門水源の森で子どもたちが夏休みに行う伊香郡青少年赤十字（ＪＲＣ）の奉仕活動をできないかと、事務局に相談があった。そこで当時、観察コース沿いに侵入したオオバコに手を焼いていたことから、その除去作業を提案し、その夏には、子どもたちが作業した。これが学校関係者を、この森に迎え入れた最初である。このつながりでこの年の秋、地元永原小学校の五年生が、山門水源の森で初めての自然学習を行った。森に来る子どもたちが増えることで、地域の人々が森を見る感覚は少しずつ変化していった。

二〇〇六年には、地元西浅井町のもう一つの学校である塩津小学校も、環境教育の一環として、外来種の除去作業に参加するようになった。この参加も前述の永原小学校に勤務していた会員の発案であった。

永原小学校児童による外来種除去の作業（2017/9/25）

永原小学校児童の夏休み自由研究（2014/7/28）

二〇〇七年、塩津小学校保護者会主催の「親子ふれあいハイキング」が初めて開催され今日に至っている。日頃ゆったりと話し合うことが少ないであろう親子が、森の中を歩きながら語り合う姿は、ガイドしている本会会員までも心温まる。

また森の入口近くの切り通しに、地層学習に適した広い露頭がある。両校とも毎年六年生が学習のため訪れ、現地で本会会員が指導を行っている。

二〇〇七年、永原小学校から夏休みの自由研究相談会を山門水源の森でできないかとの話があった。子どもたちに自分たちが住んでいる地域環境の素晴らしさをもっと感じてほしいとの思いからである。学校で募集したところ希望者が八名あり、二日間に分けて、やまかど・森の楽舎（まなびや）を基点に本会が指導を行った。その後、年々参加者が増えた。回を重ねていくうちに、自由研究を指導した会員は、子どもの付き添いで参加した保護者が子ども以上に自然を観るのに関心をもつことを感じた。そこで、地域に住む保護者がより環境や保全に目を向けることになると考え、学校と話し合い、二〇一五年から参加は保護者同伴を基本とした。保護者も森の中で一日を過ごすことにより、日々のストレスを自然の中で癒やされているようだとも感じている。

永原小学校のこの森での学習は、二〇一二年六年生の地層学習から始まった。二〇一四年からは毎年、全校児童が学年に応じたテーマで学習に来るようになった。加えて学年によっては、テーマ学習を何回かに分けて進めた。この学習に合わせて高学年は、植林の食害防止のテープ巻きや林床整備、外来種の除草、観察コースの補修作業など多彩な保全作業も行った。この学習

永原小学校児童のブナの苗木植栽（2013/6/11）

永原小学校の炭焼きの体験学習（2014/9/18）

永原小学校の中庭にビオトープを造成（2013/7/29）

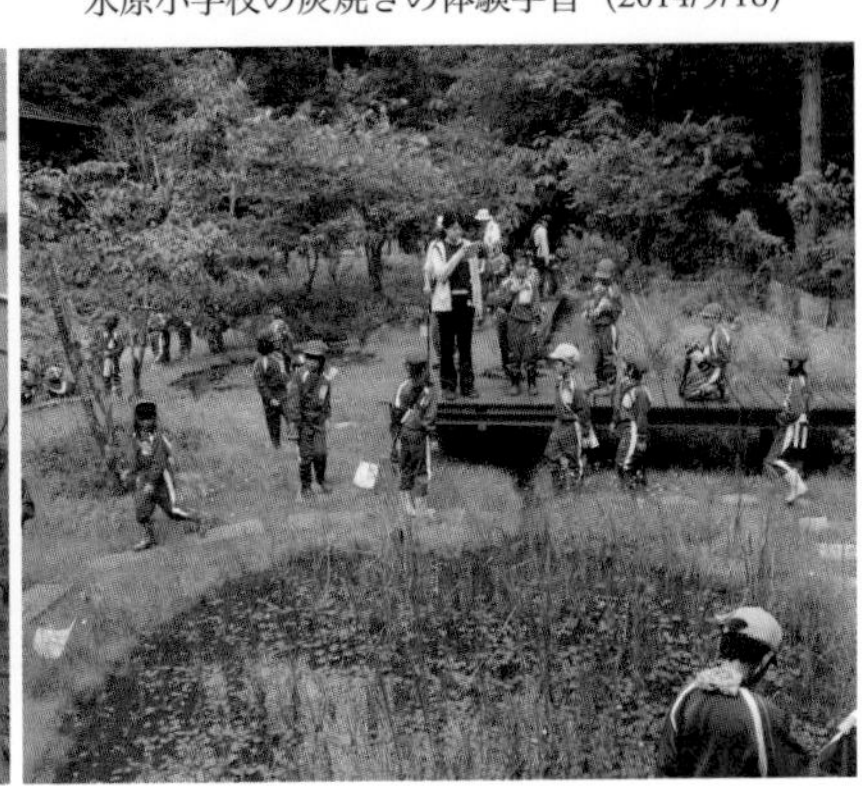
永原小学校低学年の自然学習（2019/9/3）

のまとめを、秋の「ながっこ広場」で発表し、多くの保護者に披露している。永原小学校の児童は、卒業までに少なくとも六回この森を訪れることになり、森に対する意識が変わったはずである。

二〇一三年、永原小学校から中庭にある池を、山門水源の森の生物が観察できるビオトープにしたいとの相談があった。そこで山門水源の森の湿原に分布する代表的な植物を植栽するための設計を行った。そして、植栽する植物を付属湿地で育苗した。植栽のための土壌運搬や植え付けは同校の教職員と共に夏休み期間中に行った。その後のビオトープ管理にも本会が協力している。

ウ．西浅井中学校

二〇〇九年秋、西浅井中学校の一学年が、初めて山門水源の森を理科の授業の一環として訪れた。この中で保全

地域の人々と行ったササユリの播種（2012/11/8）

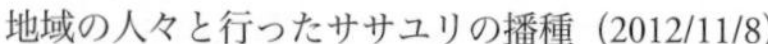

西浅井中学校陸上部員の林床整備（2011/4/23）

西浅井中学校１年生の自然学習（2014/6/11）

西浅井中学校３年生の林床整備（2014/6/18）

作業のための要員が足りないことを話した。これを陸上部顧問の先生が受け止め、二〇一〇年秋、陸上部員がササユリの播種を手伝ってくれた。以降年間数回、練習の合間に保全作業を手伝ってくれた。二〇一一年四月の陸上部の保全活動には、当時の校長先生の参加もあり、保全活動への生徒の参加の意義を感じたとのことであった。

二年生の道徳の授業は、先輩たちが山門水源の森の保全作業を行ったことを題材にした内容で行われており、この際ゲストティーチャーとして会員が招かれ、そこで町内の森の素晴らしさと保全することの意義について話をしている。以後この授業は続いている。

二〇一二年からは、一年生が森での自然学習、二年生はササユリの播種作業、三年生は林床整備と、全学年がこの森に関わるようになり、この活動は現在も継続している。

第１回山門水源の森報告会（2006/2/18）

山門自治会での報告会（2012/3/24）

エ．山門水源の森報告会

二〇〇六年二月、本会の活動開始から五年が経過し、少しずつその成果が目に見えるようになってきた。この活動成果を会のみの成果とするのではなく、協力してもらった各種団体にも報告するのが望ましいと考え、第一回公開報告会を開催した。この報告会の告知は、西浅井町全戸にチラシ配布で行った。加えて県内に活動を広く知ってもらうため、次のような報告会の告知記事掲載を各新聞社に依頼した。

二〇〇五年・「山門水源の森」報告会案内掲載依頼

例年にない一二月初旬の降雪に始まった今冬ですが、貴社には年初より発生する様々なニュース報道などご多忙な日々と存じます。

さて日頃は本会の保全活動にご理解を賜り感謝申し上げます。

さて本会も設立以来五年が経過し、日頃の保全活動による成果が見えるようになって参りました。おりしも滋賀県では「国際湿地シンポジウム」の開催や「ふるさと滋賀の野生動植物との共生に関する条例」が検討されています。本会は、「山門水源の森」の生物多様性の保全を、地域や行政とともにすすめる事業を展開してきました。地域の保全活動は、その地域で生活される住民の方々との連携が最重要だと考え、日頃から連携しつつ活動を進めて参りました。

今回下記日程で二〇〇五年の「山門水源の森」の報告会を開催します。

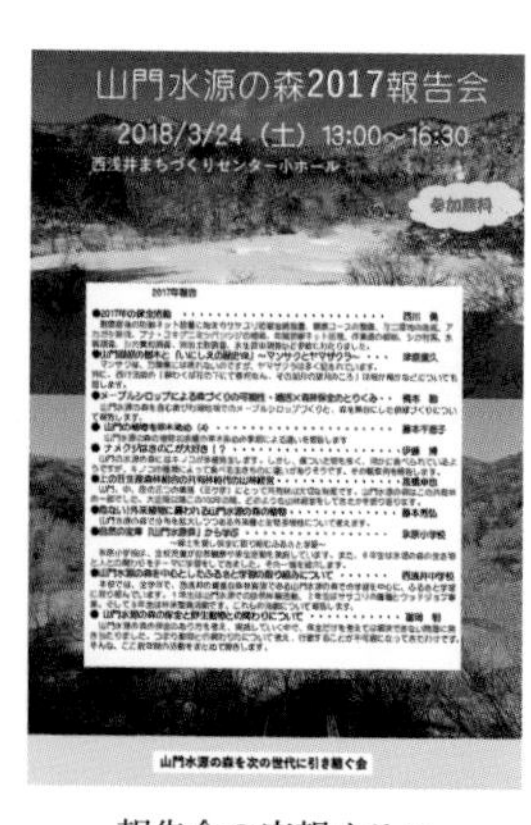

報告会の広報チラシ

つきましては貴紙の催し欄に参加を呼びかける記事として掲載していただきますようお願いいたします。

添付しましたチラシは、過日西浅井町全戸に配布したものです。特に地域の方々の理解が必要との観点からの配布です。参加については町内外を問いませんので、関心のある方なら何方でもご参加頂けます。

記

日時：平成一八年二月一八日（土）一三時三〇分～一五時
場所：伊香郡西浅井町山門　「山門公民館」（参加申込・参加費不要）

日　程

1.「山門水源の森」が注目されるのは何故か
2.「やまかど・森の楽舎（まなびや）」と「湿地ビオトープ」のこれまで
3. 二〇〇五年「山門水源の森」保全作業
4. 二〇〇五年「山門水源の森」を訪れた団体と趣旨
5. 地域の皆さんとの意見交換

二〇〇七年から二〇〇九年の報告会は、西浅井町菅浦の「つづらお荘」ランタの館で実施し、翌二〇一一年からは、西浅井町公民館視聴覚室（現・西浅井まちづくりセンター）で実施している。この報告会では、会員の報告の他に、永原小学校・西浅井中学校の山門水源の森での取り組みの報告も含まれており、今日まで続いている。毎年のこうした取り組みで、地域住民の他に、

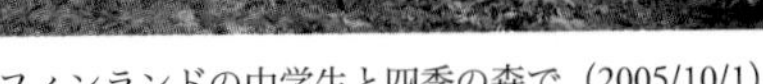

フィンランドの中学生と四季の森で（2005/10/1）

ビワマス遡上用魚道設置（2016/10/11）

滋賀県内の各地から参加者が増えている。

こうした地域への働きかけの機会が増える中で、多くの県民に山門水源の森の存在とその活動内容が理解され、多くの地域からの視察、講演依頼、その地域で行われている活動支援の要請が増加している。

オ．上(かみ)の荘(しょう)生産森林組合

山門水源の森は、滋賀県が買収する以前は上の荘生産森林組合（庄・中・山門の三自治会）の所有地であった。このこともあって山門水源の森連絡協議会の構成団体となっており、森の保全活動にも種々の便宜を図ってもらっている。

西浅井町が「やまかど・森の楽舎(まなびや)」を建設するに当たって、敷地の一部を上の荘生産森林組合から提供してもらい建設した。また、会員の活動に必須の駐車場も同組合の土地の提供を受けている。

シカの食害が増大し観察コースのブナの森周辺に防獣ネットを設置できたのも同組合との協議の結果である。

カ．中(なか)自治会とビワマスの遡上

山門水源の森から琵琶湖に注ぐ大浦川には、秋になるとビワマスが産卵のために遡上する。この川には下流域の水田涵養と防火用水のための堰堤が設置されている。この堰堤がビワマスの遡上の障壁となっている。このため堰堤の西側にある中集落では、この堰堤に魚道を設置するよう滋賀県に要望した経緯があったが実現しなかった。本会は堰堤があっても、何とかビワマスが遡上できるように、簡易な魚道を設置することを考えた。その設置許可は

水の駅の販売コーナー

中自治会を通して滋賀県に設置許可を得ている。波板や塩ビ管などを工夫して何年か設置したが、当初期待したほどの遡上数の増加はなかった。琵琶湖の生物多様性の貧弱化が危惧されている現状を考えると恒久的な魚道設置が望まれる。

キ．西浅井総合サービス

山門水源の森への玄関口の一つが、ＪＲ湖西線永原駅である。(有) 西浅井総合サービスの本社事務所も兼ねたこの駅舎には、「コミュニティハウスKoti」という耳慣れない表示板が設置されている。「Koti」とは、フィンランド語で「ふるさと」という意味である。これは、二〇〇七年当時、西浅井町とフィンランドのトフマヤルビ町との間で、中学生の交流事業を実施していたことから命名されたものである。

フィンランドからの来訪時には、西浅井中学校の生徒も伴って森のガイドを行い、四季の森で両校の生徒が語り合う傍らで、フィンランドの森とこの森との違いについて教師とも話し合った。先方は、針葉樹（フィンランド）と広葉樹（山門水源の森）の景観の違いが印象的だとのことであった。

西浅井総合サービスは、本会発足と同じ二〇〇一年に設立され、西浅井町の公共施設などの管理を中心に、町内で様々な事業を展開している。奥びわ湖・山門水源の森では、滋賀県からの委託業務の管理も行っている。本会の日頃の諸活動やイベント開催には全社あげて協力してくれている。同社が管理する国道八号線沿いの「奥びわ湖水の駅（塩津海道あぢかまの里）」では、地域の農産物や湖魚・山菜・地域の銘菓などが販売され、ドライバーに愛用

滋賀湖北ロータリークラブの皆さん（2008/11/16）

JR永原駅（2003/3/2）

されている。この一角で山門水源の森のガイドブックや会員が作製した絵はがき・しおり・装飾品が販売されている。また、同社が酒造メーカーとタイアップした「日本水源の森百選・本格焼酎『山門水源の森』」が店頭を飾っている。

ク．来訪者の増加と協力団体

こうして認知度が低かった湖北のこの森も、様々なメディアで取り上げられることが多くなり、いろいろな機会にこの森の生物多様性やその保全について紹介されることが増加した。それにより、新聞社や旅行社主催のガイド依頼が増え、来訪者の中から会員になる人も増えていった。

来訪者の増加は、歓迎すべきことだが、観察コースの維持管理の面からは、必ずしも万歳というわけではない。年間数千人が森を訪れると、外部から靴裏に付着した種子が持ち込まれる。これを防ぐため、入口で靴裏を洗浄して入山してもらうことにしている。しかし、それは完全なものではない。こうして持ち込まれた外来種は、毎年除去作業を行っている。こうした作業にも、会員の働きかけで地域外の団体が参加してくれるようになってきた。

保全活動に欠かせないのは、要員の他に資金がある。この点についても、滋賀湖北ロータリークラブの協力は早い時期からあり、地域資源を生かす活力になった。

四季の森から南分岐に向かう（1999/11/23）

除伐で明るくなった四季の森（1999/11/23）

コラム

山門水源の森一般公開二〇周年にあたって

滋賀県湖北森林整備事務所長　南井　隆

私は一九九〇年度に滋賀県庁に林業技師として入庁しました。幾つかの職場を経験し、一九九八年度から二年間、林務緑政課緑化係で「山門水源の森」に関する業務の担当をさせて頂きました。あれからもう二〇年以上の年月が経過し記憶が薄れていますが、当時担当した中で思い出に残る二つの事業を中心に書かせて頂きます。

「四季の森」森林整備事業

四季の森の区域は、比較的緩やかな土地に川が流れる広葉樹の明るい森です。過去から炭焼きのため繰り返し伐採され、再生力の強いコナラが優占する生物多様性の豊かな森林です。しかし、このまま放置すると遷移が進み、常緑樹が優占する鬱蒼とした暗い森林に変わっていきます。そこで、間伐により遷移の進行を戻し、当面の間、明るい森を維持するという整備方針としました。植生調査結果に基づき、樹種ごとに四つの類型に分類し、それに応じた伐採率を設定しました。例えば常緑樹は九割伐採、落葉樹のコナラでも若返りのため二割程度伐採といった具合です。また、森林の階層構造にも着目し、高木層、中低木層、将来高木になりうる樹木をバランスよく配置できるよう伐採計画を立て、実施しました。当時、「木を切ることは自然破壊だ」、「割りばしは地球に優しくな

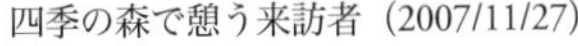
四季の森で憩う来訪者（2007/11/27）

新緑の四季の森（2020/5/3）

い」といった世論が一部にありました。天然資源の少ない日本では森林（＝木材）は再生可能な貴重な資源です。計画的に森林を伐採し、木を使うことは森林の健全育成のためにも良いことを伝えたいと思い、四季の森の説明看板にはその思いを書きました（現在、看板はリニューアルされ、内容が変わっています）。整備後の四季の森について、山門湿原ニュースNo.117（一九九九・五・九）に嬉しい記事がありますので紹介します。

『西浅井町教育委員会主催「山門湿原・水源の森」自然観察会すがすがしいコースで開催される。』

　観察路中の最も緩傾斜の部分は間伐がされコナラ広場状になっており、明るいこともあり今回の観察会でもここが昼食場所となった。この場所は観察会の際、子どもたちが長時間をどのように過ごすかをテストケースとして観察することでもあった。日常部屋に閉じこもりがちと大人が思っている中で、最初の一〇分前後は単なる探索であったが実にいろいろな遊びを考え出した。これぞレイチェル・カーソンの「センス・オブ・ワンダー」だと一瞬叫びたくなるほどでした。マフジの太いツルで誰かがターザンごっこを始めた。するとあちこちツルを探し回ってターザンごっこが各所でおこる。引き下ろせたツルでは、集団縄跳びが始まる。根曲がりの樹木では、昼寝を始める。谷川で水晶が出るといえば、それに熱中といった次第。ここで彼らは塾通い以上の何かをつかんでいるに違いありません。

解説板の設置完了（1999/12/27）

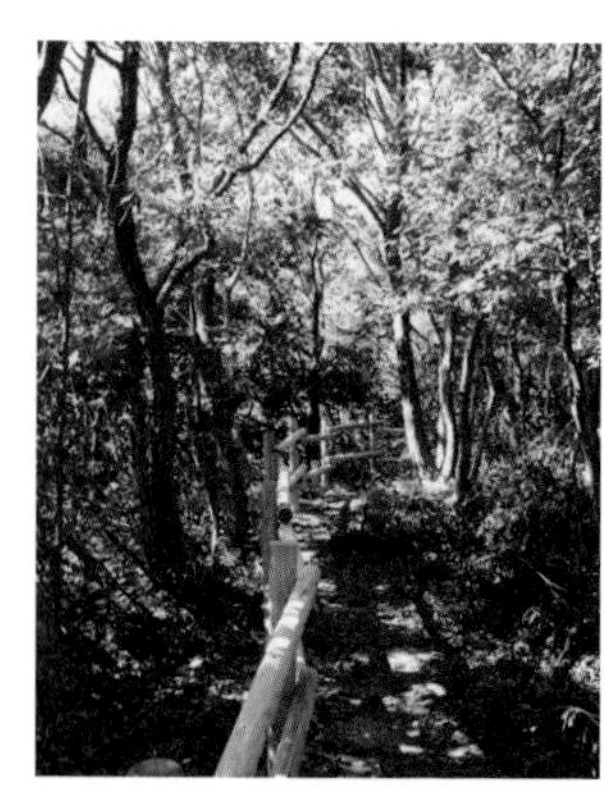
観察コースに木柵を設置(1999/10/25)

カーソンのいうように教えることも注意することもありません。子どもが子どもの力で自然を学んでいました。いつの日か朝から晩までこの場所で子どもと過ごしてみたいと感じたものです。

木製施設整備事業

公開を翌年度に予定していた一九九九年度には、隣接する牧場の牛の侵入防止柵に加え、説明看板や案内看板、展望台、木製階段や手すりといった木製施設を整備しました。山門湿原ニュースNo126（一九九九・一二・二七）他にも記事がありますが、この事業には苦労しました。観察コースや各種施設の設置場所の選定、説明看板の内容検討から原稿作成などを限られた短い期間内にやり遂げなければならないからです。村上宣雄・藤本秀弘両先生には、幾度となく現地においで頂き、一緒に歩き、協議を重ね、未熟な私をご指導頂きました。村上先生には、地元住民、研究者、環境保全団体、行政が協力して保全に取り組むことが大切である旨ご教示頂きました。また、「私たちは環境保全を口で唱えるのでなく、具体的な活動を行い、誰からも喜ばれる保全対策を提言し、実現していくために努力する人間でなくてはならない」と言われていました。村上先生なくして今の保全体制はなかったと思います。藤本先生からは貴重植物盗掘者と喧嘩が絶えないことを伺い、体を張って湿原の自然を守っておられる情熱に感銘を受けました。両先生には現地での助言に加え、説明看板の原稿作成でも大変お世話になりました。特に説明看板の原稿校正では締め切りに追われ、夜に何度も藤本先生のご自宅に

紅葉の四季の森に立つ筆者（2020/11/16）

伺ったこともありました。仕事でお疲れにも拘らず親切にご対応いただき、随分ご迷惑もお掛けしたと思いますが、同じ目標に向かって共に戦った同志だったと思っています。それら全ての経験は私の大切な財産です。

そして今、長浜市を所管する事務所の所長として山門水源の森に関係していること、何かあればお声掛け頂き、良いご縁が続いていることをありがたく思います。特に長年の懸案事項、腐朽した木製施設の更新に順次取り組んで頂いていることに厚く感謝しています。

地道に保全活動を継続して来られた皆様に心より敬意を表します。そして、山門水源の森を次の世代に引き継ぐ会の今後益々の御発展と皆様の御健勝を祈念しまして、寄稿文とさせて頂きます。

ササユリの播種（2019/11/8）

山門学習（2014/5/8）

コラム

九年間ありがとうございました

西浅井中学校三年　山瀬　若菜

永原小学校の頃から、保全活動として「チップまき」をさせてもらいました。チップまきは、「木の根っこが傷つけられないようにという意味でまくんだよ」と教えてもらい、木の大切さについて感じられた活動でした。私は、去年ササユリを播種した時のことを鮮明におぼえています。ササユリの種をまいても、芽が出るのに二年かかると聞いて、とても驚きましたが、その少ない大きな命が七年かけて花開くことにとても感動しました。ササユリがシカによって食べられてしまうという被害があり、山門水源の森では、ネットがしてあります。今日行って見せてもらうと、たくさんの種類のネットがあり、植物を守るためには、人間の手を加えないと守れないこともあるんだと感じました。

生き物も大切ですが、生き物がいる以上、植物が受ける影響の大きさも比例してゆくことを知りました。小、中学校合わせて九年間西浅井の環境について身近に感じられましたし、保全活動を通して、西浅井の良さに気付くことができました。今では、とても誇りに思える地域となり、前まで何気なく踏みつけていた植物を大切にし、未来まで残して、次の世代までつなげていけるような行動を心がけたいと思います。自分たちの代で環境を悪化させるのではなく、周りの人たちと協力して守ってゆきたいと思います。

地層学習（2006/11/14）

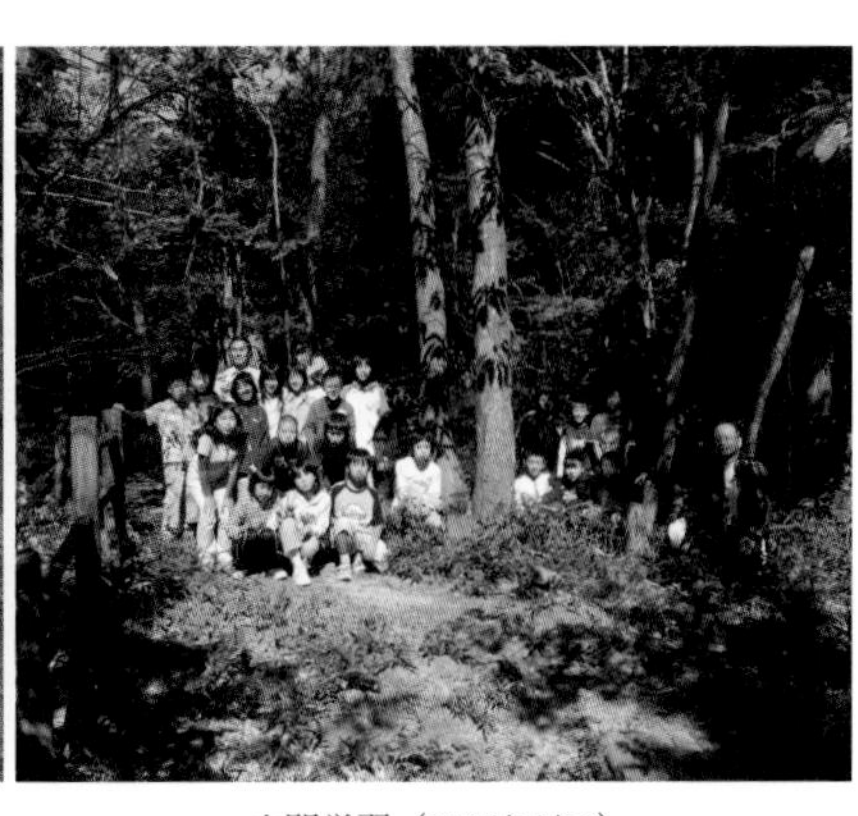

山門学習（2005/10/20）

コラム

長浜市立永原小学校とともに

村田　良文

二〇〇〇年から段階的に導入された「総合的な学習の時間」（以下、総合）では、四つの内容「環境」「情報」「福祉・健康」「国際理解」が示され、地域連携をかかげていました。しかし、当初は、どの学校も模索状態で全学年を通した系統的な学習計画が整えられているとは言えない状況でした。二〇〇四年頃、永原小学校に勤務していた私は、竹端康二さんからよく森の話を伺っており、総合の主任として当地を地域学習の中心的な教材に使うことを考えていました。それは次のような理由からです。①様々な生き物を身近に感じることができ、環境保全も学ぶことができる。②「引き継ぐ会」による人材が豊富である。③昔の話などを祖父母から聞くことができる。そして、低学年は生活科を充て、始めたのが「山門学習」です。その後、配当時間の削減があっても工夫されて続けられています。この他にも六年生理科で学ぶ「地層」を森の入口近くで行うようにしました。一般的には写真などで済ませてしまうことも多い学習ですが、森へ続く県道沿いに良い露頭があり、藤本秀弘さんの指導で実物を見ての学習ができました。また、市内の湖北野鳥センターで行われていた「夏休み自由研究相談会」を参考に、この森で同様の取り組みを始めたのもこの頃です。このような経験をした私は、今は会員として活動をしており、こうした事業を「次の世代に引き継ぎたい」という思いを込めて行っています。

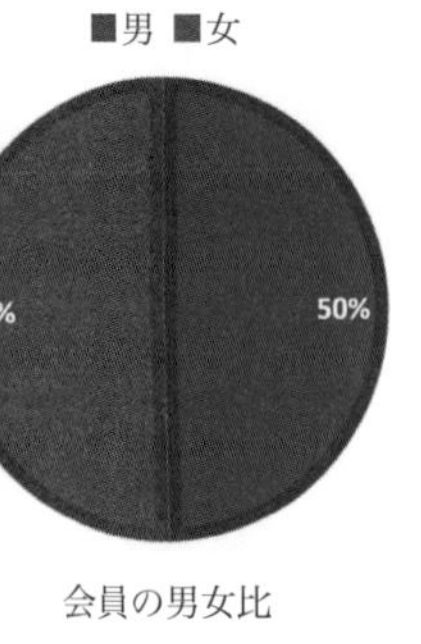

会員の男女比

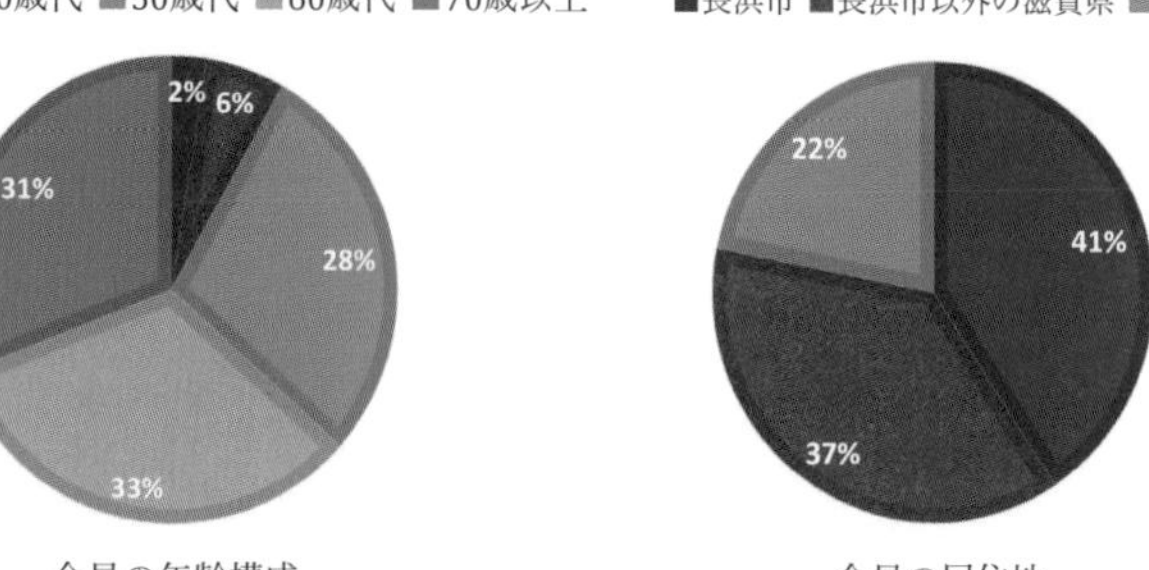

会員の年齢構成

会員の居住地

9　会員の動向

会員の構成

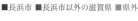

本会発足当時の会員数は、六二名で（滋賀県在住者五〇名・他府県在住者一二名）であった。二〇二〇年末には、一二三名となっている。この間に転居・高齢化や死去などの理由で二三一名の退会者があった。現在の会員を居住地でみると、滋賀県在住者が七八％（長浜市四一％、長浜市以外が三七％）、他府県が二二％となっている。年齢構成は、六〇代が最多の三三％、続いて七〇代の三一％で、五〇代が二八％となっており、日々の保全活動の中心は、五〇代以上が主力となっている。かつては六〇歳定年直後の会員の増加があったが、昨今の社会情勢である定年制などの変動によって、現在はそれが見込めない状況になっている。

男女比は、ほぼ半々である。

現状の共有

森で行われている諸活動の状態を会員が共有することは、活動の継続性の観点から非常に重要である。このため本会では、活動開始当時からホームページを開設（https://www.yamakado.net/）し、ほぼ毎日更新している。そこで本会の情報を公開することにより、活動の理解と活動への協力が得られている。これによって今、森がどのような状態なのか、次に出向く時どんな活動をすればいいのかが分かるようにしている。また最近では、ほとんどの来訪者が、ホームページから情報を得ているようである。

奥びわ湖・山門水源の森ホームページ

YAMAKADO NEWSLETTER NO.114（2009/5）

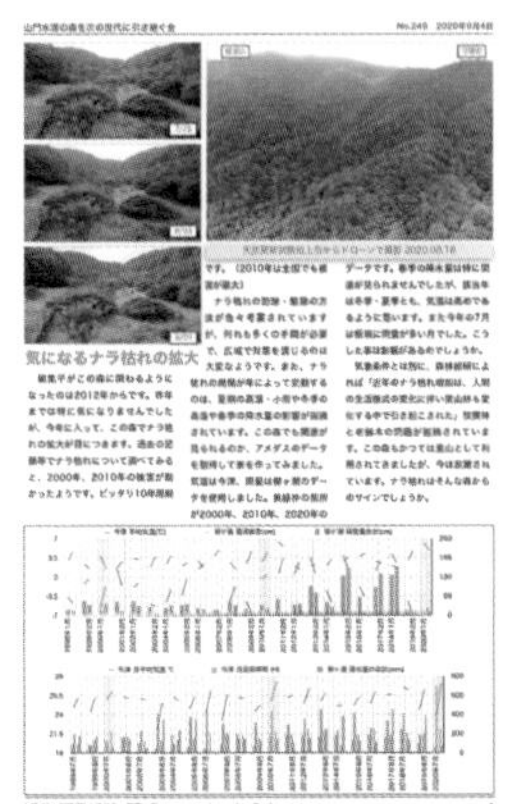

YAMAKADO NEWSLETTER NO.249（2020/9）

(2) YAMAKADOSUIGENNOMORI DAYORI NO. 76 2007/02/15

2007年総会等の出席確認表

YAMAKADOSUIGENNOMORI DAYORI NO. 76 2007/02/15 (1)

山門水源の森だより

NO.76

2007/02/15

山門水源の森を次の世代に引き継ぐ会

2007年活動方針を決める総会迫る

総会で成果を確かめつつ・懇親会で大いに語りましょう

日時　3月24日（土）13：30～

3月25日（日）9:30～　保全作業

山門水源の森だより NO.76（2007/2）

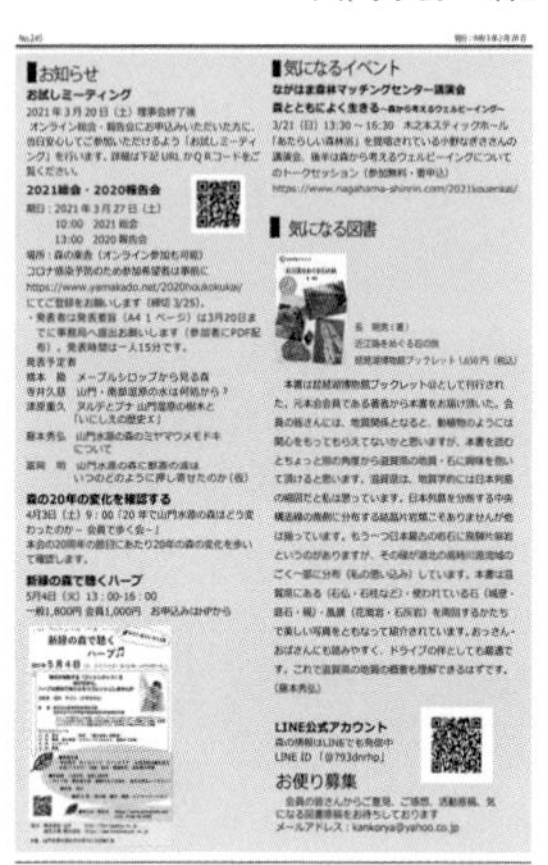

■お知らせ

お試しミーティング

2021総会・2020報告会

森の20年の変化を確認する

新緑の森で聴くハープ

■気になるイベント

■気になる図書

LINE公式アカウント

お便り募集

森だより

2021.2 No.245

Information for members

■こんなことがありました。

■これからの予定

山門水源の森だより NO.245（2021/2）

「山門水源の森」フィールド等活動報告書

「山門水源の森」　森林キーパー活動報告書

日々の会員活動報告書

環境大臣表彰の授賞式（2007/4/25）

全会員には、本会発足時から毎月「YAMAKADO NEWSLETTER」と「山門水源の森だより」を郵送していたが、現在は大半の会員にメール送信している。このうち前者は、この一カ月間の動植物の状態と実施した保全活動の報告である。後者は主として会務の報告と次の月の活動内容を会員に告知することを目的に掲載している。両紙とも二〇一八年度から編集者が変わり、報告形式・内容ともに刷新され好評を得ている。

また、活動した会員が日々の森の様子や活動内容を報告書という形で希望会員にメール配信している。

受賞歴

会員個々は様々な自然環境に関心をもちつつ、この山門水源の森で保全活動に携わっており、各人各様の思いがある。そうした中でも会全体としては、この森の生物多様性を何とか次の世代に引き継ぎたいという思いだけは共通している。未だ残雪の中での観察コース整備や暑熱の湿原での外来種除去、吹雪の中での防獣ネット下ろし等々と、傍目には何故そこまでやる必要があるのかと思われつつも、今二〇年が経過した。

そうした活動が実を結び、表彰されるという機会にも恵まれた。本会の活動が一定の評価を受けているのだと確認することにもなった。これまでに受賞したのは次の通りである。

- 「みどりの日」自然環境功労者環境大臣表彰（環境省　二〇〇七年）
- 環境貢献賞（国際ソロプチミスト長浜　二〇一一年）
- 淡海のつなぐ、ひらく、みらい賞（淡海文化振興財団　二〇一三年）

したたる樹液（2019/2/4）

雪の中の作業（2022/1/20）

コラム

メープルシロップがつなぐ人と森

橋本　勘

二〇〇九年に琵琶湖森林レンジャーとして山門水源の森に着任したのをきっかけに本会に入会し、会員ならびに仕事の一環としてもこの森にかかわっている。そのなかでカエデの木から樹液を採取してメープルシロップを作るという活動を始めたのは二〇一七年だった。きっかけは秩父での国産メープルシロップづくりについて知ったことだった。最初は二本のウリハダカエデから始めたが、翌年から私が所属する「ながはま森林マッチングセンター」により滋賀県の委託事業「魅力ある資源発掘調査（のちに利活用促進）」事業として、他の森のカエデも併せて樹液採取を行ってきた。メープルシロップは地元の西浅井総合サービスの製造により「ながはま森のメープル」として販売も行っており、大変高価ながらも好評である。ちなみに樹液がメープルシロップになるには糖度を高めるため四〇分の一まで蒸発させる必要がある。最初無色透明だった樹液が蒸発するにしたがって琥珀色に変っていくのだ。

国産メープルシロップはイタヤカエデの樹液を利用するのが一般的であるが、長浜ではウリハダカエデのほうがよく樹液が採れることが分かってきたので、そちらを中心に行っている。樹液採取の方法は直径二〇センチ㍍以上のカエデから一月下旬に直径約一センチ㍍の穴を一カ所だけ空け、ホースとタンクをつなぎ一週間毎に樹液採取を行う。樹液が

樹液を採取した穴をふさぐ作業
(2019/2/25)

ながはまの森のメープルシロップ
(2019/3/5)

タンクに貯まった樹液
(2019/2/4)

採れるのは二月いっぱいまで。最後は癒合剤で穴をケアして毎年経過を観察している。

作業は単純だが、積雪のなかスノーシューを履いてタンクを背負って行き来するのは結構な重労働である。そこで二〇一九年からはメープルサポーターといって一緒にこの活動を手伝ってくれる人を募集した。現在はメープル部会という名称になり、毎年募集、毎年解散というスタイルを取っている。合わせてメープルトレッキングという樹液採取体験とメープルシロップを試食できるツアーも開催しており、こちらも好評である。

部会ではツアーと異なり定期的に森に入って樹液を採取することになる。いわば森に通うのである。これが非常に大切なことだと考えている。樹液がよく出るのは夜間に氷点下になり日中5℃以上に上がる時だと言われている。そのことを知ると別の場所にいてもその日の気温から、今頃森では樹液が出ているのだろうかと思いを馳せることになる。この瞬間に森におらずとも森がその人の中に侵入してきているのではないかと思う。

この活動を通して山門水源の森を知り、この森に興味をもち、山門水源の森を次の世代に引き継ぐ会に入会した方も複数いる。中には移住までした人もいる。メープルシロップということもあってか、これまで森に接点がなかった人が参加してくれるのも、この活動の特徴でもある。活動を通して、いろんな人が森につながっていく。そこから新たな関係が始まっていく。その可能性を毎年感じている。

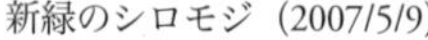
新緑のシロモジ（2007/5/9）

新緑まぶしい南部湿原（2003/5/3）

コラム

山門水源の森に出会えて

鳥居　節子

一九九九年、夏に講習を受けて自然観察指導員になったばかりの私に、年末、滋賀自然観察指導者連絡会より、「山門水源の森」の保全決定のお知らせと協力依頼が届いた。西浅井町にあるその森のことは何も知らなかった。その書面により、その里山の貴重な環境の保全を呼びかけている方の長年の活動を知った。またその里山を守る活動は滋賀の里山を守る活動の大きな力になると考えていることも知った。そこで比較的近い場所でもあり、私にできることがあればと思い、協力すると返事した。

翌二〇〇〇年二月、最初の事務局を担当していた松室美法氏から、六〇名近い方から協力の意思表示があったことの嬉しさが伝わってくるような書面が届いた。そして、私は、熱意ある藤本秀弘氏、村上宜雄氏、松室美法氏の三本柱に六〇名余の自然環境保全の同志による、当時仮称「山門水源の森を次の世代に引き継ぐ会」の一会員となった。五月七日には会主催の自然観察会に参加し、山門湿原と森を訪ねた。初めて見た南部湿原の展望所からの景色！　いっせいに萌え出した山の木々の様々な緑に囲まれた湿原には、ミツガシワの白い花が群れ咲いて、一面に広がっていた。シロモジの若葉がみずみずしく、カスミザクラの花も満開だった。「こんなところが在ったのだ……」と、目を見張り、体いっぱいに感動したことは今も心に残っている。翌二〇〇一年の春、この森は

「大窓」で見た伊吹山からの日の出（2013/12/21）

五色ヶ原の現地研修（2011/6/30）

一般公開が決まった。四月一日、会の設立総会に参加し、私は審議を聞いているばかりだったが、会は正式に発足、本格的スタートとなった。

それからの二〇年の月日。私は本当に多忙極まる時が多く、その間隙を縫って、行ける時に参加した。パトロールや楽舎の当番、ガイドや植生調査、ササユリの播種、獣害対策のネット張りや研修など。

保全活動にはあまり出られなかったが、その成果にいつもびっくり。嬉しい思いと感謝の思いがいっぱいであった。

二〇一二年の冬至の日に日の出を見に行った。森の楽舎に朝五時集合とのことだった。真っ暗闇の中、集まったのは、藤本先生と藤澤平さんと私の三名だけ。沢道を経て、ヒノキの森を過ぎ、冬木立のブナの森に入ると、幾分山道も明るくなってきた。中窓で正面の伊吹山を眺めると、右上空に金星が明るく光っていた。空は、夜明け前の赤みが差し始め、大窓に到着。しばらく待っていると、七時一五分、伊吹山山頂からの日の出を見ることができた。今、七〇歳を過ぎても、山門の森へ出かけられる時はうれしい。尾根道も沢道も足の置き場が分かってきているようで、足を痛めている割には、自然に歩ける。深くいい呼吸ができ、花粉症も山門の森では症状が出ない。道々には、季節が巡るごとに、新たな木々や草花や、生き物や景色の変化に新鮮な発見や出会いがある。今回、改めて一〇年史を読んだ。心のこもった多岐にわたる内容で、次の世代の人にも是非読んでほしいと思った。今、山門水源の森と、ここを守りたいと思う人たちに出会えて本当によかったと思う。

神奈川県の風景

コラム

神奈川県からの便り

中島　一子

なぜ神奈川県の会員がいるのか？　私は長浜出身で結婚後に神奈川県に移りました。

滋賀にいる頃は「滋賀自然観察指導者連絡会」のメンバーでしたが経験が浅く、まだ山門水源の森のことはよく知りませんでした。滋賀を離れてから「山門水源の森を次の世代に引き継ぐ会」設立話を聞き、村上、藤本両氏の熱い思いに心が動き、神奈川にいるにも関わらず会員になりました。滋賀を離れて三〇年ほど今も会員でいるのは、山門水源の森がそれだけ魅力的だからです。

地道な調査によって分かった貴重な動植物たち、森の成り立ち、そして癒やしなど。今後も新しい発見があるかと思います。そのワクワク感もいいです。その一方で、シカやイノシシなどによる獣害には悩まされています。一人でも多くの人手がほしいところだと思います。

山門水源の森が一般公開されて以来、会員の皆様による各種調査や保全活動も徐々に広がり、山門ニュースレターやホームページで、その様子を見るたびに頭が下がります。

私はと言うと、帰省もままならず、帰省しても山門水源の森まで足をのばせず歯がゆい思いでいました。このまま名ばかりの会員でいることはとても申し訳なくて辞めるつもりでいましたが、ある時、藤本氏

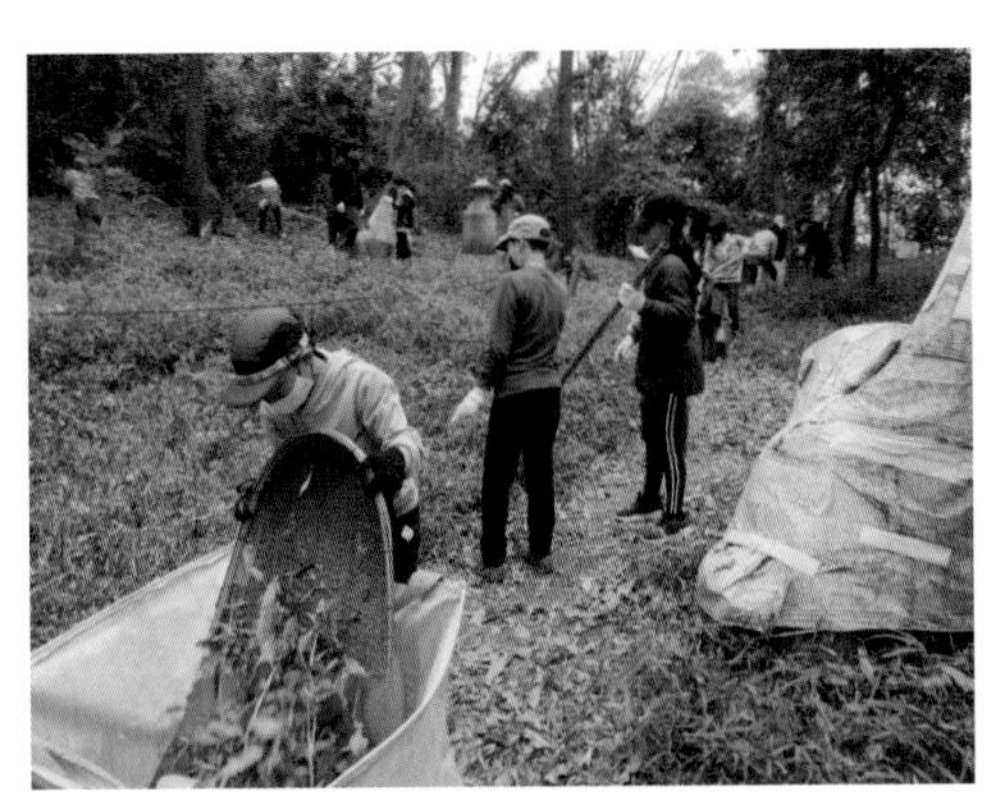

神奈川県の小学生による里山保全活動

に「会員としての活動ができなくても遠くで気にかけてくれている人がいるだけで心強いから」と言葉をかけて頂きました。私みたいな人が一人くらいいても良いのかと都合良く解釈をし、その言葉に甘えて今日に至っています。何かができる訳ではないのかもしれませんが、細く長く山門水源の森を見守っていければなあと思っています。

山門水源の森に限ったことではありませんが、「次の世代に引き継ぐ」というのはなかなかすぐには難しいことです。まずは子どもたちの心に種を播くことからと私は思っています（山門水源の森を次の世代に引き継ぐ会では早くから実施されていますが）。好奇心旺盛な頃に森の中でいろいろな体験をする。何年かして、ひょんなことからパッと芽が出る。時間はかかりますが、そう信じています。それがたとえ一人だけだったとしても。

かく言う私もそんな一人です。今できることをとの思いで年に数回ですが、こちら神奈川県の地元の小学校にて里山保全活動というのがあり、少しお手伝いをさせてもらっています。さて、まずは一〇年後どうなっているのか……楽しみです。

山門水源の森から琵琶湖を望む（2009/4/24）

コラム

伊勢・三河湾流域での生物多様性保全活動から見た『山門水源の森を次の世代に引き継ぐ会』の活動

寺井　久慈

一九九三年ラムサール条約釧路会議で琵琶湖がラムサール湿地に登録された頃、私は釧路湿原の陸水学的調査（水質・微生物）に関わっていました。その関係で一九九四年に名古屋市が名古屋港の藤前干潟をゴミ処分場として埋め立てる環境アセスメントを開始する時に、市民団体「藤前干潟を守る会」から要請されて市民サイドの干潟調査に協力することとなり、干潟保全活動に関わって来ました。干潟保全団体の活動は当初は野鳥や渡り鳥の保護という観点が中心でしたが、ラムサール条約を意識するようになってから湿地の保全が生物多様性の保全につながることが認識されるようになって来ました。事実、湿原や干潟は陸域生態系と水域生態系の境界「エコトーン」として必然的に生物多様性が豊かな生態系となっています。

二〇〇〇年九月の東海豪雨で伊勢・三河湾流域の河川が氾濫しましたが、この豪雨により上流の山で「山抜け」（山林崩落）が発生しました。このことが、人工林の手入れ不足が原因であることを明らかにする「森の健康診断」を始める契機となり、氾濫被害を受けた下流の市民が上流の森に目を向ける契機となりました。また、この河川氾濫の激甚災害対策特別事業（国交省）で市民・研究者から要請があり、河床を掘削した

ミツガシワが再生した南部湿原（2021/4/26）

土砂で藤前干潟の窪地（伊勢湾台風時に護岸堤防補修のために掘削した）を埋め戻しました。これにより貧酸素水塊（水の中に含まれる酸素が少ない水の塊）発生の悪影響が抑制されて干潟生態系を保全することができました。

二〇〇二年に藤前干潟がラムサール条約に登録されたことを契機として、伊勢・三河湾流域の森・川・海の保全活動をつなぐ市民団体「伊勢・三河湾流域ネットワーク」が二〇〇五年に発足しました。この市民団体は環境保全活動に直接携わるものではありませんが、伊勢・三河湾流域の山・川・里・海の保全活動を官・学・民の連携で推進することを目指したものです。

二〇一〇年の生物多様性条約国際会議（ＣＯＰ10）や二〇一四年の国連ＥＳＤ10年会議がいずれも愛知・名古屋で開催されましたが、伊勢・三河湾流域ネットワークは「生物多様性」も「ＥＳＤ」も流域全体をバイオリージョン（生命流域圏）として把握して保全・活動することの重要性を主張して来ました。

ところで、本会は山門湿原とその周辺の水源の森の生物多様性を保全することを目的として二〇〇一年以来二〇年にわたる活動を続けて来ました。二〇一〇年以降の引き継ぐ会の保全活動としては、南部湿原のミツガシワ群落がシカやイノシシの食害を受けて壊滅状態となったことから、その対策に注力してきたことが大きいと思われます。私自身が本会の活動に参加したのは二〇一七年春からですが、ネットと波板で湿原を包囲することにより、ミツガシワ群落の回復の兆しが認められて来た頃

山門水源の森の水は琵琶湖へ（2009/4/24）

です。また、増殖のための播種や食害防除のための株毎の金網掛けなどでササユリ群生を実現させるなど保全活動の成果も認められていました。

これまで述べられているような引き継ぐ会の活動により、山門水源の森の生物多様性が保全されていることについて滋賀県内外にアピールして、協賛企業や訪問者が増加していることは喜ばしいことと思います。

しかし、これからはさらに視野を拡げて山門水源の森と琵琶湖を一体として保全するための声を挙げていく必要があると思います。それは琵琶湖に地球温暖化の危機が迫っているためです。今年九月末以降に琵琶湖深層（九〇メートル）の酸素が枯渇して（〇・五ミリリットル以下）、生物生息不能の状態になっています。地球温暖化の影響で冬場の冷え込みが弱くなるとともに積雪量も低下しています。冬季（一二月〜三月）の湖北での積算積雪量は二〇一八―二〇一九年度に二年連続して五〇センチメートル以下となったことが二〇年度の深水層の貧酸素化に大きく影響しています。春先に山から雪解けの冷たい水が琵琶湖に流入することにより深水層に酸素が供給されますが、積雪が少ない時にはこの働きが期待できません。

琵琶湖を保全するために水源の森の生物多様性を保全することは、水源を保証する上で極めて大事なことですが、地球温暖化の現状ではそれだけでは不十分なわけです。

琵琶湖の源流域から下流域までを琵琶湖生命流域圏としてとらえて、持続可能な未来を展望するために、温暖化を抑えるキャンペーンを合わせて活動する必要があるのではないかと考える次第です。

本会の 刊行物 一覧

名　　称	発行年	備　考
ガイドブック　ようこそ山門水源の森へ　初版	2001	販売用
ガイドブック　ようこそ山門水源の森へ　第2版	2003	販売用
ガイドブック　ようこそ山門水源の森へ　第3版	2006	販売用
ガイドブック　ようこそ山門水源の森へ　改訂初版	2012	販売用
ガイドブック　ようこそ山門水源の森へ　部分改訂	2019	販売用
ガイドブック　モリアオガエルとともに　初版	2008	販売用
山門水源の森　里山の再生と保全の10年	2011	10周年記念誌　販売用　1000部
「山門水源の森」報告集　Vol.1 (2006) ~Vol.15 (2020)	—	記録・販売用　各200部
山門水源の森　観察ブック　クモ	2017	記録・販売用　現地交流会配布資料
山門水源の森の自然と保全　-氷河期からの森の危機-	2016	15周年記念展示パネル縮刷版
里山の代表種　“ササユリ”の保全	2013	現地交流会配布資料
山門水源の森のきのこ	2015	現地交流会配布資料
山門水源の森の保全活動　2000~2012	2012	現地交流会配布資料
山門水源の森の保全活動　2001~2016	2016	現地交流会配布資料
The Forest of Yamakado Water Source	2010	COP10エクスカーション配布資料
奥びわ湖・山門水源の森（提案広報誌）	2020	各種団体・企業向けPR用
奥びわ湖・山門水源の森の生物多様性保全	2020	現地交流会配布資料
山門水源の森　花カレンダー　【野草】【樹木】	2013	各種イベントの配布用
DVD　いのちにぎわう山門水源の森	2014	各種イベントガイダンス・販売用

10　刊行物

本会にとって刊行物は、会の活動内容の紹介や記録として重要なものであり、本会発足当初からガイドブックを刊行した。その後、発足一〇周年に際して刊行された記念誌「山門水源の森――里山の再生と保全の10年」では、当初からこの森の保全に携わった関係者の思いとともに、本会発足以前からの森の変遷や保全活動の具体的内容を詳述した。本書は同じような活動に従事している方々や関心をもたれている方から多くの反響が寄せられた。

この他、保全や調査など個別の課題に取り組んできた経過や結果を機会あるごとに報告集や小冊子などとして刊行した。さらに、新たな試みとして本会の活動実績をもとに自然観察や環境学習、保全作業などのプログラムを提案し、学校や民間企業その他諸団体に体験を呼びかける広報誌を刊行した。それらの刊行物の一覧を上の表に発行年、刊行目的と

10周年記念誌（2011/3）

「ようこそ山門水源の森へ」初版（2001/4）

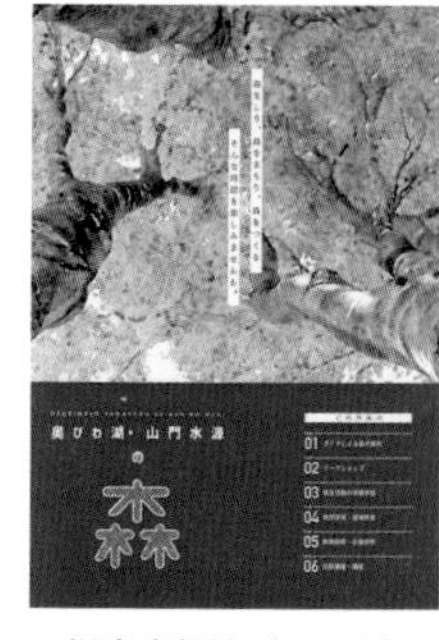

提案広報誌（2020/3）

DVD「いのちにぎわう山門水源の森」（2014）

「ようこそ山門水源の森へ」最新版（2012/3）

「モリアオガエルとともに」初版（2008/2）

ともに示した。なお、随時開催された各種イベントのチラシなどは省略した。

森の紹介——ガイドブック・DVD・パンフレット

ガイドブックは、「この森を訪れる人の自然を見るお手伝いをする」という目的で本会発足の翌年に「ようこそ山門水源の森へ」と題して刊行した。森に生きるものをはじめ、森の生い立ち、気候、地質など幅広い内容を分かりやすく構成して好評をいただき、部分改訂を含めて三版を重ねた。その後、二〇一二年に全面改訂し、それまでに明らかになった新たなデータを反映して森の全容を紹介した。同時に保全活動の成果を大きく記述し、保全活動への参加を呼びかける内容も追加した。その後も部分改訂を重ねている。

一方で、子どもたちも親しめるガイドブックが欲しいという声もあり、「モリアオガエルとともに」を二〇〇八年に刊行した。これはこの森をモリアオガエルに案内してもらうという構成で、モリアオガエルの生態を理解しながら森の姿を知り、森へ出かけようと誘う内容となっている。また、森の魅力をビジュアルに伝えるために二〇一四年からDVDを製作し、随時内容を刷

「山門水源の森」報告集
Vol.1（2007）

「里山の代表種 ササユリの保全」(2013)

配布用パンフレット
右：初　版（2006）
左：最新版（2018）

展示パネル　縮刷版
(2016/10)

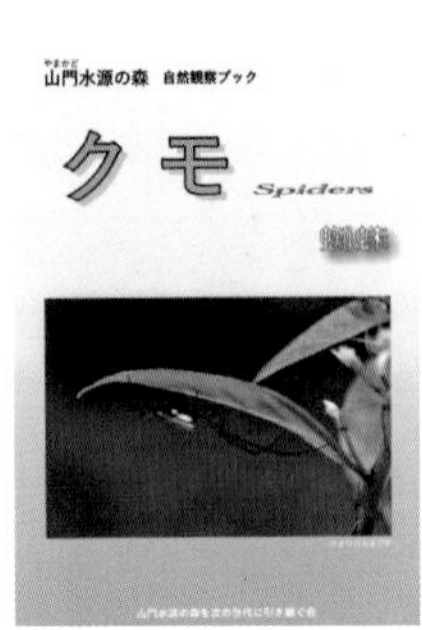

「自然観察ブック　クモ」
(2017/8)

新し販売している。現地交流会やグループツアーなどでのガイダンスにも使用している。

森を紹介する印刷物の一つに配布用パンフレットがある。二〇〇六年に初版を発行し、入山者から保全協力金をいただいた時やイベント時に配布している。最新版では携帯性を考慮してA6サイズとし、内容は逐次更新している。

活動成果の報告・紹介――「山門水源の森」報告集、他

本会発足時から保全活動や調査・研究の成果報告集の発行が望まれていたが、活動自体が手探り状態であった上に、人手不足もあり実現できなかった。二〇〇六年に第一号の刊行にこぎつけた。その後、年々活動内容の多様化に伴って記録も充実し、報告集にふさわしい内容となって現在Vol.15に至っている。

本会は、二〇一五年に設立一五周年を迎えた。それまでの活動の総括と二〇五〇年に目指すべき森の姿の課題整理を行う目的で、滋賀県立琵琶湖博

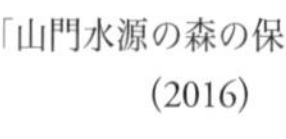

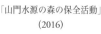

「山門水源の森の保全活動」（2016）

「山門水源の森の保全活動」英文 COP10エクスカーション配付資料（2010）

「山門水源の森の保全活動」（2012）

「山門水源の森のきのこ」（2015）

物館において「山門水源の森の自然と保全―氷河期からの森の危機」をテーマに、二〇一六年一〇月の一カ月間パネル展示を行った。この時作成した全パネルの縮刷版を冊子にまとめ刊行した。その後、このパネルは各地の施設で巡回展示され、大きな寄付をいただくことにつながるなど、多くの関心を集めた。

また、関西クモ研究会によって、この森のクモについて本格的な調査が二〇一〇年から二〇一二年にかけて行われた。専門家による学術的な数少ない調査実績となり、その結果は「山門水源の森　自然観察ブック　クモ」として刊行した。本書は「常識くつがえすクモの世界」をテーマとした現地交流会で参加者に配布され、あわせて販売にも供した。

各種イベントの配布資料――小冊子

保全活動や調査・研究の成果を発信する場として、シンポジウムや年次総会に付随した報告会などを実施している。その大きな行事の一つとして滋賀県主催の現地交流会がある。二〇一二年から毎年この森で続けられ、その時点の課題や活動の成果をもとにテーマが選定された。その開催テーマに関連した小冊子を発行し、現地観察のガイド資料として参加者に配布した。これらの小冊子は各地の自然保護団体の視察や交流会にも使用している。二〇一〇年の「生物多様性条約第一〇回締約国会議（COP10）」の公式エクスカーションがこの森で行われた際には湿原の保全に関する小冊子を英文で刊行した。

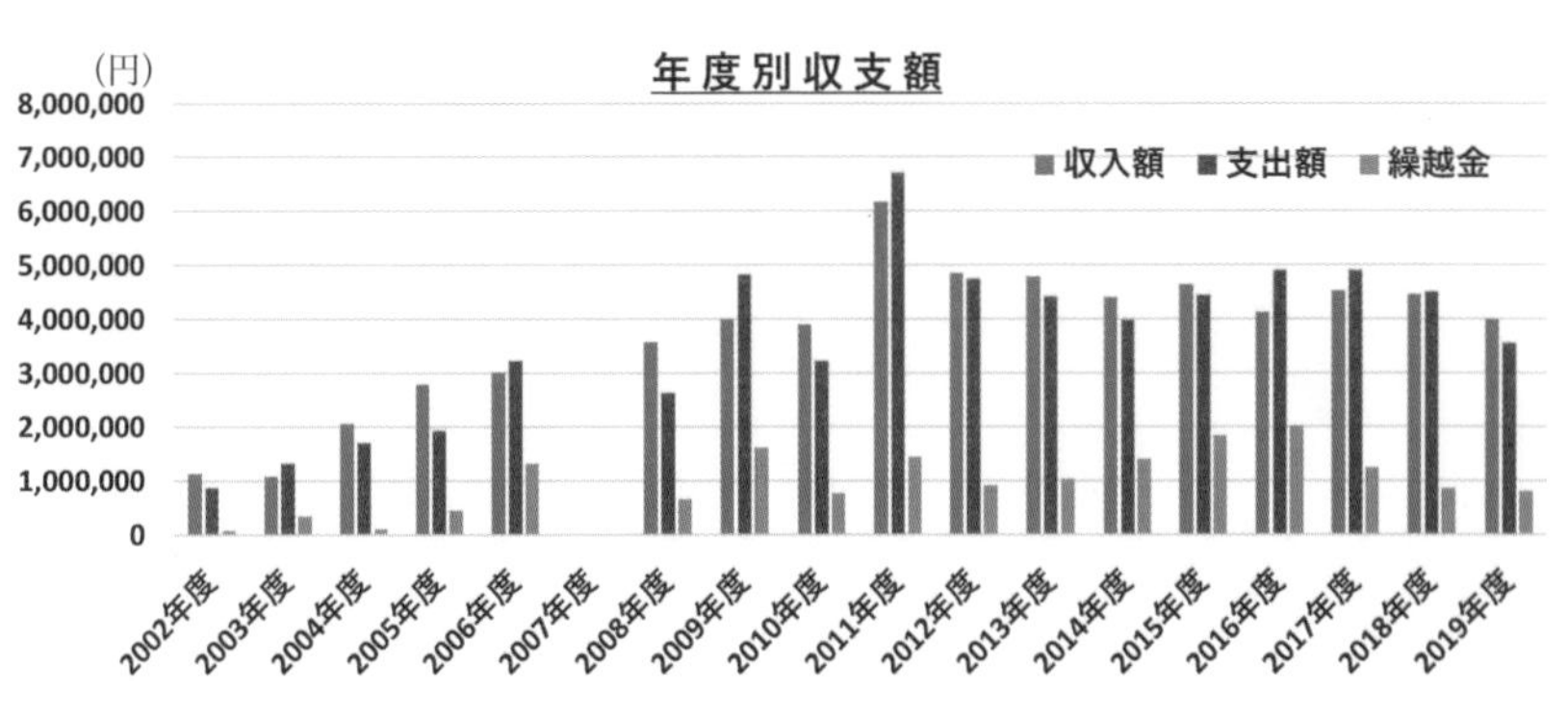

11　保全活動に伴う財政と助成金等

年度別収支と保全活動

本会の保全活動の推移は、決算報告書の年度別収支額からも分かる。グラフは、本会発足後二〇年間の各年度の収支額である。初年度と二〇〇七年度は、会計資料が散逸しデータはない。初期の保全活動は、観察コースのパトロール、草刈り、観察会などで会員の提供する道具・機器を使用し、その他の消耗品も会員の寄付により実施された。当初のこのような活動は「山門水源の森連絡協議会」からの補助金、観察会ガイド料、以降継続的に支援頂いた湖北ロータリークラブの寄付金などで賄われた。

二〇〇四年度は、「やまかど・森の楽舎（まなびや）」が竣工し、活動の拠点が確保でき、翌年から人為的に改変された北部湿原の再生作業が始まる。この湿原再生事業の資金は「おうみＮＰＯ活動基金」の助成が得られたことで活性化した。

この間、コースの草刈り後に再生したササユリがシカに食われるという事態が相次ぎ、二〇〇八年度から防獣対策を開始した。八〇株の網掛けから始まり、年々対策を拡大し、近年はネットによる対策に順次移行している。また、ブナの森から山頂にかけての下層植生をシカの食害から守るために、二〇一六年度から防獣ネットを設置した。資金面では、「平和堂財団・夏原グラント」「森林・山村多面的機能発揮対策交付金」をはじめ多くの支援を得た。

二〇一一年度、懸案事項であった湿原の成り立ちを検証する地質調査を、国際ソロプチミスト日本中央リジョンの寄付金を得て実施した。後半一〇年

資材運搬作業道の施工（2017/9/21）

北部湿原の再生作業（2007/6/16）

間の活動は、各地点でのネットによる防獣対策の継続と共に、ユキバタツバキ調査・ミヤマウメモドキ調査・植生の違いによる土砂移動量調査・シカの生態調査など各種助成金を活用し調査を実施した。また、一九六〇年代から放置された森の一部の皆伐を行い、試験地を設定し天然更新の推移の調査を続けている。滋賀県協働提案事業による資材運搬道路の工事も実施した。本会設立以来、徐々に拡大した財政規模は、二〇一一年度にピークとなり、その後は横ばい傾向で推移している。二〇一一年度は南部湿原の地質調査、一〇周年記念事業費が重なり、突出した額となっている。

前半の一〇年間は、北部湿原の再生など、マンパワーを要する作業が主で、外部のボランティア団体にも多数参加を得た。また、行政の協力もあり観察会には多くの人の参加があり、ゼロから始まった保全作業が多くの人々の共感を得て拡大していった。

後半の一〇年間は、シカによる植物の被害が顕著になり、防獣対策に追われた。

近年は人員不足も相まってコース整備などの日々の活動、各種調査に困難を伴っている。一方、この森に関心をもつ若い会員の入会も増え、今後の活動にも期待がもてるように思える。

助成金・交付金・ネーミングライツ・委託費・寄付金

本会の各種保全活動が、今日のように活性化したのには、各方面からの助成金や補助金などの支援があったからである。

モリアオガエルの観察会（2006/5/21）

シカの糞粒調査（2016/11/24）

本会発足以降、次のような助成金・交付金・補助金・寄付により、多くの保全事業が展開できており、本欄を借りて謝意を表したい。

助成金

【セブン・イレブン　みどりの基金】

事業名：「山門水源の森・湿原の保全活動」（二〇〇三年度）

北部湿原は、一九六〇年代に芝栽培を目的に一部が埋め立てられ灌木地となった。この再生のための試行を目的に一部を刈り払いし再生が可能かどうかの試行を行った。

事業名：「林地化した山門湿原の復元」（二〇〇九年度）

北部湿原の再生のための試行が成果を上げたため、全域の刈り払いを行い、湿原の景観を取り戻した。

事業名：「希少植物とその植生地周辺山林の保全のためのシカの生息数密度と移動調査」（二〇一六年度）

二〇一〇年以降、シカの食害が森全体に拡大し、防獣ネットを中心とした対策を実施した。しかし、頭数管理の必要性から生息するシカの頭数・行動状況を把握するため、ＧＰＳ装置や固定カメラを設置し、行動把握を行った。

【財団法人淡海環境保全財団】

事業名：「山門水源の森広報充実と森整備」（二〇〇四年度）

山門水源の森の広報を充実させるため、ホームページの作成、パンフレット、ガイドブックを作成した。

土石流調査（2006/8/17）

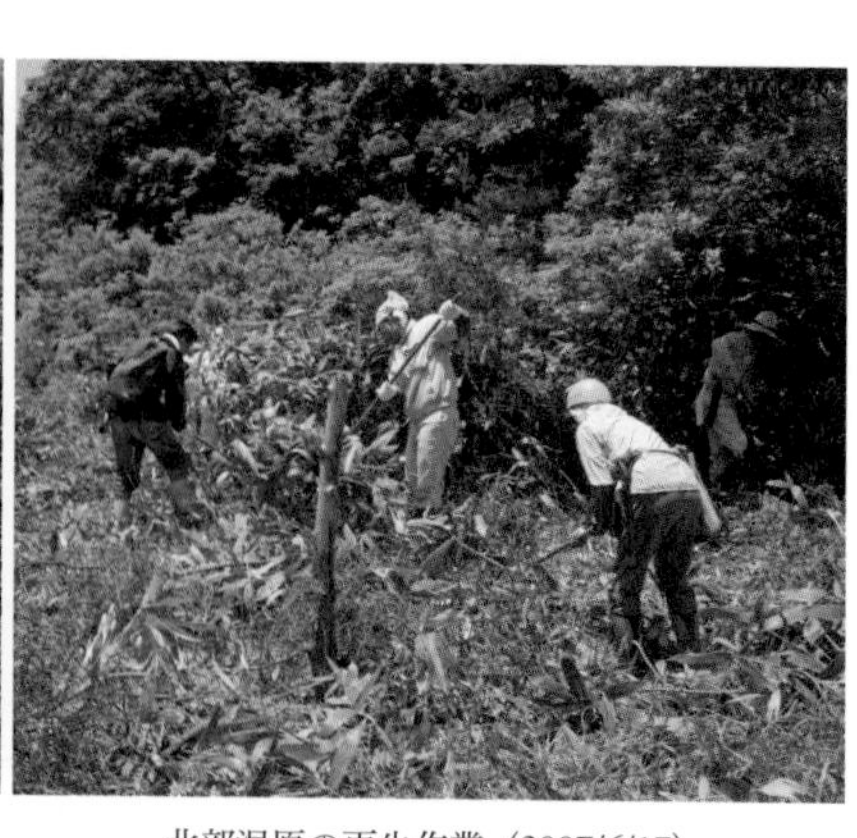
北部湿原の再生作業（2007/6/17）

事業名：「山門水源の森観察コース保全事業」（二〇〇五年度）
観察コースの整備に必要なチェーンソーや草刈り機を購入し、コース整備を行った。

事業名：「湖づくり活動」（二〇〇六年度）
北部湿原の再生作業のための燃料費や資材費に充当した。

事業名：「山門湿原・北部湿原復元活動」（二〇〇九—二〇一〇年度）
二〇〇五年からの本格的な北部湿原の再生作業に伴い、二〇〇九年から二〇一〇年の経費に充当した。

【おうみNPO活動基金】

事業名：「山門水源の森・環境保全復元」（二〇〇五年度）
北部湿原の再生作業。

事業名：「山門水源の森での災害教育」（二〇〇六年度）
過去の土石流堆積物の調査を進めることで、災害教育とつなげた。

事業名：「昆虫と遊べる山門水源の森を目指す」（二〇〇七年度）
森と湿原に生息する昆虫を間近で観察できる環境を再生し、環境教育につなげた。

【滋賀県全国豊かなうみづくり大会】（二〇〇七年度）

事業名：「山門水源の森空中写真撮影」
森全域の地形・植生の現況を把握するため、セスナ機による空中撮影を行った。

【国際ソロプチミスト中央リジョン】（二〇一一年度）

天然更新試験地の植生調査（2013/6/17）

ユキバタツバキの標識付け（2016/2/7）

事業名：「山門湿原ボーリング調査」
　湿原の成り立ちについて調査するため、ボーリング調査を行った。

【SAVE JAPANプロジェクト助成】（二〇一二年度）
事業名：「ササユリの種まきとブナの森ハイキング」
　一般公募の来訪者にササユリの保全活動の一環として実施しているササユリの播種を体験してもらい、森全体の生物多様性を確認するハイキングを実施した。

【平和堂財団　夏原グラント】（二〇一三～二〇一七年度）
事業名：「天然更新試験地の食害防止活動と植生調査」
　天然更新試験地に食害防止のための防獣ネットを設置するとともに、植生調査を行った。

【大成建設　自然・歴史環境基金】（二〇一五年度）
事業名：「ユキツバキとヤブツバキの中間雑種ユキバタツバキの特性調査」
　ユキバタツバキの形質や分布を調べるために、森林内をロープで区画し、約七千本に番号を割り当てた。

【長浜市　ボランティア協会】（二〇一五～二〇二〇年度）
事業名：「ササユリの保全」
　獣害対策のための資材（防獣ネット・金網など）購入に充て、ササユリの保全を行った。

【未来ファンドおうみ】（二〇一六年度）
事業名：「山門水源の森に分布する中間雑種ユキバタツバキ群の調査と整備」

湿原のボーリング調査（2011/11/17）

四季の森での風倒木処理（2018/9/26）

二〇一五年度からのツバキの特性調査を継続して行った。

【長浜市　市民活動団体支援事業】（二〇一六～二〇一八年度）

事業名：「ササ群落の食害対策とその再生」

頂上部周辺のササなどの下層植生がシカの食害により衰退してきた。それらを保護し土砂の流出を防ぐ目的で、防獣ネットの設置を行った。

【生活協同組合コープしが　できるコトづくり制度】（二〇一九～二〇二一年度）

事業名：「山門水源の森 保全活動 環境改善事業」

県との協働事業で整備した作業道をこの助成で観察コースまで延長した。これにより、重い保全活動資材の搬入などが楽にできるようになった。

【淡海文化振興財団　びわ湖の日基金】（二〇一九～二〇二〇年度）

事業名：「奥びわ湖・山門水源の森の台風二一号による倒木処理と林床整備」

台風二一号による観察コース沿いや四季の森の大量の倒木を処理した。

【関西みらい銀行　緑と水の基金】（二〇二〇年度）

事業名：「ミヤマウメモドキの分布調査と保全事業」

湿原内に多数分布するミヤマウメモドキの雌雄の別や生育の違いを調査し追跡するために、全ての樹に番号を振り分け、ナンバープレートを設置した。

ブナの森での防獣ネットの設置（2016/4/30）

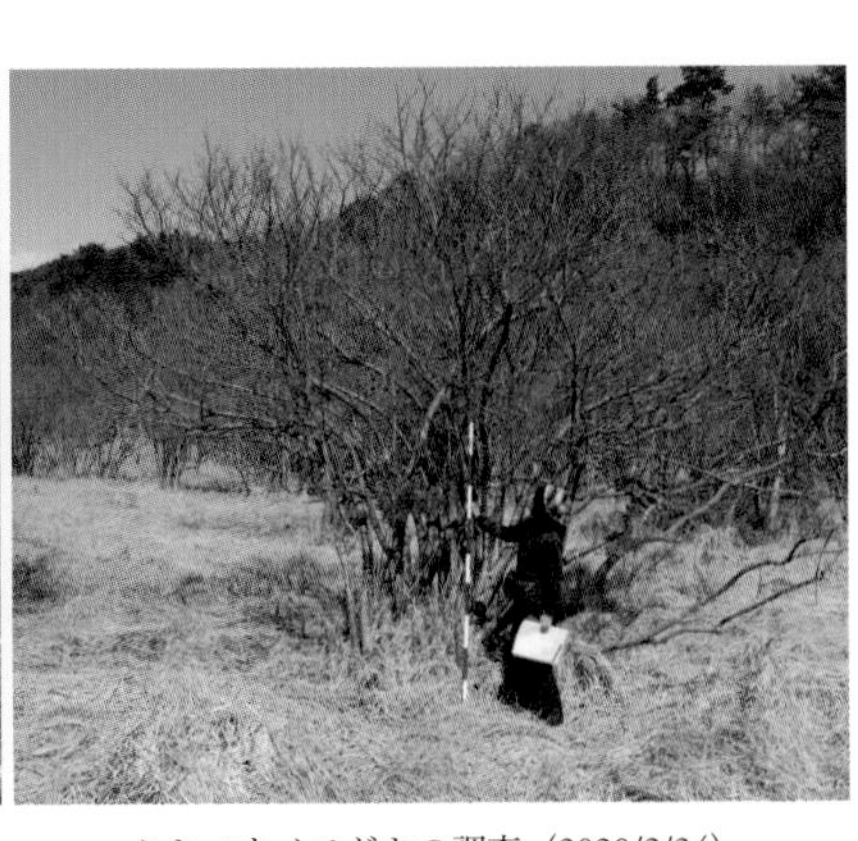
ミヤマウメモドキの調査（2020/2/24）

交付金

【林野庁】（二〇一三〜二〇一六年度）

事業名：「森林・山村多面的機能発揮対策交付金」

生物多様性が保持されている現地での体験・観察を通じて森林の多様な機能を理解してもらうための活動を行った。

ネーミングライツ

【株式会社 山久】（二〇一七〜）

滋賀県が森の命名権を募集したところ、長浜市に本社を置く株式会社山久が取得し、水源を日本中の人に広く知っていただきたいとの思いから愛称を「奥びわ湖 山門水源の森」と命名した。

委託費

【淡海文化振興財団】（二〇一七・二〇一八年度）

事業名：「獣害防止対策事業」

獣害防止などをはじめ、保全作業に必要な資材を運搬するための作業道の造成を行った。本事業は、滋賀県との協働事業として実施した。

寄付

【湖北ロータリークラブ】（二〇〇二〜二〇〇九年度）

保全活動に必要な資材購入に充てた。

【ブリヂストン「ちょボラ募金」】（二〇一〇・二〇一二・二〇一四年度）

食害防止のための資材購入、ササユリのパンフレット印刷費に充てた。

防獣ネット・トタン波板の設置（2014/2/4）

植林の枝打ち（2014/1/18）

助成金一覧

年度	事業名	助成団体	金額
2003	山門水源の森・湿原の保全活動	セブン・イレブン みどりの基金	315,000
2004	山門水源の森広報充実と森整備	(財)淡海環境保全財団	50,000
2005	山門水源の森・環境保全復元	おうみNPO活動基金	620,000
	山門水源の森観察コース保全事業	(財)淡海環境保全財団	100,000
2006	山門水源の森での災害教育	おうみNPO活動基金	1,047,000
	湖づくり活動	(財)淡海環境保全財団	100,000
2007	山門水源の森空中写真撮影	滋賀県 全国豊かなうみづくり大会	100,000
	昆虫と遊べる山門水源の森を目指す	おうみNPO活動基金	1,300,000
2009	山門湿原・北部湿原復元活動	(財)淡海環境保全財団	500,000
	林地化した山門湿原の復元	セブン・イレブン みどりの基金	580,000
2010	山門湿原・北部湿原復元活動	(財)淡海環境保全財団	500,000
2011	山門湿原ボーリング調査	国際ソロプチミスト中央リジョン	1,000,000
2012	ササユリの種まきとブナの森ハイキング	SAVE JAPANプロジェクト助成	250,000
2013	天然更新試験地の食害防止活動と植生調査	平和堂財団 夏原グラント	500,000
2014	天然更新試験地の食害防止活動と植生調査	平和堂財団 夏原グラント	180,000
2015	天然更新試験地の食害防止活動と植生調査	平和堂財団 夏原グラント	500,000
	ユキツバキとヤブツバキの中間雑種ユキバタツバキの特性調査	大成建設 自然・歴史環境基金	600,000
	ササユリの保全	長浜市 ボランティア協会	40,000
2016	希少植物とその植生地周辺山林の保全のためのシカの生息数密度と移動調査	セブン・イレブン みどりの基金	484,956
	山門水源の森に分布する中間雑種ユキバタツバキ群の調査と整備	未来ファンドおうみ	300,000
	天然更新試験地の食害防止活動と植生調査	平和堂財団 夏原グラント	500,000
	ササユリの保全	長浜市 ボランティア協会	40,000
	ササ群落の食害対策とその再生	長浜市 市民活動団体支援事業	200,000
2017	天然更新試験地の食害防止活動と植生調査	平和堂財団 夏原グラント	500,000
	ササ群落の食害対策とその再生	長浜市 市民活動団体支援事業	160,000
	ササユリの保全	長浜市 ボランティア協会	40,000
2018	ササ群落の食害対策とその再生	長浜市 市民活動団体支援事業	107,000
	ササユリの保全	長浜市 ボランティア協会	40,000
2019	ササユリの保全	長浜市 ボランティア協会	40,000
	山門水源の森 保全活動 環境改善 事業	生協コープしが できるコトづくり制度	300,000
	奥びわ湖・山門水源の森の台風21号による倒木処理と林床整備	淡海文化振興財団	200,000
2020	ササユリの保全	長浜市 ボランティア協会	40,000
	奥びわ湖・山門水源の森の台風21号による倒木処理と林床整備	淡海文化振興財団	93,000
	山門水源の森 保全活動 環境改善 事業	生協コープしが できるコトづくり制度	300,000
	ミヤマウメモドキの分布調査と保全事業	関西みらい銀行	158,000

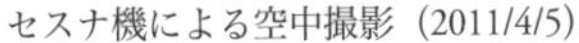

セスナ機による空中撮影（2011/4/5）

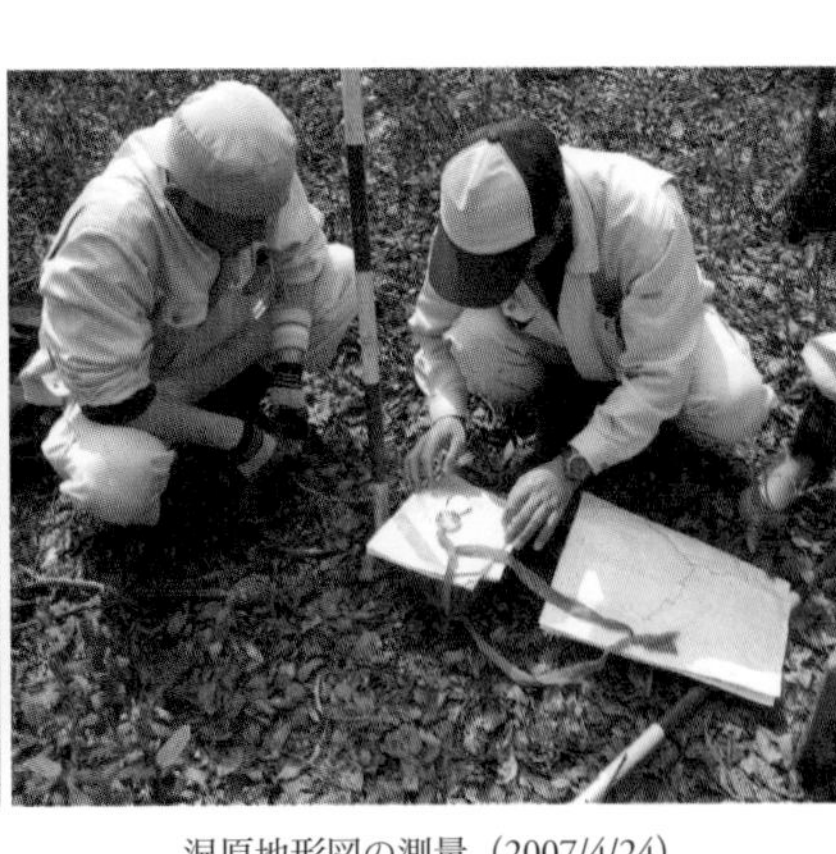

湿原地形図の測量（2007/4/24）

【長浜北ロータリークラブ】（二〇一〇〜二〇一七年度）

保全活動に必要な資材購入に充てた。

【木之本ライオンズクラブ】（二〇一〇年度）

保全活動に必要な資材購入に充てた。

【あいおいニッセイ同和損害保険株式会社】（二〇一一〜二〇二〇年度）

主に林床整備に必要な資材購入に充当した。

【財団法人淡海環境保全財団】（二〇一三年度）

「淡海のつなぐ、ひらく、みらい賞」

【個人（橋本岩夫氏）】（二〇一四年度）

湿原部分の五〇〇分の一地形図作成に充当した。

【湖北工業株式会社】（二〇二〇年度〜）

本誌の編集費に充当した。

財政上の課題

湿原の再生から始まった本会の保全活動も一定の効果をあげ、今日の山門水源の森の生物多様性が保持されている。しかし、六三・五㌶という広大な地域で生物多様性を保持するためには、諸団体の協力はあるものの一ボランティア団体が会員の都合の付く日に活動するという程度では追いつかない。

現在本会会員の年間稼働は、過去一〇年間の平均で延べ五五〇人である。このうち一〇〇人は、ガイドを担当、外部への派遣にも五〇人前後を要している。このため延べ四〇〇人で全域の保全活動を行っていることになり、少

大活躍の除雪機（2020/12/27）

なくとも現在の状態を維持することには大変な困難を伴う。

この状況を打開するためには、常駐の森林キーパーが二人は必要と考えられ、この人件費を如何に確保していくかが、この森の生物多様性を維持してゆく鍵となっている。

寄付金一覧

年度	寄付団体	金額
2002	湖北ロータリークラブ	50,000
2003	湖北ロータリークラブ	50,000
2004	湖北ロータリークラブ	50,000
2005	湖北ロータリークラブ	50,000
2006	湖北ロータリークラブ	50,000
2007	湖北ロータリークラブ	50,000
2008	湖北ロータリークラブ	50,000
2009	湖北ロータリークラブ	50,000
2010	ブリヂストン「ちょボラ募金」	200,000
	長浜北ロタリークラブ	50,000
	木之本ライオンズクラブ	100,000
2011	あいおいニッセイ同和傷害保険株式会社	42,330
	長浜北ロタリークラブ	50,000
2012	ブリヂストン「ちょボラ募金」	200,000
	あいおいニッセイ同和傷害保険株式会社	45,667
	長浜北ロタリークラブ	50,000
2013	(財)淡海環境保全財団	50,000
	あいおいニッセイ同和傷害保険株式会社	50,894
	長浜北ロタリークラブ	50,000
2014	ブリヂストン「ちょボラ募金」	700,000
	あいおいニッセイ同和傷害保険株式会社	50,000
	長浜北ロタリークラブ	50,000
	個人(橋本岩夫氏)	200,000
2015	長浜北ロタリークラブ	50,000
	あいおいニッセイ同和傷害保険株式会社	131,730
2016	長浜北ロタリークラブ	30,000
	あいおいニッセイ同和傷害保険株式会社	141,210
2017	あいおいニッセイ同和傷害保険株式会社	130,370
	長浜北ロタリークラブ	30,000
2018	あいおいニッセイ同和傷害保険株式会社	100,000
2019	あいおいニッセイ同和傷害保険株式会社	100,000
2020	あいおいニッセイ同和傷害保険株式会社	100,000
	湖北工業	1,200,000

ササユリの保全活動（2018/5/19）

社員の子どもの参観日（2018/5/19）

コラム

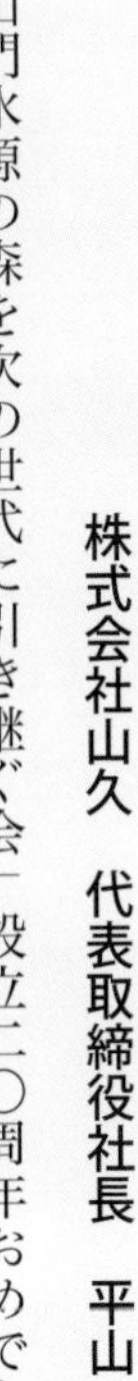

あつまれ！　奥びわ湖・山門水源の森

株式会社山久　代表取締役社長　平山　正樹

「山門水源の森を次の世代に引き継ぐ会」設立二〇周年おめでとうございます。

私が山門水源の森を知ったきっかけは、母がソロプチミスト長浜に在籍しており、山門水源の森の活動を支援していたからです。（母から「やまかど」という音を聞かなければ、今でもお寺の山門だと思い込んでいたでしょう）そして、そのまま数年の時が過ぎました。

二〇一六年、弊社の創業八五周年記念に「琵琶湖博物館リニューアルサポーター」として、協賛する機会を得ました（現在もびわ博の水槽サポーターは毎年継続しています）。

それから一年後、長浜ドームで開催された環境ビジネスメッセ会場でびわ博リニューアルの寄付で知り合った方と再会し、滋賀県庁の森林政策課に戻られたことを知りました。その際に、山門水源の森が県有林であることや保全活動の状況を拝聴し、支援方法としてネーミングライツ（命名権）を募集していると教えて頂き、その縁で今に至ります。

「奥びわ湖・山門水源の森」と（社名を付けず）名付けた理由は、弊社社員（約七〇名）に質問したら（西浅井町出身の二名以外）誰もこの読み方や場所を知らなかったからです。

まずは、滋賀県民に読み方と場所が分かるような知名度を高めること

林床整備（2018/5/19）

から始めましょう。

二〇一八年五月の土曜出勤日に、社員の子どもの参観日として「奥びわ湖・山門水源の森」見学会を開催した際には、「山門水源の森を次の世代に引き継ぐ会」の皆様にご案内をいただき、大変お世話になりました。また、保全活動のお手伝いを体験させて頂き、皆様の二〇年間の取り組みに対しては頭が下がる思いです。

さて、弊社は二〇二一年六月に、おかげさまで創業九〇周年を迎えます。そこで『山久のSDGs行動宣言』を掲げました。陸の豊かさを守ろうにつながる「山門水源の森を次の世代に引き継ぐ会」の持続可能な発展を心よりお祈りして、結びと致します。

参考【SDGs目標15の原文は、Protect,restore and promote sustainable use of terrestrial ecosystems,sustainably manage forests…】

管理職研修（2020/11/20）

管理職研修（2020/10/28）

コラム

山門水源の森に関心をもった経緯と会との提携について

湖北工業株式会社　代表取締役社長　石井　太

当社は創立以来、メーカーとして電子情報技術産業界に各種製品を供給させていただくことを生業としている企業です。

エレクトロニクス文明の目覚ましい発展と共に会社も前進してまいりましたが、一方で昨今は成長の負の遺産と捉えるべき世界的な環境破壊並びに温室効果ガス問題が提起され、広く産業界へもその解決への貢献が希求される時代に突入いたしました。そのような時代認識のもと、私が「山門水源の森」と「山門水源の森を次の世代に引き継ぐ会」のことを知ったのは、長浜市内のさざなみタウンで貴会の活動の展示を偶然拝見したことがきっかけです。希少種の動植物をはじめとする多様な生態系を形作っている森が湖北地方に存在し、その多様な生態系を守るために会の皆様がボランティア精神に基づいて保全活動や小中学生らへ自然学習や環境教育などを行っていることに大変感銘を受けた次第です。その後誠に僭越ながら当社は二〇二〇年六月に「山門水源の森を次の世代に引き継ぐ会」と提携の覚書を結ばせていただく運びとなりました。会社といたしましても心より感謝申し上げるところです。

本年一〇月と一一月には藤本秀弘様と村田良文様から当社の管理職層社員に対しまして、山門水源の森の概要の講義と森のガイドを行っていただきました。参加した社員はお二方の熱意に感じ入っており、思いが

新任研修（2021/4/15）

叶いました。また改めて森に行ってみたいと各々感想を申しておりました。当社社員が生物多様性維持の重要性に思いを馳せ、同時に更なる環境意識の醸成を図ることができたことは、会社といたしましても大きな収穫であったものと確信するところです。

今後とも甚だ微力でございますが、当社として、でき得る範囲の中で継続的に支援活動などを実現させていただく意思です。

結びに、「山門水源の森を次の世代に引き継ぐ会」の活動がこれからも恙なく行われ、山門水源の森が次の世代に引き継がれていくことを会社一同念願しています。

山門湿原（西浅井）守れ

「ギンスジツトガ」生息など

有数の自然宝庫

7年オープンへ　ゴルフ場計画

環境グループ　あす研究成果発表

関西で唯一、生息しているメイガ科の「ギンスジツトガ」

読売新聞（1991/3/23）

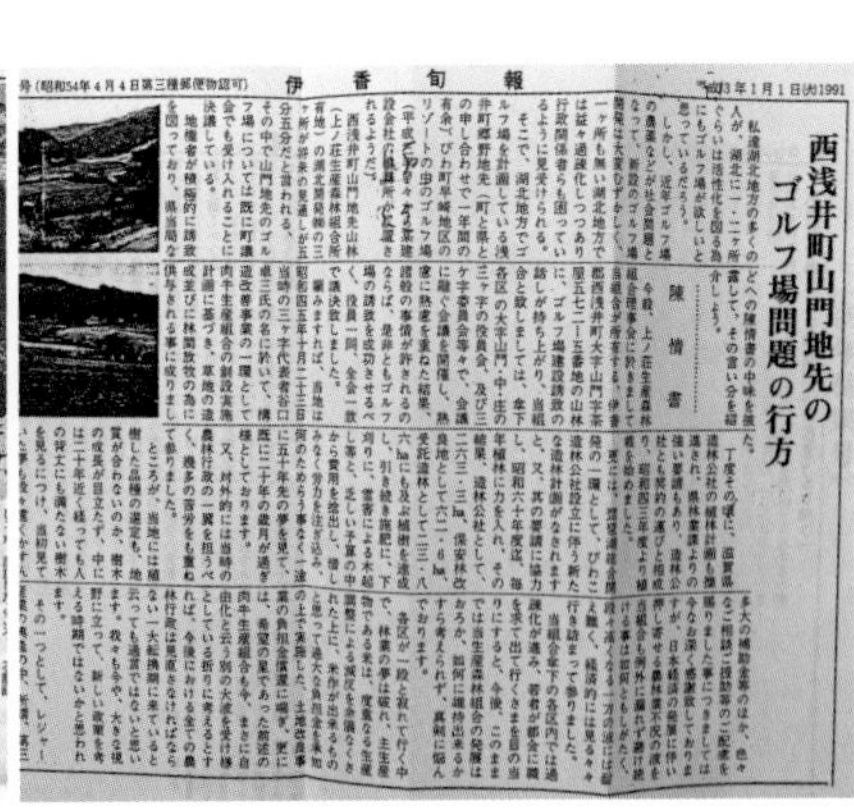

伊香旬報

西浅井町山門地先のゴルフ場問題の行方

陳情書

伊香旬報（1991/1/1）

12　報道

本会の設立前に調査を行っていた山門湿原研究グループは、湿原での調査が進行すると山門水源の森の中には希少種が多く分布することを知った。だが、その時、あえてこの森に関する情報を報道関係者に伝えることをしなかった。しかし、一九九〇年新聞報道で山門湿原を含む一帯がゴルフ場開発の対象になっていることを知ることとなった。

その時点で、地主である上の荘生産森林組合は、地域の活性化の観点から、ゴルフ場開発の陳情書を滋賀県に提出したのであった。そのことは、伊香旬報（一九九一年一月一日付）に報じられている。しかし、同グループはこのような陳情書が提出されていることは知らなかった。

同年三月、滋賀自然環境研究会（会長　小林圭介）の年次報告会で、同グループの二名が、県下に残る貴重な湿原を保全する必要があるという立場で研究発表を行った。その内容が新聞報道され、保全に向けての一定の効果があった。

二〇〇一年滋賀県が一般公開してからは、生物多様性の保全活動を中心に各報道機関が取り上げるようになった。報道された内容は、保全活動の取材記事、各種イベントの開催告知とその取材記事、森の季節の話題など様々である。

報道されると次の日から問い合わせが多くなり、来訪者が増える。しかし保全活動を主テーマに取り上げられることは少ないため、報道が契機となっ

日新聞

絶滅危惧・希少種守れ

ハリヨ生息の地蔵川　西浅井町の山門湿原

県、条例で保護区を指定

びわこのうちそと

冬の近江を舌で楽しむ

朝日新聞（2008/1/19）

NHKによる琵琶湖の水源取材（2005/7/28）

湿原の四季探訪

西浅井

モリアオガエルを主人公にガイド本

市民グループがまとめた「モリアオガエルとともに　さあ、『山門水源の森』へ」

モリアオガエルを主人公に、西浅井町の湿原を紹介する冊子「モリアオガエルとともに　さあ、『山門水源の森』へ」が、人気を集めている。湿原の保全に取り組む「山門水源の森を次の世代に引き継ぐ会」（竹端康二会長）が2月に発行した子ども向けガイドブックで、会員らが撮りためた湿原の美しい風景や動植物の写真をカラーで載せており、自然観察や山歩きのために大人が買い求めるケースも多いという。

モリアオガエルはアオガエル科の日本固有種で、繁殖期の4～7月、水辺にせり出した枝に泡状の卵塊を産み付ける。冊子では、卵からオタマジャクシ、成体へと成長するモリアオガエルの姿をとらえながら、季節ごとの湿原を紹介。

また、「歩きやすいように、指に大きな吸盤を持っているよ」「初夏になると湿原では、オスがメスを呼ぶ声でにぎやかだよ」といった吹き出しを付け、モリアオガエルの生態も分かりやすく解説している。

湿原では、モリアオガエルの卵塊が7月上旬まで見ることができるという。編集した伊藤博さん(65)は「子や孫と語らい、大人も楽しみながら、湿原の豊かな表情に思いを巡らせて」と話している。

A5判、56ページ。800円。湿原の管理事務室「森の楽舎」で販売するほか、同会のホームページから申し込むこともできる。

読売新聞（2008/6/16）

山門水源の森を引き継ぐ会

「里山保全10年」出版

長浜

伊藤理事「生態系保全の参考に」

10年のあゆみをまとめた本を編集した伊藤さん（左）と藤本さん＝長浜市西浅井町の山門水源の森で

中日新聞（2011/6/10）

湿原復活へ　水路造成

山門水源の森北部

西浅井町民ら「動植物育む場に」

読売新聞（2008/12/14）

琵琶湖　水源の森

シカから守れ！

4500平方メートル囲う柵　滋賀県が計画

「貴重な生物生息　次世代に」

産経新聞（2017/2/9）

常識くつがえすクモの世界

8月5日、山門水源の森で講演・ツアー

【長浜】近年、クモについての研究が大きく進展している。「多様性」が求められる生態系の中で「つなぎ役」としての重要な役割が解明され、「肉食」でありながら植物を食べるクモが発見されるなど、これまでのイメージとは大違いなのだ。そんなクモの最新研究や網の魅力を紹介する講演とツアーが8月5日午前10時から、約200種のクモが見つかっている山門水源の森（長浜市西浅井町）で開かれる。

クモの最大の特徴は糸を出すことだが、この糸で精巧な網を張るなど、他の生きものとは違うユニークな生き方をしている。

講演は、元日本蜘蛛学会会長で、クモの生態に詳しい吉田真・元命館大学名誉教授の「クモの科学最前線」。続いて、クモの網のコンク

モ嫌いも引き付ける網の魅力」をテーマにトークを繰り広げる。

このあと、山門水源の森を観察するツアーが、①クモ観察、クモの網採取コース、②山門湿原、広葉樹の森コース―に分かれて実施される。午後4時半解散予定。

無料。申し込み先着

込みも受け付ける。問い合わせと申し込みは西浅井総合サービス（メールnishiazai.co@koti.jp、ファックス0749-89-0281）へ。

滋賀報知（2017/7/7）

秋の森、紅葉の渓谷へ

ウォークが10倍楽しくなる

森の案内人と歩く

山門水源の森

Walk関西版　山と溪谷社刊

（2005/10/30）

地域の自然　地域で守れ

長浜の団体　10周年シンポ

中日新聞（2011/5/24）

ササユリ保全

里山復活の息吹

長浜「山門水源の森」

有志団体が地道に活動

中日新聞（2013/6/11）

事例からみるエコツアーの注目点

ハイキングを楽しみながら

保全活動費の支援につながる

『自然保護』

日本自然保護協会刊（209/1/1）

中小企業組合

活性化情報しが（2015/5/1）

信濃毎日新聞社刊

（2014/7/31）

シカ食害に目光らせる

西浅井 永原小児童が森の点検

「日本の重要湿地500」に選定される長浜市西浅井町の山門水源の森で二十六日、地元の永原小学校の全校児童百四人が、植物の観察や保全活動を体験した。

森の保護に取り組む「山門水源の森を次の世代に引き継ぐ会」の会員が案内役を務め、学年ごとに体験テーマを決めて参加。五、六年生は、シカの食害から植物を守るために張り巡らされた防護ネットが、破れていないか点検した。

児童は、岩場やぬかるみを二時間歩き回り、目を光らせた。会員から「破られては、ふさいでの繰り返し。シカと人間のどっちが根気強いかの勝負で

防護ネットが破れていないか点検する児童ら＝長浜市西浅井町で

中日新聞（2016/9/27）

わいずバスツアー　奥琵琶湖・山門水源の森

自然と人 かかわり学ぶ

湿原の希少種 保護努力に敬意

中日新聞（2016/6/7）

て本会会員になったり、保全活動への参加者が増えたりすることはなかった。だが、報道機関が、本会の活動を紹介するものについては、積極的に情報を提供するようにしている。

これらの報道に接した出版社や、ミニコミ誌などからの取材依頼も多い。その取材にも対応することで山門水源の森の生物多様性が維持されていることの意義が一般の人に少しでも理解されればと考えている。

この森では、すでに述べたように地元の小中学生や他府県の児童・生徒が自然学習や環境教育の目的で度々訪れている。この時の児童生徒の活動が報道されることは、参加した児童生徒はもちろんのことであるが、参加した児童生徒の家族が森について理解を深めてもらう機会ともなっている。

またこうした報道を通じて本会の活動の認知度も上がり、保全活動への協力者や会員の増加にもつながるのではないかと考えている。さらにこうしたことから、いままで全くつながりのなかった団体とのつながりができた。そのひとつに「大津祭保存会」がある。同会は、滋賀県有林である山門水源の森にはアカガシが分布していると聞き、滋賀県に将来大津祭の曳山の修理や更新時に、この森のアカガシを使えないかとの要望をした。その後、滋賀県から本会へ保存会の要望が伝えられ、本会もアカガシの育林の一端を担うこととなった。

二〇一八年秋、NHKのBSプレミアム「ワイルドライフ」の制作を委託されている会社から「今森光彦とめぐる琵琶湖 巨大水系に命があふれる」という番組を制作するにあたって、琵琶湖の水源である山門水源の森で四季

NHKによる湿原の撮影（2019/6/26）

の変化を撮影したいので協力してくれないかとの電話が入った。そんなこともあり、この撮影には全面的に協力し、二〇二〇年三月放映された。

このように各種報道機関の取材に対応するにあたっては、生物多様性の保全ということを念頭に報道には一定の制限を設けている。盗掘や捕獲によって多様性が失われないようにとの考えからである。

しかし昨今の電子媒体の発達が、希少種の思わぬ荒廃につながることもあり困惑することもある。

本会が正式発足した日の南部湿原（2001/4/1）

おわりに――二〇五〇に向けて

山門水源の森の多様な生物の存在を知り、次の世代に引き継ぎたいという純粋な気持ちで立ち上がった「山門水源の森を次の世代に引き継ぐ会」が二〇周年を迎えた。今でこそ「山門水源の森の生物多様性を、次の世代に引き継ぎたい」と躊躇なく口にできるようになった。それは、この二〇年間行ってきた保全活動で森の生物との折り合いの付け方を体験し、それを多少なりとも会得できたからである。

本会が活動を始めた頃は、一九七〇年代の公害列島と言われた自然荒廃の時期から三〇年余が経過していた。また、一九九二年にリオデジャネイロで開催された「環境と開発に関する国際連合会議」（地球サミット）から一〇年近くが経ち、「生物多様性」ということも重要視されるようになってきた時期でもあった。

しかし自然と人間の関わりについては、未だ明確な解答を共有するまでには至っていなかった。本会が最初に取りかかった北部湿原の再生事業の開始時には、過去に人為的改変が行われたとはいえ、自然に手を加えることに異を唱える意見もあった。こうした環境の中で始まった保全活動であるが、活動が進むにつれて生物の多様性が再生されてゆくことを実感しつつ作業範囲を広げてきた。今では、この森のような二次林での生物多様性の保全には、人の関わりが欠かせないことが明確になった。

今、本会では、「山門水源の森2050」というプロジェクトを進行中である。

山田氏と森を歩く（2013/7/25）

これは、山門水源の森の二〇五〇年のあるべき姿を検討するものである。

これに至ったのは、国内のいろいろな団体が行っている保全活動や生物多様性、自然保護関連の文献などに当たっている中に、山田健著『水を守りに、森へ』があったからである。山田氏は、サントリーの日本各地での「天然水の森」活動を推進されている方である。著書の読後何回か氏の講演を聞き、お話をさせて頂く機会があった。そして、二〇一三年に山田氏を山門水源の森に招いた。この時、氏は会員とともに森を歩き、夜は森の保全活動について語り合った。

また、その際「天然水の森」の調査研究報告会に招待を受けた。その年の一〇月、東京のサントリーホールで開催された「水科学フォーラム2013」に五名の会員が参加した。その研究発表の中に兵庫県立大学服部保名誉教授により、「土壌を守り、生物多様性を向上させる目標林設定のためのゾーニング手法」という報告があったのである。

それ以降、森での様々な保全活動の洗い出しや植生に合わせたゾーニング、希少種を中心とした種の保全のあり方などを保全活動の合間に検討を続けバージョンアップを続けている。

二〇五〇年ということになると、現在の本会構成メンバーの多くは鬼籍に入っていることになるが、こうした時期に設定したのには二つの理由がある。

その一つは、日々行っている保全活動によって成果があらわれても、その効果が数年で薄れるものも多く、もっと長期にわたって推移を観る必要があること。もう一つは、例えば二〇年ごとに行われる伊勢神宮の遷宮が、二〇

山門水源の森2050プロジェクト
1．ヒノキ林ゾーン
1987～1988年にかけて植栽されたが、その後の整備が全く実施されていない部分もあり、間伐・枝打ちの実施。
食害防止テープ巻き
2．ブナ林ゾーン
主に森の北斜面に分布
下層植生が食害で壊滅状態となっており防鹿ネットで再生を図っており、1週間に2回前後の点検が必要。頂上部には先人が残した巨木が分布する
3．アカガシ林ゾーン
森の南斜面に分布する。
薪炭材として重宝であったが、1960年代以降伐採されなくなったため大木となり林床への日射を遮るため下層植生が貧弱。除伐を行い下層植生を再生する必要がある。
大津祭の曳山材としての利用を考え育林も行う。
4．ユキバタツバキゾーン
ユキツバキとヤブツバキの中間雑種のユキバタツバキが局所的に密集している。遺伝子研究を含む未解決問題を解明する必要がある。約8000株が分布しているが、高木層の倒木が多く定期的な林床整備が必要。
5．コナラ－コハウチワカエデゾーン
湿原の周囲や四季の森を中心に分布しており、この林内にはカスミザクラが散在する。
新緑・紅葉期の景観は素晴らしく、来訪者にとっては欠かせない森林景観である。
毎年落枝・倒木等の林床整備が必要。
生物多様性の保全される森
山門水源の森のゾーニングと保全作業

観察コースの草刈り・階段・木橋等コース整備は周年必要な活動
これらの保全活動の継続が大浦川へのビワマスの遡上の継続に繋がる。
大浦川に魚道の新設も必要
6．湿原ゾーン
約4万年の歴史をもつ山門湿原は、高層湿原である南部湿原を中心に氷期の遺存種であるミツガシワをはじめ希少種が多い。獣害防止のネット及び波板の設置で保全している。頻繁な巡視が欠かせない。
7．ササユリゾーン
薪炭林時代の山道沿いに分布していたササユリは、その活動の中止とともに分布が減少したが、毎年の草刈りと播種によって分布が広がっており作業の継続が欠かせない。
8．ユキグニミツバツツジゾーン
2000年代初頭まで林内各所に分布していたが、シカの食害で壊滅状態になり、育苗株を元の分布地に植栽して再生を図っている。
9．天然更新試験地
この2000年代初頭にナラ枯れが発生した。60年以上放置され老木化したミズナラやコナラが主体であり、薪炭林時代の皆伐更新の必要性を考え2011年に試験区を皆伐し、天然更新の推移を調査している。
10．やまかど・森の楽舎付属湿地
山門湿原は、1990年代には希少種やオオミズゴケの盗掘があり、それを防ぐために立ち入りを禁止している。しかし来訪者にとって観察の1つの目的である。その代償として付属湿地を造成し、希少種を含む湿原の植物を種子から増やし付属湿地で観察出来るようにしている。観察しやすい状態に保つためには1ヶ月に1回のペースでの除草が欠かせない。

「山門水源の森2050」の検討

一三年に行われたが、この遷宮に使われる材木は二〇〇年計画で育成されているという。森の状態は、長期の気候変動や生物の遷移に支配されるため、そのことを織り込んだ保全計画が必要と考えられるからである。

こういう議論を繰り返している中で、森を歩くと先人がただ薪炭林の材料を得るという考えだけで、この森に入っていたのではなく、もっと深遠な考えをもちつつ活用していたと思える事象に遭遇する。

その最たるものが森の中に意識的に残されている巨樹である。沢道沿いのスギの大木、森のあちこちに散在するカスミザクラの大木、最高点付近のブナの老樹である。

森の最高点にある守護岩周辺にのみ残っているブナの巨木。他の地点では繰り返し伐採されてきたにもかかわらず、この一帯に六株のみ残されているのは、多分先人が宗教的感覚で意識的に残したのであろう。それは自然への畏敬の念であったと思われる。こうした先人の思いを今の私たちも継承しつつ、保全活動にあたりたいと思う。

こうしたことを念頭に置いた討論を繰り返す中で、直近の議論では「山門水源の森ミュージアム」構想が話題となっている。「山門水源の森2050」を実現してゆく中

ブナの老樹（2016/1/26）

で、一般来訪者に保全活動の必要性と自然からの恵みの多さを理解してもらおうというものである。

本会発足以来二〇年が経過した今、初代の会員から次の世代に引き継ぐことが、辛うじて実現できそうである。

この間の活動に対して、滋賀県・長浜市の行政当局・上の荘生産森林組合・地域住民の皆さん・地域の永原小学校・塩津小学校・西浅井中学校の児童生徒諸君と教職員の皆さん・有限会社西浅井総合サービス・保全活動に協力頂いた各種団体の皆様に厚くお礼申し上げます。

また、この保全活動の資金的ご援助を頂いた湖北ロータリークラブ・株式会社山久・湖北工業株式会社・あいおいニッセイ同和損保、実施してきた諸事業に助成をして下さった諸団体に感謝いたします。

また、来訪頂いた多くの皆様からも保全協力金を頂戴し、保全活動が順調に行えたことに感謝します。

皆様からのご支援、ご協力に応えられるよう「奥びわ湖・山門水源の森」を次世代に確実に引き継げるよう微力ながら力を尽くしたいと思いますので、今後ともご支援・ご協力をお願い致します。

二〇二二年三月

装幀　臼井新太郎

奥びわ湖・山門水源の森
生物多様性の保全の20年

2022年10月10日　初版第1刷発行

編　者　山門水源の森を次の世代に引き継ぐ会

発行者　廣嶋武人

発行所　株式会社 ぺりかん社
〒113-0033　東京都文京区本郷1-28-36
TEL 03 (3814) 8515
URL http://www.perikansha.co.jp/

印刷　モリモト印刷＋S企画
製本　モリモト印刷

Printed in Japan　ISBN　978-4-8315-1621-3

編者紹介

山門水源の森を次の世代に引き継ぐ会

生物多様性に富む「奥びわ湖・山門水源の森」の自然と文化を保全し、次世代に引き継ぐことを目的として2001年4月に発足したボランティア団体である。主な活動内容はこの森の生態系保全・再生作業および環境保全啓蒙などである。20年にわたる保全活動には、地域住民・協力団体・協力企業も加わり成果が目に見えるようになり、各界から注目されている。

会員数は2020年度末時点で123名。

URL: https://www.yamakado.net/

執筆者（○編集委員）

阿部春江（新潟大学）・浅井正彦・藤本千恵子・○藤本秀弘・藤本和子・浜端悦治（元琵琶湖研究所研究員）・橋本勘・平山正樹（株式会社山久）・石井太（湖北工業株式会社）・伊藤博・嘉瀬井豊・勝瀬颯馬（近江兄弟社中学1年生）・熊谷定義（元西浅井町長）・九岡京子・南井隆（滋賀県湖北森林整備事務所）・蓑和冴文（新潟大学卒業生）・○村田良文・三浦弘毅（浅虫水族館）・三好順子（生物多様性びわ湖ネットワーク）・森小夜子・中井克樹（琵琶湖博物館・滋賀県自然環境保全課）・中島一子・○中野栄美子・西川勇・佐治源一郎・酒井藤典（元西浅井中学校校長）・高橋卓也（滋賀県立大学）・竹端康二・田中真哉・○田中友恵・寺井久慈・○冨岡明・鳥居節子・山川千代美（琵琶湖博物館）・山瀬若菜（西浅井中学3年生）・吉田真（関西クモ研究会）

写真提供者

阿部晴江・藤本秀弘・橋本勘・井上貴裕・伊藤博・嘉瀬井豊・九岡京子・三好順子・森小夜子・村田良文・中井克樹・中島一子・中野栄美子・佐治源一郎・冨岡明・田中真哉・鳥居節子・山川千代美

資料提供

滋賀県長浜市西浅井町庄住民

表紙写真

表　天然更新試験地の伐採材整理作業（2011/11/26）

裏　上:トクワカソウ群落（2021/4/10）

　　中上:ヤマドリ♂（2020/2/10）

　　中下:クロスジギンヤンマの羽化（2007/4/28）

　　下:ササユリ観察会（2019/6/9）

＊本書刊行にあたり、湖北工業株式会社からの寄付金の一部を使わせていただきました。

【引用文献】

中日新聞（2015/7/5）［湖国2015］「霊仙山の植生荒廃　シカ食害深刻　表土の流出も　災害の恐れ，根本的対策が急務」.
藤後野里子（2020）「2020年重大ニュース」『月刊　ニュースがわかる』12月号，通巻260号，p.4-5.
環境省（2010）『特定鳥獣保護管理計画作成のためのガイドライン（ニホンジカ編）種別編』p.43-44.
栗本史雄・内藤一樹・杉山雄一・中江 訓（1999）「敦賀地域の地質」『地域地質研究報告（5万分の1地質図幅）』地質調査所，p.73.
児玉幸多（2020）『日本史年表地図　第26版』吉川弘文館，p.46-51.
亀井高孝・三上次男・林健太郎・堀米庸三編（2020）『世界史年表地図　第26版』吉川弘文館，p.46-49.
松下幸司・高橋卓也（2018）「生産森林組合設立以前の共有林における山林経営―長浜市西浅井町三ケ字共有林の場合―」『入会林野研究』，三八号，p.77-89.
大橋広好他編（2017）『日本の野生植物 5』「ミツガシワ科」平凡社，p.195.
サンライズ出版編（2019）『滋賀の平成年表　1989-2019』サンライズ出版，p.20-64.
高原 光（1993）「滋賀県山門湿原周辺における最終氷期以降の植生変遷」『日本花粉学会会誌』39，p.1-10.
東京商工会議所編著（2021）『改訂8版　環境社会検定試験検定（eco検定）® 公式テキスト』日本能率協会マネジメントセンター，p.258-259.
山門水源の森を次の世代に引き継ぐ会（2007）『「山門水源の森」報告集』Vol.1，36p.
山門水源の森を次の世代に引き継ぐ会（2008）『「山門水源の森」報告集』Vol.2，40p.
山門水源の森を次の世代に引き継ぐ会（2009）『「山門水源の森」報告集』Vol.3，39p.
山門水源の森を次の世代に引き継ぐ会（2010）『「山門水源の森」報告集』Vol.4，48p.
山門水源の森を次の世代に引き継ぐ会（2011）『「山門水源の森」報告集』Vol.5，43p.
山門水源の森を次の世代に引き継ぐ会（2012）『「山門水源の森」報告集』Vol.6，50p.
山門水源の森を次の世代に引き継ぐ会（2013）『「山門水源の森」報告集』Vol.7，51p.
山門水源の森を次の世代に引き継ぐ会（2014）『「山門水源の森」報告集』Vol.8，60p.
山門水源の森を次の世代に引き継ぐ会（2015）『「山門水源の森」報告集』Vol.9，64p.
山門水源の森を次の世代に引き継ぐ会（2016）『「山門水源の森」報告集』Vol.10，49p.
山門水源の森を次の世代に引き継ぐ会（2017）『「山門水源の森」報告集』Vol.11，76p.
山門水源の森を次の世代に引き継ぐ会（2018）『「山門水源の森」報告集』Vol.12，55p.
山門水源の森を次の世代に引き継ぐ会（2019）『「山門水源の森」報告集』Vol.13，44p.
山門水源の森を次の世代に引き継ぐ会（2020）『「山門水源の森」報告集』Vol.14，48p.
山門水源の森を次の世代に引き継ぐ会（2021）『「山門水源の森」報告集』Vol.15，45p.
山門水源の森を次の世代に引き継ぐ会（2011）『山門水源の森 里山の再生と保全の10年』サンライズ出版，230p.
山川千代美・林竜馬・里口保文・藤本秀弘・橋本勘（2017）「滋賀県　北部山門湿原AT火山灰包含堆積物から産出した大型植物化石群集」日本植生史学会熊本大会講演要旨.

（Webページ）
日本経済新聞（nikkei.com）“米，パリ協定復帰”
https://www.nikkei.com/article/DGKKZO69305510Q1A220C2NNE000/（2021/05/28閲覧）
林野庁（2020）令和元年度 森林林業白書，279p.
https://www.rinya.maff.go.jp/j/kikaku/hakusyo/r1hakusyo/
林野庁　（2020）令和2年度 森林林業白書，p.165・p.292.
https://www.rinya.maff.go.jp/j/kikaku/hakusyo/R2hakusyo/

滋賀県　滋賀の環境2020（令和2年版環境白書），巻末資料③　滋賀のあゆみ.
https://www.pref.shiga.lg.jp/file/ attachment/5233528.pdf（2021/06/17閲覧）
コトバンク　知恵蔵　IPCC.
https://kotobank.jp/word/IPCC-168810（2021/06/17閲覧）
コトバンク　日本大百科全書（ニッポニカ）IPBES.
https://kotobank.jp/word/IPBES-1611078（2021/06/17閲覧）
コトバンク　デジタル大辞泉　IPCC.
https://kotobank.jp/word/IPCC-168810（2021/06/17閲覧）
コトバンク　デジタル大辞泉　GHG.
https://kotobank.jp/word/GHG-5156（2021/06/17閲覧）
国際ソロプチミストアメリカ日本リジョン　"国際ソロプチミストとは".
https://www.sia-chuo.gr.jp/about/index.html（2021/05/28閲覧）
コトバンク　日本大百科全書（ニッポニカ）SDGs.
https://kotobank.jp/word/SDGs-680913（2021/06/17閲覧）
コトバンク　デジタル大辞泉　国連環境計画.
https://kotobank.jp/word/国連環境計画-6439（2021/06/17閲覧）
コトバンク　デジタル大辞泉　国連持続可能な開発会議.
https://kotobank.jp/word/国連持続可能な開発会議-667402（2021/06/17閲覧）
コトバンク　日本大百科全書（ニッポニカ）　国連環境計画国際環境技術センター.
https://kotobank.jp/word/国連環境計画-64399#国連環境計画国際環境技術センター（2021/06/17閲覧）

【参考文献】

橋詰隼人（1984）「多雪地帯におけるヒノキの人工造林に関する研究」『鳥大演報』，p.1-28.
https://agriknowledge.affrc.go.jp/RN/2010292282.pdf
早坂大亮，他（2009）「シカの生息密度が常緑広葉樹林の健全性に及ぼす影響」『こうえいフォーラム』第17号，p.97-102.
https://www.n-oei.co.jp/rd/thesis/pdf/200902/forum17_014.pdf
羽山伸一（2001）『野生動物問題』地人書館，p.55-92.
羽山伸一（2019）『野生動物問題への挑戦』東京大学出版会，p.19-56.
飯島勇人（2018）「特定鳥獣管理計画に基づく各都道府県のニホンジカ個体群管理：現状と課題」『保全生態学研究』23，p.19-28.
https://www.jstage.jst.go.jp/article/hozen/23/1/23_19/_pdf/-char/ja
井上雅央他（2006）『山と田畑をシカから守る』農山漁村文化協，134p.
京都府農村振興課（2019）『令和元年度事業実施計画実績 資料編—ニホンジカ』26p.
前迫ゆり，高槻成紀 編他（2015）『シカの脅威と森の未来』文一総合出版，248p.
森章（2010）「生態系のリスクマネジメントにおける留意点」『日本生態学会誌』60，p.337-348.
林野庁（2020）『令和2年度版　森林林業白書』360p.
柴田叡弌，他（2009）『大台ケ原の自然誌』東海大学出版会，p.2-24, 62-74, 98-107.
植生学会企画委員会（2011）「ニホンジカによる日本の植生への影響」『植生情報』第15号，p.9-30.
千松信也（2015）『けもの道の歩き方』リトルモア，p.32-41.
鈴木元（2004）『芦生の森から』かもがわ出版，126p.
依光良三，木下覺，森一生，石川愼吾，奥村栄朗（2010）『深刻化する剣山山域におけるシカの食害　資料

集』シカの食害シンポジウム徳島実行委員会，50p.
福井県（2020）第4期 福井県第二種特定鳥獣管理計画（ニホンジカ）令和2年8月（変更），81p.
https://www.pref.fukui.lg.jp/doc/021500/tokuteikeikaku/tokutei_d/fil/sika_honbun.pdf
外務省「条約の下での長期的協力の行動のための第1回特別作業部会（AWGLCA1）」及び「京都議定書の下での附属書I国の更なる約束に関する第5回アドホックワーキンググループ（AWG5）」概要と評価.
https://www.mofa.go.jp/ mofaj/gaiko/kankyo/kiko/ awg5.html（2021/06/17閲覧）
岐阜県立不破高等学校自然科学部（2018）南宮山に生息するニホンジカに関する生態学調査　タカラハーモニストファンド研究助成報告，15p.
https://www.takara.co.jp/environment/fund/pdfs/2018report_10.pdf
岐阜県（2016）第二種特定鳥獣管理計画（ニホンジカ）第2期，26p.
https://www.pref.gifu.lg.jp/uploaded/attachment/16977.pdf
橋本佳延，橋本大介（2014）「日本におけるニホンジカの採食植物不嗜好性植物リスト」『人と自然』25, p.133-160.
https://www.hitohaku.jp/publication/r-bulletin/No25_10-1.pdf
国際連合広報センター（2021）国際連合環境計画（UNEP）国際環境技術センター（IETC）
https://www.unic.or.jp（2021/05/28閲覧）
国土交通省　天竜川上流河川事務所（2019）「シカによる土砂流出とササ類の衰退の関連性に関する検討について」『砂防学会』p.2.
http://www.jsece.or.jp/event/conf/abstract/2019/pdf/92.pdf
環境省（2020）『令和2年度版　環境循環型社会生物多様性白書』385p.
https://www.env.go.jp/policy/hakusyo/r02/pdf/full.pdf
北本桂造，他（2001）「中山間地域における農業農村整備事業の性格の変遷と今後の方向に関する実証的研究」『農村研究』p.52-64.
https://agriknowledge.affrc.go.jp/RN/2030630152.pdf
小泉透，他（2011）「深刻化するシカ問題」『森林科学』No.61，54p.
https://www.forestry.jp/publish/ForSci/BackNo/sk61/61.pdf
高知大学（2014）「変動する環境と生物多様性」『自然科学系プロジェクト報告書』，19p.
https://www.kochi-.ac.jp/_files/00121361/environmental_science_2014.pdf
京都大学新聞（2017.05.01）「しっかりシカ食害　動物園で柵作り体験」
http://www.kyoto-up.org/archives/2601（2021/05/28閲覧）
環境省「鳥獣の保護及び狩猟の適正化に関する法律の一部を改正する法律の施行について」
https:/www.env.go.jp/nature/choju/law/law1-2/index.html（2021/08/22閲覧）
前迫ゆり（2019）「ニホンジカによる日本の植生への影響」植生学会第24回弘前大会，p.2.
http://shokusei.jp/_userdata/ProjDeer/Special_deer.pdf
滋賀県琵琶湖環境部自然環境保全課（2020）『鳥獣関係統計（令和2年度分集計）』33p.
高槻成紀（2006）『シカの生態誌』東京大学出版会，p.380-418.
高槻成紀（2015）『シカ問題を考える』ヤマケイ新書，p.175-190.

(Webページ)

環境省「2020年世界湿地の日記念シンポジウム　トンボ100大作戦～滋賀のトンボを救え！～」（三好 順子／株式会社ダイフク～生物多様性びわ湖ネットワーク～

https://japan.wetlands.org/wp-content/uploads/sites/7/dlm_uploads/2020/01/WWD2020_Miyoshi-1.pdf

(2021/08/21閲覧)
農林水産省　関係規則（法律省令告示等）
https://www.maff.go.jp/j/seisan/tyozyu/higai/hourei/index.html（2021/08/22閲覧）
日本自然保護協会「日本自然保護大賞2021（令和2年度）受賞者　活動紹介/講評」
https://www.nacsj.or.jp/award/result_2021.php#anchor_cat02（2021/06/17閲覧）
岡本透（2018）「2017年のスズタケの一斉開花」『森林総研関西支所研究情報』No.129，p.1-2.
https://www.ffpri.affrc.go.jp/fsm/research/pubs/joho/documents/research-information129.pdf
佐藤順一，他（2019）「中山間地域の持続可能性の持続向上に向けた課題検討」『JST研究開発戦略センター報告書』
https://www.jst.go.jp/crds/pdf/2019/RR/CRDS-FY2019-RR-01.pdf
滋賀県　『滋賀県琵琶湖の富栄養化の防止に関する条例』
https://www.pref.shiga.lg.jp/site/jourei/reiki_int/reiki_honbun/k001RG00001109.html（2021/06/17閲覧）
滋賀県（2009）『滋賀県特定鳥獣保護管理計画（ニホンジカ）平成17年10月（平成21年11月変更）』p.50.
https://www.pref.shiga.lg.jp/file/attachment/48060.pdf
滋賀県（2012）『滋賀県ニホンジカ特定鳥獣保護管理計画（第2次）』49p.
https://www.pref.shiga.lg.jp/file/attachment/48059.pdf
滋賀県（2017）『滋賀県ニホンジカ第二種特定鳥獣管理計画（第3次）』71p.
https://www.pref.shiga.lg.jp/file/attachment/48055.pdf
滋賀県（2018）『鳥獣関係統計』32p.
https://www.pref.shiga.lg.jp/file/attachment/5225144.pdf
高柳敦（2014）「野生動物保全における必須対策としての被害防除」『森林野生動物研究会誌』39.
https://www.jstage.jst.go.jp/article/jjwrs/39/0/39_39/_pdf
上野真由美（2020）「二つの法と行政の系列による鳥獣管理の二重構造問題」『保全生態学研究』p.1-8.
https://www.jstage.jst.go.jp/article/hozen/advpub/0/advpub_1911/_pdf/-char/ja
依光良三（2011）「シカの食害と森林環境」『神籬』第44号，p.1-6.
https://www.nishigaki-lumber.co.jp/site/wp-content/uploads/2018/06/1fd885401522b451fa45cf269779c155.pdf
（株）野生動物保護管理事務所（2014）『森林管理者が行うシカ対策の手引き』66p.
http://wmo.co.jp/wp-content/uploads/H25wmo_rinya_3.pdf
環境省「平成20年版環境／循環型社会白書」第1章第一節パリ行動計画の定義
https://www.env.go.jp/policy/hakusyo/h20/html/hj080/0/0/0/

付表 「山門水源の森」関連環境問題年表

西暦	山門水源の森	滋賀県	日本	世界
1951	・土砂流出防備保安林に指定			
1955	・水源涵養保安林に指定			
1960			(貿易・為替自由化計画大綱に基づき、木材輸入の自由化が段階的に進行)	
1961			・木材価格安定緊急対策①	
1962	・森での生産活動最終年			・レイチェル・カーソン『沈黙の春』②
1964			・林業基本法③	
1966	・斉藤寛明『山門湿原植生調査』			
1967			・公害基本法公布、発効	
1970			・公害対策基本法改正法、海洋汚染防止法等14の公害関係法公布(公害国会)	
1971			・環境庁設置④	・「ラムサール条約」採択⑤
1972		・琵琶湖総合開発特別措置法成立、施行⑥	・自然環境保全法公布	・国連人間環境会議(ストックホルム)⑦がUNEP設立
1973				・ワシントン条約(絶滅のおそれのある野生動植物の取引に関する条約)採択
1975				・ワシントン条約(絶滅のおそれのある野生動植物の取引に関する条約)発効
1977		・琵琶湖赤潮発生		
1978		・「びわ湖を守る粉石けん使用推進県民運動」県連絡会議結成		
1979		・滋賀県琵琶湖の富栄養化の防止に関する条例(琵琶湖条例)公布⑧		
1980		・滋賀県琵琶湖の富栄養化の防止に関する条例(琵琶湖条例)施行		

西暦	山門水源の森	滋賀県	日本	世界
1983		・琵琶湖アオコ発生		
1984		・大津で第1回湖沼環境会議⑨ ・ふるさと滋賀の風景を守り育てる条例（風景条例）制定	・湖沼水質保全特別措置法公布⑩	・南極上空でオゾンホール発見の発表
1985		・琵琶湖が水質保全特別措置法の湖沼に指定		・オゾン層保護のためウィーン条約採択
1986		・草津市に財団法人国際湖沼環境委員会ILEC設置⑪		
1987	・「山門湿原研究グループ」発足　水質、地質、植生、昆虫などに関する調査開始 ・県による湿原周辺部のヒノキの植林		・絶滅のおそれのある野生動物の譲渡の規制等に関する法律施行令公布 ・環境庁「自然環境保全基礎調査　植物目録」作成	・オゾン層を破壊する物質に関するモントリオール議定書採択 ・ブルントラント委員会「Our Common Future」を発表⑫
1988		・「びわ湖を守る粉石けん使用推進県民運動」県連絡会が「びわ湖会議」と改名	・モントリオール議定書に加入しオゾン層保護法制定	・IPCC設立⑬
1990	・ゴルフ場開発新聞報道		・地球環境保全に関する関係閣僚会議「地球温暖化防止行動計画」を決定	・IPCCが第一次評価報告書提出
1991	・「山門湿原研究グループ」が山門湿原の重要性をもとに、ゴルフ場開発を中止するよう県や西浅井町に要望		・環境庁「レッドデータ」発表 （バブル景気後退後の木材需要の減少と、その後の木材価格の長期低迷の始まり）	
1992	・「山門湿原の自然」（調査報告書）発刊	・ヨシ群落保全条例制定	・絶滅のおそれのある野生動物の保存に関する法律　種の保存法（譲渡法は吸収）公布	・国連人間環境会議（地球サミット、リオデジャネイロ）⑭ ・気候変動枠組条約採択 ・生物多様性条約調印式
1993	・高原光「滋賀県や山門湿原周辺における最終氷期以降の植生変遷」公表	・琵琶湖がラムサール条約に登録	・環境基本法制定⑮	・生物多様性条約発効

西暦	山門水源の森	滋賀県	日本	世界
1994		・地球環境保全のために<アジェンダ21滋賀>策定		・気候変動枠組条約発効
1995	・林野庁「水源の森100選」に指定		・生物多様性国家戦略を策定	・COP1（第1回気候変動枠組条約締約国会議）ベルリン⑯
1996	・隣接の山中牧場から牛が侵入 ・侵入防止柵設置 ・滋賀県が山門水源の森を買収、公有地化	・3月滋賀県環境基本条例策定 ・10月草津市に琵琶湖博物館開館		・包括的核実験禁止条約CTBT採択
1997	・滋賀県コース整備開始	・滋賀県環境総合計画策定		・COP3京都議定書採択
1998	・西浅井中学校のボランティア活動による牛の侵入でもたらされた帰化植物除去作業	・地球温暖化防止対策地域推進第1次計画策定	・京都議定書に署名「地球温暖化対策推進大綱」決定⑰	
1999	・仮称『山門水源の森を次の世代に引き継ぐ会』設立		・地球温暖化対策推進法施行	
2000	・「山門水源の森」ミニシンポジウム　西浅井町主催 ・ニュースレター0号発行	・大津市でG8環境大臣会合 ・「大気環境への負荷の低減に関する条例」制定		・COP6ハーグ交渉の決裂
2001	・「山門湿原の森を次の世代に引き継ぐ会」「山門水源の森連絡協議会」発足 ・HP開設 ・第1回「山門水源の森生態系保全シンポジウム」開催　西浅井町主催 ・環境省「日本の重要湿地500」に認定 ・山門水源の森一般公開 ・ガイドブック（初版）発行	・大津市で第9回世界湖沼会議	・森林・林業基本法制定⑱	・アメリカ京都議定書不支持を宣言

西暦	山門水源の森	滋賀県	日本	世界
2002	・北部湿原復元実験開始 ・滋賀県によりバイオトイレ設置 ・ギフチョウ産卵調査		・「地球温暖化対策推進大綱」改定 ・京都議定書批准 ・生物多様性国家戦略改定	
2003	・付属湿地造成	・「地球温暖化対策推進計画」策定	・カルタヘナ法制定 ・自然再生推進法施行⑲	・「カルタヘナ議定書バイオ安全議定書」発効⑳
2004	・「第2回山門水源の森生態系保全シンポジウム」開催 ・西浅井町立「やまかど・森の楽舎」竣工	・「琵琶湖森林づくり条例」制定、施行	・景観法制定	・ロシアが京都議定書批准
2005			・京都議定書目標達成計画（6%削減）閣議決定	・京都議定書発効 ・COP11でAWGKP（京都議定書発効部会）設置
2006	・ササユリ分布調査 ・水生昆虫調査 ・緊急ホタル調査 ・ブナ実生調査 ・土石流調査 ・キノコ調査	・「ふるさと滋賀の野生動植物との共生に関する条例」制定		
2007	・「みどりの日」自然環境功労者環境大臣表彰受賞 ・報告集刊行開始 ・土石流堆積物調査 ・夏期付属湿地植物調査 ・おうみNPO活動基金の助成により、気象観測機器設置、連続観測開始 ・樹名板設置のための樹種調査		・鳥獣被害防止特別措置法	

西暦	山門水源の森	滋賀県	日本	世界
2008	・湖国まるごとエコミュージアム推進会議第3回たたえあう交流会『おおきに優秀賞』受賞 ・ユキバタツバキ調査開始 ・山門湿原「ミツガシワ等生育地保護区」に指定㉑ ・獣害対策開始、ササユリの金網設置	・琵琶湖森林づくり条例により県民税個人800円を森林税として上乗せして徴収 ・「びわ湖会議」解散	・生物多様性国家戦略改定（第三次生物多様性国家戦略） ・目標達成計画改定閣議決定 ・生物多様性基本法施行	・COP13バリ開催 ・「条約の下での長期的協力の行動のための第1回特別作業部会（AWGLCA1）」開催 ・京都議定書の第1約束期間開始（12年まで）「バリ行動計画」の合意㉒
2009	・植物調査（村長氏） ・森林レンジャー2名従事（3年間） ・ミヤコアザミ保護区防獣ネットを設置 ・北部湿原の再生作業完了 ・引き続き中央湿原の再生作業着手 ・沢道コース整備	・風景条例を移行し景観計画策定	・地球温暖化対策中期目標を国際公約（GHG㉓排出90年比25%削減）	・COP15コペンハーゲン（ポスト京都議定書の枠組みをめぐり、各国の駆け引きが激化）
2010	・本会設立10周年 ・タゴガエル調査 ・山門老人会聞き取り調査 ・ササユリ調査区刈り払い調査 ・中央湿原復元作業完了 ・カエンタケ調査 ・ヒノキ鹿害調査 ・COP10名古屋で展示 ・エクスカーション受け入れ ・滋賀県により観察コース沿い木柵階段の一部更新	・「琵琶湖森林づくり基本計画」改訂	・「生物多様性国家戦略2010」決定	・生物多様性条約第16回締約国会議「カンクン合意」2020年のGHGsの削減目標 ・行動の位置づけ、COP10（生物多様性条約締結会議）名古屋『名古屋議定書』『愛知目標』採択

西暦	山門水源の森	滋賀県	日本	世界
2011	・国際ソロプチミスト㉔リジョナルプロジェクト助成により、南部湿原ボーリング調査実施 ・南部湿原のミツガシワの激減、防獣ネット設置 ・本会設立10周年記念シンポジウムを開催 ・10周年記念誌「山門水源の森　里山の再生と保全の10年」を出版 ・湿原植物調査 ・クモ調査 ・天然更新試験地の皆伐開始 ・ブナの森コース植物調査	・「ヨシ群落保全基本計画」 ・東日本大震災で県内でも震度3観測 ・「滋賀県環境学習推進計画《第2次》」策定 ・「滋賀県農業・水産業温暖化対策総合戦略」策定 ・UNEP国際環境技術センター滋賀事務所廃止㉕ ・「滋賀県低炭素社会づくりの推進に関する条例」制定 ・「第三次滋賀県廃棄物処理計画」策定	・東日本大震災福島第一原子力発電所事故[3.11] ・「エネルギー・環境会議」設置、再生可能エネルギー特別措置法	
2012	・ガイド養成講座開催(全10回) ・南部湿原、トタン板設置 ・天然更新試験地植生調査 ・整備階段調査 ・滋賀県主催「現地交流会」を開催開始(以後、毎年開催) ・森林キーパー3名従事 ・ササユリ朔果調査 ・全域植生調査（村長氏ほか) ・「未来ファンドおうみフォーラム」展示参加	・「マザーレイク21計画《第2期》」改定 ・「滋賀県低炭素づくり推進計画」策定 ・「第6期琵琶湖水質保全計画」策定	・第4次環境基本計画 ・「革新的エネルギー・環境戦略」決定 ・生物多様性国家戦略2012-2020	・生物多様性及び生態系サービスに関する政府間科学政策プラットフォーム(IPBES) 設立㉖ ・国連持続可能な開発会議（リオ＋20) リオデジャネイロ㉗

西暦	山門水源の森	滋賀県	日本	世界
2013	・日本の元気なきずなプロジェクト基金「淡海のつなぐ・ひらく・みらい賞」受賞 ・森林キーパー4名従事 ・シダ植物調査（村長氏） ・ヒダサンショウウオ生息調査 ・台風18号崩壊地調査 ・天然更新地植生調査 ・台風18号による復元北部湿原への土砂流入 ・日本ユネスコ協会「未来遺産」登録不採用	・「滋賀県再生可能エネルギー振興戦略プラン」策定 ・台風18号で土砂崩れ被害		・IPCC第5次評価報告書（～2014） ・水銀に関する水俣条約採択
2014	・公益財団法人滋賀県緑化推進会H26年度緑化功労者として事務局長が「シャクナゲ賞」受賞 ・湿原入口炭窯跡復元 ・中央、北部湿原防獣ネット設置 ・シカの狩猟捕獲開始	・「第四次滋賀県環境総合計画」策定 ・「滋賀県環境学習等推進協議会」発足 ・「琵琶湖環境研究推進機構」発足	・鳥獣の保護及び管理並びに狩猟の適正化に関する法律改正（鳥獣保護法から鳥獣保護管理法へ㉘）	・IPCC第5次評価報告書(2013～)
2015	・「山門水源の森2050」についての検討開始 ・シカ糞粒調査開始 ・ドローンによる上空からの観察や調査を開始 ・本会主催ユキバタツバキ観察会開催 ・森林キーパー2名従事	・「滋賀県水源森林地域保全条例」制定 ・「滋賀県産業振興ビジョン」策定 ・「生物多様性しが戦略」策定 ・「琵琶湖森林づくり条例」改正	・地球温暖化対策推進本部「日本の約束草案」策定（2030年度にGHG排出量13年度比26.0%削減） ・琵琶湖保全再生法成立	・国連総会でSDGs㉙を含む持続可能な開発のための2030アジェンダ採択 ・COP21気候変動枠組条約第21回締約国会議パリ『パリ協定』採択㉚

西暦	山門水源の森	滋賀県	日本	世界
2016	・ブナの森防獣ネットを設置 ・ユキバタツバキ開花調査 ・南部湿原、ミツガシワ回復兆候 ・天然更新試験地植生調査 ・コケ調査 ・本会設立15周年記念企画「山門水源の森の自然と保全 氷河期からの森の危機」「2050シンポジウム」を琵琶湖博物館にて開催 ・シカGPS調査開始	・「第三次滋賀県環境学習推進計画」策定 ・「しがエネルギービジョン」策定 ・「滋賀県こだわり農業推進基本計画」策定 ・「第四次滋賀県廃棄物処理計画」策定 ・「琵琶湖博物館第1期リニューアルオープン」(C展示室、水族展示) ・今夏の琵琶湖アオコ発生日数が計32日と年間過去最多となったと県が発表	・高浜原発3・4号機の運転差し止め ・地球温暖化対策計画	・パリ協定発効
2017	・大津祭保存会と協働開始 ・ウリハダカエデ樹液調査 ・ツバキ開花調査 ・ブナ純林調査 ・四季の森源流域調査 ・滋賀県との協働事業による作業道開設開始 ・山門礫層調査 ・琵琶湖博物館C展示室「琵琶湖の川と森を守る人々」コーナーに展示 ・アカガシの100本除伐を実施 ・大津祭保存会アカガシ林視察 ・台風5号により、北部湿原に大量の土砂流入、四季の森で大規模な土砂崩壊 ・シカの有害捕獲開始	・「第7期琵琶湖に係わる湖沼水質保全計画」策定 ・「琵琶湖保全再生に関する計画」策定 ・滋賀県低炭素社会づくり推進計画の改定 ・「滋賀県農業・水産業温暖化対策行動計画」策定 ・「国立研究法人国立環境研究所琵琶湖分室」の開設		・米大統領、パリ協定離脱を表明 ・COP23、パリ協定加速を決定

西暦	山門水源の森	滋賀県	日本	世界
2018	・ネーミングライツにより、「奥びわ湖山門水源の森」に改称 ・守護岩東側ネット設置 ・AFネットの導入㉛ ・付属湿地ネット設置 ・ユキバタツバキ研究者調査 ・ツクバネソウネット設置 ・台風21号による倒木被害 ・ワークショップ「これからの山門水源の森とその保全活動をどうしたらいいかを考えてみる会」開催	・琵琶湖博物館で国際湖沼環境委員会の設立30周年記念シンポジウム ・琵琶湖博物館第2リニューアルオープン ・「滋賀県災害廃棄物処理計画」策定 ・湖沼水環境保全に関する自治体連携・設立宣言 ・琵琶湖の外来魚の推定生息量が722tと過去10年で最小と県発表	・気候変動適応法、第5環境基本計画 ・森林経営管理法成立㉜	・G20ブエノスアイレス
2019	・湖国バスのダイヤ再改正で森へのアクセスが実質上消失 ・湿原際木道設置 ・トンボ調査（BBN㉝と協働） ・クモ調査（関西クモ研究会共催） ・台風19号により倒木被害甚大 ・四季の森に木橋及びベンチ設置	・「滋賀県気候変動適応センター」設置 ・「琵琶湖と共生する農林水産業」が日本農業遺産に認定 ・異分野で琵琶湖保全に取り組む企業、NPO、大学が交流を深める「琵琶湖サポーターズネットワーク」を県が発足 ・「第五次滋賀県環境総合計画」策定 ・琵琶湖北湖で観測史上初の全層循環未完了	・動物の愛護及び管理に関する法律（動物愛護法または動愛法）」が改正㉞ ・森林環境税及び森林環境譲与税に関する法律の創設㉟ ・G20日本初開催大阪	・IPBES生物多様性と生態系サービスに関する地球規模評価報告書政策決定者向けの要約発表
2020	・公益財団法人びわ湖芸術文化財団地域創造部文化芸術フォーラム「2021文化で滋賀を元気に！賞」受賞 ・南部湿原展望台更新 ・作業道設置、観察コースと接続	・琵琶湖博物館グランドオープン ・「しがCO_2ネットゼロムーブメント」キックオフ宣言	・新型コロナウイルス初の感染者	・新型コロナウイルス世界的に大流行

西暦	山門水源の森	滋賀県	日本	世界
2021				・米大統領、パリ協定復帰

［表中番号解説］

① **木材価格安定緊急対策**　1950年頃から、戦後の混乱期を脱し、我が国の経済はようやく復興の軌道に乗るようになり住宅建築などのための木材の需要も増大した。こうした経済状況などを背景として、政府は、国有林および民有林における緊急増伐を、残廃材チップの積極的利用、輸入の拡大などとともに行うこととなった。

② **レイチェル・カーソン**　化学物質による環境汚染の重大性について、最初に警告を発した女性。遺書『The Sense of wonder』に『もしもわたしが、全ての子どもの成長を見守る善良な妖精に話しかける力をもっているとしたら、世界中の子どもに、生涯消えることのない＜**センス・オブ・ワンダー＝神秘さや不思議さに目を見張る感性**＞を授けてほしいと頼むでしょう。』『知ることは感じることの半分も重要でないと堅く信じています。』『子どもたちが出会う事実の一つ一つが、やがて知識や知恵を生み出す種子だとしたら……幼い子ども時代は、この種子をはぐくむ土壌を耕す時です。』などの記述がある。

③ **林業基本法**　旺盛な木材需要に対応した国産材の供給を図ることができるよう、林業総生産を増大することなどを目標とした。

④ **環境庁**　母体となったのは、内閣公害対策本部、厚生省（環境衛生局公害部）、通産省（公害保安局公害部）、経済企画庁（国民生活局の一部）、林野庁（指導部造林保護課の一部）などで、今まで局地的に問題にされていた公害を包括的にとらえるようになった。

⑤ **ラムサール条約**　特に水鳥の生息地として国際的に重要な湿地に関する条約。湿地の賢い利用（ワイズユース）が目標。1975年に発効。1980年以降、定期的に締約国会議が開催されている。

⑥ **琵琶湖総合開発特別措置法**　1956年京都府・大阪府・兵庫県と建設省近畿地方建設局などによって琵琶湖総合開発協議会が結成されたが、水を供給する滋賀県と利害が一致せず、琵琶湖大橋建設もからんでなかなかまとまらなかった。様々な開発計画が議論された結果、1972年、最終的に新規開発水量は毎秒$40m^3$、利用低水位はマイナス1.5m、水の見返りとして滋賀県内の地域整備も合わせて取り組むということで合意された。1982年、1992年と2度の延長を経て、25年目の1997年に完了した。事業費総額1兆9千億円。

⑦ **国連人間環境会議**　世界規模での初めての環境会議。キャッチフレーズは『かけがえのない地球（Only One Earth）』。**人間環境宣言（ストックホルム宣言）**を採択。環境を経済、人口、開発、軍縮などの面から包括的にとらえたことに意義がある。具体的な行動計画も採択。さらに宣言と行動計画を実施する国連機関として**国連環境計画（UNEP）**が設立された。**開催日の6月5日は環境の日**として記念日とされる。

⑧ **滋賀県琵琶湖の富栄養化の防止に関する条例**　汚染源とみなされる、a.工場からの排水、b.家庭用の合成洗剤と食物ゴミ、c.農業に使う肥料と家畜の糞尿の3つが規制の対象になった。1980年7月1日から施行された。毎年7月1日が『琵琶湖の日』として湖岸一斉清掃などが行われている。

⑨ **世界湖沼環境会議**　当初は1回限りの開催予定だったが、UNEPなどの協力もあり、2～3年おきに第3回以降は世界湖沼会議として世界各地を回る方式で開催されている。2001年大津市で第9回が開催。

⑩ **湖沼保全特別措置法**　1970年制定の水質汚濁防止法では、工場・事業所などからの排出を規制しているが、生活系、農林水産系などの排出水は規制されていなかった。そこで、湖沼保全のための効果をあげるため、水質汚濁防止法の特別措置としてこれを制定した。1985年12月、琵琶湖は霞ヶ浦、印旛沼、手賀沼、児島湖とともに指定湖沼になった。

⑪ **ILEC**（International Lake Environment Committee Foundation）　大津で開催された第1回世界湖沼会議でのUNEPからの提案に基づいて設立された。各国の湖沼学や各種環境分野の専門家10数名から構成される科学委員会を擁し、湖沼の健全な環境管理と湖沼資源の持続可能な開発を目指して、情報収集・提供、研修、環境教育などの草案の実施、そして世界各地の関係機関・地方政府と協力しての世界湖沼会議の開催をその使命としている。1992年からは開発途上国に向けて環境技術や知識の移転の促進を図るために設置されたUNEP国際環境技術センター（IETC）を積極的に支援している。

⑫ **ブルントラント委員会**　国連に設置された環境と開発に関する世界委員会。報告書『Our Common Future われら共有の未来』は『地球は一つなのに、世界は一つになっていない』という書き出しで始まり、**持続可能な開発の概念**『次世代のニーズを満たす能力を損なうことなく、現在世代のニーズを満たす、環境に配慮した開発』を打ち出した。

⑬ **IPCC**（Intergovernmental Panel on Climate Change）　気候変動に関する政府間パネルの略称。世界気象機関WMOと国連環境計画UNEPによって設立され、地球温暖化の科学的技術的評価を行っている。2007年、米国の政治家アル＝ゴアと共にノーベル平和賞受賞。

⑭ **国連人間環境会議（地球サミット）**　成果1. リオ宣言『各国は共通の、しかし差異のある責任を有する』、2. アジェンダ21持続可能な開発の実現に向けた行動計画《リオ宣言を実行するための行動綱領》、3. 気候変動枠組条約《正式名称気候変動に関する国際連合枠組条約》UNFCCC《United Nations Framework Convention Climate Change》155カ国が署名。締約国会議《Conference of the Parties, COP》は毎年開催。日本1992年署名、翌年国会で承認され批准。4. 生物多様性条約《正式名称生物の多様性に関する条約》の署名。158カ国が署名し、同年12月に発効。生物の多様性

を『生態系・種・遺伝子』の3つで捉え、生物多様性の保全、その構成の持続可能な利用、遺伝資源の利用から生じる利益の公正な配分を目的としている。地球サミットで調印式を行い6月5日に署名開放、1年間の署名開放期間中に168の国・機関が署名。93年12月に発効した。日本は1992年6月13日署名、翌年5月、18番目の締約国になった。この条約の発効以来、日本は最大の拠出国であり、拠出額は第1位《全体の22%》。2010年10月COP10が名古屋で開催。5. 森林原則声明の採択。森林に関する初めての世界的合意。世界にある全森林の持続可能な経営のための原則を示した。

⑮ **環境基本法** この法律によって『地球環境保全とは、人の活動による地球全体の温暖化またはオゾン層の破壊の進行、海洋の汚染、野生生物の種の減少その他の地球の全体またはその広範な部分の環境に影響を及ぼす事態に係る環境の保全であって』『公害とは、環境の保全上の支障のうち、事業活動その他の人の活動に伴って生ずる相当範囲にわたる大気の汚染、水質の汚濁……』と定義付けられた。

⑯ **COP1** ベルリンマンデード（指令書）として第3回目《京都》の会議で先進国ごとに温室効果ガスの削減数値目標を定めることを決定。

⑰ **地球温暖化対策推進大綱** 目標達成のための政策を示されたが、90年の行動計画同様、抜本的な対策は入っていない。→2002年改定。→2005年『京都議定書目標達成計画』として閣議決定。→2008年『計画』改定。1998年、滋賀県も2010年において県民一人当たりの二酸化炭素の排出量を1990年に比べて6%削減することを盛り込んだ地球温暖化防止対策地域推進第1次計画を策定した。

⑱ **森林・林業基本法** 森林の多面的機能の発揮のための政策を体系的に推進することとした。特に、森林整備については、地域の特性に応じた造林、保育および伐採の計画的な推進、林道の整備、優良種苗の確保などを、森林所有者のみならず国、地方公共団体も含めた多様な主体により推進することとした。林業については、森林の多面的機能の発揮に果たす役割に鑑み、生産性の向上などによって健全な発展を図っていくこととした。

⑲ **自然再生推進法** 過去に損なわれた生態系その他の自然環境を取り戻すことを目的として自然環境を保全、再生、創出、維持管理する『再生事業』を規定する法律。

⑳ **カルタヘナ議定書** バイオ安全議定書生物多様性条約では、生物多様性に悪影響を及ぼす恐れのあるバイオテクノロジーによる遺伝子組み換え生物《Living Modified Organism》の移送、取り扱い、利用の手続きなどについての検討も行うこととしている。それを受けて2003年バイオセーフティーに関するカルタヘナ議定書が発効された。日本ではこれに対応する国内法として遺伝子組換え生物などの使用などの規制による生物の多様性の確保に関する法律– 遺伝子組換え生物等規制法、カルタヘナ法《従来の組換えDNA実験指針に代わるもの》が制定され、2004年に施行された。

㉑ **ミツガシワ等生育地保護区に指定** 滋賀県告示第55号として、ふるさと滋賀の野生

動植物との共生に関する条例《平成18年滋賀県条例第4号》第21条第1項の規定に基づき、生息・生育地保護区を次のとおり指定し、平成20年4月1日から施行する。平成20年2月8日滋賀県知事嘉田由紀子。1. 名称山門湿原ミツガシワ等生育地保護区。2. 指定の区域伊香郡西浅井町山門の一部《区域は、区域図表示のとおり》。3. 指定に係る希少野生動植物種アギナシ、セイタカハリイ、ミカヅキグサ、クサレダマ、ヒツジグサ、ヒメタヌキモ、ヤチスギラン、ヒメミクリ、ミツガシワ、サギソウおよびトキソウ。4. 指定の区域の保護に関する指針以下後略。

㉒ **バリ行動計画**　京都議定書発行で世界190カ国が参加する国際条約が正式に動き出す。12年までの間に参加している先進国は、全体として5%の削減目標の約束を果たすことになる。が、次の課題を残している。1. 米国、中国、インドなどの主要排出国温暖化ガス排出抑制義務を負っていない。2. 排出抑制期間が2012年までという短期的な目標にとどまっている。そこで、バリ行動計画には、全ての先進締約国ということでアメリカも排出削減の約束をする項目、途上国がなんらかの排出削減を行うことが議論される項目が入れられた。

㉓ **GHG**（Greenhouse Gas）　温室効果ガス。

㉔ **国際ソロプチミスト**　国際ソロプチミストは、4つの連盟《アメリカ連盟、ヨーロッパ連盟、グレートブリテン&アイルランド連盟、サウスウェストパシフィック連盟》で構成され、約121の国と地域に2,947のクラブ、71,200人の会員を有する、女性の世界的な奉仕団体である。

㉕ **UNEP国際環境技術センター滋賀事務所廃止**　国連環境計画《United Nations Environment Pro-gramme》国際環境技術センター《International Environmental Technology Centre》:UNEP-IETC。持続可能な都市および淡水湖沼流域の管理について国連環境計画の役割を強化することを目的としている。1991年5月の国連環境計画管理理事会決議16の34に基づいて1992年10月に日本に設置され、1994年4月には大阪市と滋賀県草津市に事務所が開設された。大阪事務所は大都市の統合的環境管理を、滋賀事務所は淡水湖沼集水域の統合的環境管理を担い、廃棄物管理プログラム、および、水・衛生プログラムを中心に活動した。2011年に滋賀事務所が閉鎖され、大阪事務所に統合された。

㉖ **生物多様性及び生態系サービスに関する政府間科学政策プラットフォーム**（IPBES）生物多様性と生態系サービスに関する動向を科学的に評価し、科学と各国政策のつながりを強化するための政府間組織で、IPBESは英語名称Intergovernmental Science-Policy Platform on Biodiversity and Ecosystem Servicesの略称である。

㉗ **国連持続可能な開発会議（リオ＋20）**　2012年にブラジルのリオデジャネイロで開催された環境と開発に関する国際会議。約120か国の首脳が集まり、経済成長と環境保全を両立させるグリーン経済などを提唱した。UNCSD《United Nations Conference

on Sustainable Development》。リオ＋20。

㉘ **鳥獣の保護及び管理並びに狩猟の適正化に関する法律改正** 「鳥獣の保護及び管理」と「狩猟の適正化」を図ることを目的としている。またそれをもって、生物多様性の確保、生活環境の保全及び農林水産業の発展を通じて、自然環境の恩恵を受ける国民生活の確保及び地域社会の発展も目的としている。このうち「生物多様性の確保」は2002年の新法制定の際に加えられている。2014年の第二次改正では、題名及び目的に鳥獣の「管理」を加え、鳥獣の生息数を適切に維持するために、鳥獣の捕獲などをする事業の実施や業者の認定、夜間の猟銃使用の一部解禁など規制緩和された。

㉙ **SDGs** 世界が2016年から2030年までに達成すべき17の環境や開発に関する国際目標。Sustainable Development Goalsの略称。日本では『持続可能な開発目標』と訳される。2015年9月の国連持続可能な開発サミットで世界193か国が合意し、2015年に達成期限を迎えたミレニアム開発目標《MDGs：Millennium Development Goals》の後継として採択された。地球環境や気候変動に配慮しながら、持続可能な暮らしや社会を営むための、世界各国の政府や自治体、非政府組織、非営利団体だけでなく、民間企業や個人などにも共通した目標である。発効は2016年1月。

㉚ **パリ協定** 国連気候変動枠組み条約第21回締約国会議《COP21》が、2020年度以降の地球温暖化対策の枠組みを取り決めた協定。

㉛ **AFネット** 芦生の森で京都大学高柳敦准教授が防獣対策の中で考案したネットの仕様を規格化し、その規格で製造された防獣ネット。

㉜ **森林経営管理法** 2019年4月に森林経営管理法が施行され、適切な経営管理が行われていない森林の経営管理を、市町村や林業経営者に集積・集約化する森林経営管理制度がスタートした。

㉝ **BBN** 生物多様性びわ湖ネットワーク（Biodiversity Biwako Network）の通称。滋賀県に拠点をもつ異業種の企業8社が、滋賀県の生物多様性を保全することを目的に、2016年に発足した任意団体。(旭化成株式会社、旭化成住工株式会社、オムロン株式会社、積水化学工業株式会社、積水樹脂株式会社、ダイハツ工業株式会社、株式会社ダイフク、ヤンマーグローバルエキスパート株式会社。)

㉞ **動物の愛護及び管理に関する法律（動物愛護法または動愛法）改正** この法律は、ペットなどの飼育や愛護だけではなく、自然環境や野生生物の保全にも大きく関係する。ペットなど一般に飼育されている動物が逃げたり、捨てられたりして外来生物となる問題や、絶滅のおそれのある野生動物が数多くペットとして取引され、その需要が密輸事件まで引き起こしている現状を規制する。

㉟ **森林環境税創設** 2018年5月に成立した森林経営管理法を踏まえ、パリ協定の枠組みの下における我が国の温室効果ガス排出削減目標の達成や災害防止などを図るための森林整備などに必要な地方財源を安定的に確保する観点から、森林環境税が創設された。